GALILEU
e os
negadores
da ciência

MARIO LIVIO

GALILEU
e os negadores da ciência

Tradução de
Marina Vargas

4ª edição

Editora Record
RIO DE JANEIRO • SÃO PAULO
2022

CIP-BRASIL. CATALOGAÇÃO NA PUBLICAÇÃO
SINDICATO NACIONAL DOS EDITORES DE LIVROS, RJ

L762g
4. ed.

Livio, Mario
  Galileu e os negadores da ciência / Mario Livio; [tradução Marina Vargas].
– 4. ed. – Rio de Janeiro: Record, 2022.

  Tradução de: Galileo and the science deniers
  Inclui bibliografia e índice
  ISBN 978-85-01-11930-8

  1. Galileu, 1564-1642. 2. Astrônomos - Biografia - Itália. 3. Cientistas - Biografia - Itália. I. Vargas, Marina. II. Título

20-68373

CDD: 925.20945
CDU: 929:52(450)

Camila Donis Hartmann - Bibliotecária - CRB-7/6472

Copyright © Mario Livio, 2020

Título original em inglês: *Galileo and the science deniers*

Todos os direitos reservados. Proibida a reprodução, armazenamento ou transmissão de partes deste livro, através de quaisquer meios, sem prévia autorização por escrito.

Texto revisado segundo o novo Acordo Ortográfico da Língua Portuguesa.

Direitos exclusivos de publicação em língua portuguesa para o Brasil adquiridos pela
EDITORA RECORD LTDA.
Rua Argentina, 171 – 20921-380 – Rio de Janeiro, RJ – Tel.: (21) 2585-2000, que se reserva a propriedade literária desta tradução.

Impresso no Brasil

ISBN 978-85-01-11930-8

Seja um leitor preferencial Record.
Cadastre-se em www.record.com.br
e receba informações sobre nossos
lançamentos e nossas promoções.

Atendimento e venda direta ao leitor:
sac@record.com.br

Para Sofie

Sumário

Prefácio   09

1. Rebelde com causa   13
2. Um cientista humanista   29
3. Uma torre inclinada e planos inclinados   43
4. Um copernicano   67
5. Toda ação tem uma reação   97
6. Em campo minado   121
7. Essa proposição é tola e absurda   141
8. Uma batalha de pseudônimos   151
9. *O ensaiador*   167
10. O *Diálogo*   175
11. Tempestade no horizonte   189
12. O julgamento   197
13. Eu abjuro, amaldiçoo e abomino   207
14. Um velho, duas novas ciências   215
15. Os anos finais   221
16. A saga de Pio Paschini   227
17. As reflexões de Galileu e Einstein sobre ciência e religião   235
18. Uma cultura   247

Agradecimentos	253
Notas	255
Bibliografia	275
Índice	289

Prefácio

Sendo eu mesmo astrofísico, sempre tive fascinação por Galileu. Ele foi, afinal, não apenas o fundador da astronomia e da astrofísica modernas — a pessoa que transformou uma antiga profissão em uma janela para os segredos mais profundos e as maravilhas espantosas do universo —, mas também um símbolo da luta pela liberdade intelectual.

Com a simples disposição de lentes fixas nas duas extremidades de um cilindro oco, Galileu conseguiu revolucionar a nossa compreensão do cosmos e do lugar que ocupamos nele. Avançando quatro séculos, encontramos um tataraneto do telescópio de Galileu: o telescópio espacial Hubble.

Ao longo das décadas em que trabalhei como cientista com o Hubble (até 2015), me perguntaram muitas vezes o que eu achava que dava ao telescópio seu status icônico como um dos projetos de maior reconhecimento na história da ciência. Identifiquei pelo menos seis razões principais para a popularidade do Hubble. Em nenhuma ordem específica, são elas:

- As incríveis imagens produzidas pelo telescópio espacial, apelidadas por um jornalista de "a Capela Sistina da era científica".
- As descobertas científicas reais para as quais o Hubble contribuiu de forma significativa. Elas vão desde determinar a composição da atmosfera de exoplanetas à espantosa descoberta de que a expansão cósmica está se acelerando.

- O drama associado ao telescópio. A transformação do que foi inicialmente considerado um fracasso desastroso (semanas após o lançamento foi descoberto um defeito em seu espelho) em um gigantesco sucesso.
- A engenhosidade de cientistas e engenheiros, associada à coragem de astronautas, que ajudaram a superar os incríveis desafios tecnológicos envolvidos em fazer reparos e modernizações muitas centenas de quilômetros acima da Terra.
- A longevidade do telescópio: ele foi colocado em órbita em 1990 e ainda está funcionando muito bem em 2019.
- Um programa extraordinariamente eficaz de disseminação e divulgação, que faz com que os resultados circulem entre os cientistas, o público em geral e os educadores, de maneira eficaz, atraente e de fácil acesso.

Fui surpreendido, enquanto examinava a vida e a obra de Galileu, ao me dar conta de que as mesmas palavras-chave vinham à mente: *imagens, descobertas, drama, engenhosidade, coragem, longevidade e disseminação*.

Primeiro, Galileu criou imagens deslumbrantes a partir de suas observações da superfície lunar. Segundo, embora suas descobertas espetaculares sobre o Sistema Solar e a Via Láctea não tenham provado de forma conclusiva que o mundo era copernicano, com a Terra girando em torno do Sol, elas praticamente destruíram a estabilidade do universo ptolomaico, cujo centro era a Terra.

Por fim, o drama que caracteriza a vida de Galileu, a inteligência brilhante que ele exibiu em seus experimentos em mecânica, a coragem que demonstrou ao defender seus pontos de vista, o enorme sucesso que obteve na disseminação de seus resultados e na tentativa de torná-los acessíveis, e o fato de suas ideias constituírem a base sobre a qual a moderna ciência foi erguida são as principais características que tornam Galileu e sua história imortais.

Você pode se perguntar por que me senti absolutamente compelido a escrever mais um livro sobre Galileu, quando já existem diversas biografias e análises de seu trabalho. Houve três razões principais para a minha decisão. Primeiro, cheguei à conclusão de que poucas das biografias conhecidas tinham sido escritas por pesquisadores em astronomia ou astrofísica. Eu acredito, ou pelo menos espero, que alguém ativamente envolvido em pesquisas na área da astrofísica possa trazer uma nova perspectiva e novas ideias, mesmo nessa arena aparentemente esgotada. Em particular, neste livro tentei colocar as descobertas de Galileu no contexto do conhecimento, das ideias e da configuração intelectual dos dias atuais.

Em segundo lugar, e ainda mais importante, estou convencido de que os leitores de hoje vão se surpreender ao descobrir quão relevante a história de Galileu é para os nossos dias. Em um mundo de atitudes governamentais anticientíficas, com negadores da ciência ocupando cargos importantes, conflitos desnecessários entre ciência e religião e a perspectiva de um cisma ainda maior entre as humanidades e as ciências, a história de Galileu serve, em primeiro lugar, como um poderoso alerta sobre a importância da liberdade de pensamento. Ao mesmo tempo, a personalidade complexa de Galileu, alicerçada como era na Florença do fim da Renascença, é um exemplo perfeito do fato de que todas as realizações da mente humana são parte de apenas *uma* cultura.

Por fim, muitas das magníficas e eruditas biografias incluem partes que são muito herméticas ou detalhadas, mesmo para leitores cultos, porém não especialistas no assunto. Meu objetivo foi fazer um relato fiel, ainda que relativamente curto e acessível, da vida e da obra desse homem cativante. Em certo sentido, estou tentando humildemente seguir os passos de Galileu. Ele insistia em publicar muitas de suas descobertas científicas em italiano (em vez de latim), para que fossem acessíveis a qualquer pessoa instruída e não apenas a uma elite restrita. Espero fazer o mesmo pela história de Galileu e sua mensagem de importância vital.

1

Rebelde com causa

Durante um café da manhã no Palácio Médici, em Pisa, Itália, em dezembro de 1613, pediram a um dos ex-alunos de Galileu, Benedetto Castelli, que explicasse a importância das descobertas que Galileu havia feito com o telescópio.[1] Durante a discussão que se seguiu, a grã--duquesa Cristina de Lorena atormentou Castelli com o que acreditava serem contradições entre determinadas passagens bíblicas e a visão de Copérnico de uma Terra orbitando em torno de um Sol estacionário. Ela citou especificamente uma descrição do livro de Josué na qual, a pedido de Josué, o Senhor ordena que o Sol (e não a Terra) fique parado sobre a antiga cidade cananeia de Gibeão e que a Lua se detenha em sua trajetória sobre o vale de Aijalom.[2] Castelli descreveu todo o episódio em uma carta que enviou a Galileu em 14 de dezembro de 1613, afirmando ter desempenhado o papel de teólogo "com tal segurança e dignidade" que Galileu teria ficado orgulhoso de ouvi-lo. No geral, resumiu Castelli, ele "conduziu as coisas como um paladino".

Ao que parece, Galileu não ficou tão convencido do sucesso de seu aluno em elucidar a questão, pois, em uma longa carta enviada a Castelli em 21 de dezembro, ele explicou em detalhes sua própria opinião sobre a impropriedade de usar as Escrituras para contestar a ciência: "Eu acredito que a autoridade das Sagradas Escrituras tinha unicamente o objetivo de persuadir os homens sobre proposições e pontos da doutrina que, sendo necessários para a nossa salvação e se sobrepondo a toda razão humana, não poderiam ser tornados críveis por nenhuma outra ciência", escreveu ele. No estilo que caracteriza grande parte de sua escrita, ele logo acrescentou sarcasticamente que não achava "que o mesmo Deus que nos deu nossos sentidos, nossa razão e nossa inteligência desejasse que abandonássemos seu uso". Resumindo, Galileu argumentou que, quando surge um aparente conflito entre as Escrituras e o que as experiências e as demonstrações estabelecem sobre a natureza, as Escrituras têm de ser reinterpretadas de uma nova maneira. "Especialmente", observou ele, "no que diz respeito a assuntos dos quais apenas uma mínima parte, e em conclusão parcial, deve ser lida nas Escrituras, pois assim é a astronomia, da qual há [na Bíblia] uma parte tão pequena que nem mesmo os planetas são nomeados."[3]

Embora o argumento em si não fosse totalmente novo (o teólogo Santo Agostinho já havia escrito, no século V, que os escritores sagrados não pretendiam ensinar ciência, "uma vez que tal conhecimento em nada contribuía para a salvação"), as declarações ousadas de Galileu estavam prestes a colocá-lo em rota de colisão com a Igreja Católica. A *Carta a Benedetto Castelli* marcou apenas o início do perigoso caminho que acabaria por levá-lo a ser declarado "veemente suspeito de heresia" em 22 de junho de 1633. No geral, se examinarmos os registros da vida de Galileu em termos de sua satisfação pessoal, ela tem um traçado que se assemelha ao formato de um "U" invertido, com um pico pronunciado em algum momento logo depois de suas numerosas descobertas astronômicas, seguido por uma queda bastante pronunciada. Ironicamente, a trajetória parabólica dos projéteis, que Galileu foi o primeiro a determinar, descreve uma curva semelhante.

No fim das contas, o desfecho trágico de Galileu apenas ajudou a transformá-lo em um dos grandes heróis de nossa história intelectual. Afinal, há poucos cientistas cuja vida e cujas realizações inspiraram peças teatrais inteiras (como a inesquecível *A vida de Galileu*, de Bertolt Brecht, encenada pela primeira vez em 1943), dezenas de poemas e até uma ópera. Basta também notar que, ao pesquisar no Google o nome "Galileu Galilei", encontram-se nada menos do que 36 milhões de resultados, mais uma demonstração de um impacto que muitos acadêmicos de hoje gostariam de ter.

Albert Einstein certa vez escreveu que Galileu "é o pai da física moderna — na verdade, de toda a ciência moderna". Ao dizer isso, ele estava ecoando o filósofo e matemático Bertrand Russell, que também chamou Galileu de "o maior dos fundadores da ciência moderna".[4] Einstein acrescentou que a "descoberta e a utilização do raciocínio científico" por Galileu foram "uma das conquistas mais importantes na história do conhecimento humano". Esses dois pensadores não tinham o hábito de distribuir elogios, mas havia uma base sólida para essa distinção. Por meio de sua insistência obstinada e pioneira de que o livro da natureza tinha sido "escrito na linguagem da matemática", e sua bem-sucedida fusão de experimentação, idealização e quantificação, Galileu literalmente reformulou a história natural. Ele fez com que ela deixasse de ser uma mera coleção de relatos vagos, verbais e nebulosos embelezados por metáforas, para se tornar uma magnífica obra abrangendo (quando o conhecimento contemporâneo permitia) teorias matemáticas rigorosas. De acordo com essas teorias, as observações, as experiências e o raciocínio se tornaram os únicos métodos aceitáveis para descobrir fatos a respeito do mundo e para investigar novas conexões na natureza. Como Max Born, vencedor do Nobel de Física em 1954, afirmou: "A atitude e os métodos científicos das pesquisas experimentais e teóricas são os mesmos há séculos, desde Galileu, e assim permanecerão."[5]

Apesar de suas proezas científicas, não devemos ter a impressão de que Galileu fosse uma pessoa das mais fáceis ou amáveis, nem mesmo que ele fosse um livre-pensador idealista, um explorador que se envolveu acidentalmente em controvérsias teológicas. Embora de fato pudesse ser extremamente empático e solidário com os membros de sua família, era capaz de demonstrar intolerância e agressividade destruidoras, empunhando sua pena afiada para atacar cientistas que discordassem dele. Diversos estudiosos rotularam Galileu como um fanático, embora nem sempre um fanático pela mesma causa. Alguns diziam que eram pelo copernicanismo — o esquema no qual a Terra e os outros planetas giram em torno do Sol —, outros afirmavam que ele era fanático por sua própria arrogância. Havia ainda quem acreditasse que ele estava lutando pela

Igreja Católica, ávido por impedir que ela cometesse um erro de proporções históricas ao condenar uma teoria científica que ele estava convencido que um dia ia se provar que representava a descrição correta do cosmos. Em defesa de seu fanatismo, porém, provavelmente ninguém esperaria menos de um homem que se propôs a mudar não apenas uma visão de mundo que existia havia séculos, mas também introduzir abordagens inteiramente novas para o que constitui o conhecimento científico.

Sem dúvida, Galileu deve grande parte da fama acadêmica às suas descobertas espetaculares com o telescópio e à divulgação extremamente eficaz de suas conclusões. Ao voltar o novo dispositivo para o céu em vez de observar embarcações a vela ou seus vizinhos, ele foi capaz de mostrar maravilhas como: que há montanhas na superfície da Lua; que Júpiter tem quatro satélites em sua órbita; que Vênus exibe uma série de fases variáveis, como a Lua; e que a Via Láctea é composta de um grande número de estrelas. Mas nem mesmo essas descobertas proverbialmente de outro mundo são suficientes para explicar a enorme popularidade de que Galileu goza até hoje, e o fato de ele, mais do que praticamente qualquer outro cientista (com as possíveis exceções de Sir Isaac Newton e Einstein), ter se tornado o símbolo perene de coragem e imaginação científica. Além disso, o fato de Galileu ter sido o primeiro a estabelecer solidamente a lei dos corpos em queda e de ter criado o conceito fundamental da dinâmica na física obviamente não foi suficiente para fazer dele o herói da revolução científica. No fim das contas, o que distinguiu Galileu da maioria de seus contemporâneos não foi tanto aquilo em que ele acreditava, mas sim por que acreditava e como chegou a essa convicção.

Galileu baseava suas conclusões em dados experimentais (às vezes reais, às vezes na forma de "experimentos mentais": analisar as consequências de uma hipótese) e contemplação teórica, e não na autoridade. Ele estava preparado para reconhecer e internalizar o fato de que aquilo em que se havia confiado por séculos poderia estar errado. Também teve a perspicácia de afirmar com veemência que o caminho para a verdade científica é pavimentado com experimentação paciente que conduz a leis matemáticas que, por sua vez, tecem todos os fatos observados em uma harmoniosa tapeçaria. Nesse sentido, ele pode definitivamente ser considerado um dos inventores do que chamamos hoje de método científico: uma sequência de etapas que precisa idealmente (embora na realidade isso raramente aconteça) ser cumprida para que se desenvolva uma nova teoria ou para que se alcance um conhecimento mais avançado.[6] O filósofo empirista escocês David Hume fez em 1759 a seguinte comparação pessoal entre Galileu e outro famoso empirista, o filósofo e estadista inglês Francis Bacon: "Bacon indicou à distância o caminho para a verdadeira filosofia: Galileu não apenas o indicou às outras pessoas como avançou consideravelmente nele. O inglês ignorava a geometria; o florentino reviveu essa ciência, destacando-se nela, e foi o primeiro a aplicá-la, juntamente com a experimentação, à filosofia natural."

Todas as conclusões impressionantes a que Galileu chegou não poderiam ter se dado em um vácuo. Talvez pudéssemos até mesmo argumentar que a época molda os indivíduos mais do que os indivíduos moldam a época. O historiador da arte Heinrich Wölfflin escreveu certa vez: "Nem mesmo o mais original dos talentos é capaz de ultrapassar determinados limites fixados para ele na data de seu nascimento."[7] Qual foi, então, o contexto no qual Galileu atuou e produziu sua magia única?

Galileu nasceu em 1564, apenas alguns dias antes da morte do grande artista Michelangelo (e também o mesmo ano que trouxe ao mundo o dramaturgo William Shakespeare). Ele morreu em 1642, quase um ano antes do nascimento de Newton. Uma pessoa não precisa acreditar na transmigração da alma de um ser humano para um novo corpo no momento da morte (nem deveria) para perceber que a chama da cultura, do conhecimento e da criatividade é sempre passada adiante de uma geração para a seguinte.

Galileu foi, em muitos aspectos, um exemplo de produto da Renascença tardia. Nas palavras do estudioso Giorgio de Santillana: "Um tipo clássico de humanista que tentava sensibilizar sua cultura para as novas ideias científicas."[8] O último discípulo e primeiro biógrafo (ou talvez hagiógrafo) de Galileu, Vincenzo Viviani, escreveu sobre seu mestre:

"Ele valorizava as boas coisas que tinham sido escritas no âmbito da filosofia e da geometria a fim de elucidar e despertar a mente para sua própria ordem de pensamento e talvez além, *mas* afirmava que o principal acesso ao rico tesouro da filosofia material era *pelas observações e pelos experimentos*, que, usando os sentidos como chave, podiam alcançar os intelectos mais nobres e inquisidores." Os mesmos sentimentos tinham sido expressos pelo grande polímata Leonardo da Vinci cerca de um século antes, quando desafiou aqueles que tinham zombado dele por não ser um "erudito" exclamando: "Aqueles que estudam os antigos e não as obras da Natureza são enteados e não filhos da Natureza, a mãe de todos os bons autores."[9] Viviani nos conta ainda que o julgamento que Galileu fazia sobre várias obras de arte era altamente valorizado por artistas célebres, como o pintor e arquiteto Lodovico Cigoli, que era amigo dele e, às vezes, seu colaborador.[10] De fato, aparentemente em resposta a um pedido de Cigoli, Galileu escreveu um ensaio no qual discutia a superioridade da pintura em relação à escultura. Até mesmo a famosa pintora barroca Artemisia Gentileschi procurou Galileu quando pensou que o nobre francês Carlos de Lorena, quarto duque de Guise, não havia apreciado suficientemente uma de suas obras. Além disso, em sua pintura *Judite decapitando Holofernes*, a representação do sangue esguichando estava em conformidade com a descoberta de Galileu da trajetória parabólica dos projéteis.

Os elogios de Viviani não param por aí. Seus aplausos nunca cessam. Em um estilo que lembra muito o do primeiro historiador da arte, Giorgio Vasari, em suas biografias dos grandes pintores, Viviani escreve que Galileu era um excelente alaudista, cujo talento "superava em beleza e graça até mesmo o de seu pai".[11] Esse elogio em particular parece um pouco descabido: embora seja verdade que o pai de Galileu, Vincenzo Galilei, era compositor, alaudista e teórico musical, e que o próprio Galileu tocava alaúde muito bem,[12] o irmão mais novo dele, Michelangelo, é que era o virtuoso do instrumento.

Por fim, para completar, Viviani relata que Galileu sabia recitar de memória longos trechos de obras dos famosos poetas italianos Dante

Alighieri, Ludovico Ariosto e Torquato Tasso.[13] Isso não era adulação exagerada. O poema favorito de Galileu de fato era *Orlando furioso*, de Ariosto, uma elaborada fantasia de cavalaria, e ele dedicou um trabalho literário sério a uma comparação entre Ariosto e Tasso, no qual exaltava Ariosto ao mesmo tempo que criticava brutalmente Tasso. Certa vez, disse a seu vizinho (e mais tarde biógrafo) Niccolò Gherardini que ler Tasso depois de Ariosto era como chupar limões azedos depois de comer deliciosos melões. Fiel a seu espírito renascentista, Galileu continuou profundamente interessado por arte e poesia contemporânea durante toda a vida, e seus escritos, mesmo os que tratavam de assuntos científicos, refletiam e eram influenciados por sua erudição literária.

Além desse esplêndido contexto artístico e humanístico, houve, é claro, importantes avanços científicos (alguns genuinamente revolucionários) que ajudaram a abrir caminho para o tipo de avanço conceitual que Galileu iria fazer. O ano de 1543, em particular, testemunhou a publicação de não apenas um, mas dois livros que estavam destinados a mudar a visão da humanidade a respeito do microcosmo e do macrocosmo. Nicolau Copérnico publicou *Das revoluções das esferas celestes*, no qual propunha rebaixar a Terra de sua posição central no sistema solar, e o anatomista flamenco Andreas Vesalius publicou *A estrutura do corpo humano*, no qual apresentou uma nova compreensão da anatomia humana. Ambos os livros iam contra crenças predominantes que haviam dominado o pensamento desde a Antiguidade. O livro de Copérnico inspirou outros, como o filósofo Giordano Bruno e mais tarde os astrônomos Johannes Kepler e na verdade o próprio Galileu a expandir ainda mais as ideias copernicanas heliocêntricas. Da mesma forma, ao destituir antigas autoridades, como o médico grego Galeno, o livro de Vesalius incentivou William Harvey, o primeiro anatomista a reconhecer a circulação completa do sangue no corpo humano, a defender a primazia das evidências visuais. Grandes avanços aconteceram também em outros ramos da ciência. O físico inglês William Gilbert publicou seu influente livro sobre o ímã em 1600, e o médico suíço Paracelso apresentou no século XVI uma nova perspectiva sobre doenças e toxicologia.

Todas essas descobertas criaram uma certa abertura para a ciência que não existia na Idade das Trevas. Ainda assim, no fim do século XVI, a perspectiva intelectual mesmo das pessoas mais instruídas era predominantemente medieval. Isso iria mudar drasticamente no século XVII. Deve ter havido outros fatores, portanto, responsáveis pelo que podemos chamar de "fenômeno Galileu". Outras coisas tinham que ter sido radicalmente revistas a fim de criar o terreno fértil que por fim estaria pronto para receber Galileu e promovê-lo à condição de protomártir e símbolo da liberdade científica.[14]

Um importante elemento sociopsicológico no fim do século XVI e início do século XVII foi o surgimento do *individualismo*, a ideia de que uma pessoa pode alcançar a realização pessoal independentemente de sua condição social. Essa nova perspectiva se manifestou em áreas que vão da aquisição de conhecimentos à acumulação de riqueza, da determinação de verdades morais à avaliação do sucesso nos empreendimentos. A atitude individualista era muito diferente dos valores herdados da antiga filosofia grega, de acordo com a qual as pessoas eram consideradas em primeiro lugar membros de uma comunidade, em vez de indivíduos. *A República*, de Platão, por exemplo, tinha como objetivo definir e ajudar a construir uma sociedade superior, não uma pessoa melhor.[15]

Durante a Idade Média, o individualismo foi impedido de se enraizar pela ação da Igreja Católica, por meio do princípio de que as verdades e a ética eram determinadas por conselhos religiosos que consistiam em um grupo de "homens sábios", em vez de pelas experiências, reflexões ou opiniões dos livres-pensadores. Esse tipo de rigidez dogmática começou a rachar com a ascensão dos movimentos protestantes, que se rebelaram contra a afirmação de que esses conselhos eram infalíveis. As ideias defendidas pela subsequente Reforma infiltraram outras áreas da cultura. A guerra foi travada não apenas no campo de batalha e com panfletos de propaganda, cartazes e ensaios, mas também com pinturas de artistas, tais como Lucas Cranach, o Velho, que contrastava o cristianismo protestante e o católico. Foi em parte a difusão dessas convicções individualistas para a filosofia que possibilitou o fenômeno Galileu. As mesmas ideias foram mais tarde colocadas no centro das atenções pelo filósofo francês René Descartes, que argumentou que os pensamentos de um indivíduo são a melhor, se não a única, prova da existência. ("Penso, logo existo.")

Havia também uma nova tecnologia — a impressão — que possibilitou tanto o acesso do indivíduo ao conhecimento quanto a padronização das informações. A invenção do tipo móvel e da prensa na Europa de meados do século XV teve um impacto imenso. De repente, a educação não era mais um território dominado apenas por uma elite rica, e a disseminação de informações e da erudição por meio de livros impressos aumentou continuamente o número de pessoas instruídas. Mas isso não foi tudo. Mais pessoas, de diferentes classes sociais, agora tinham acesso a precisamente os *mesmos* livros, o que levou ao estabelecimento de uma nova base de informação e uma forma mais democrática de educação. No século XVII, estudantes de botânica, astronomia, anatomia e até mesmo da Bíblia em, digamos, Roma poderiam usar os mesmos textos que seus colegas em Veneza ou Praga.[16]

A semelhança dessa proliferação de fontes de informação com os efeitos e as ramificações da internet, das mídias sociais e dos dispositivos de comunicação hoje vem à mente de imediato. Como uma precursora inicial do e-mail, do Twitter, do Instagram e do Facebook, a impressão também permitiu que indivíduos transmitissem suas ideias para as massas de forma mais rápida e eficiente. Ao defender a reforma da Igreja, o teólogo alemão Martinho Lutero foi largamente auxiliado pela existência da impressão. Sua tradução da Bíblia do latim para o alemão, representando seu ideal de um mundo onde as pessoas comuns pudessem consultar a palavra de Deus por conta própria, teve um profundo impacto tanto na moderna língua alemã quanto na Igreja de modo geral. Cerca de 200 mil cópias em centenas de reimpressões foram publicadas antes da morte de Lutero. Da mesma forma, nenhum cientista naquela época tinha um talento maior do que o de Galileu para comunicar aos outros suas descobertas. Convencido de que sua mensagem estava inaugurando uma nova ciência, ele via a si mesmo como um grande persuasor, e imprimir livros em italiano, em vez de em latim tradicional (o que beneficiava apenas uns poucos indivíduos instruídos), provou ser uma potente ferramenta para esse fim.

Talvez menos óbvio tenha sido o fato de que a impressão também teve um efeito na matemática. A capacidade de reproduzir diagramas com relativa facilidade, juntamente com a impressão de manuscritos gregos clássicos, renovou o interesse pela geometria euclidiana, da qual Galileu faria uso criativo. Arquimedes, o maior matemático da Antiguidade, iria se tornar seu modelo. Entre muitas outras realizações, Arquimedes formulou a lei da alavanca e a usou habilmente contra os romanos em suas lendárias máquinas de guerra. "Deem-me um ponto de apoio, e eu moverei a Terra!", conta-se que ele exclamou. Galileu teve prazer em demonstrar que a maioria das máquinas podia, em seus princípios básicos, ser reduzida a algo semelhante a uma alavanca. Por fim, ele também passou a acreditar no modelo de Copérnico, no qual a Terra se movia mesmo sem intervenção humana.

De forma mais ampla, o resgate, as novas edições e a tradução de textos do passado clássico forneceram a base para atitudes mais céticas, investigativas e observacionais. A primazia da matemática como chave tanto para as descobertas práticas quanto para as teóricas estava ficando clara, e ela se tornou rapidamente a inspiração para Galileu. A matemática se provou essencial em áreas que vão da pintura (na qual era usada para definir pontos de fuga e fazer escorços) a transações comerciais (área em que o matemático Luca Pacioli introduziu a contabilidade de dupla entrada com seu influente livro *Conhecimentos de aritmética, geometria, proporção e proporcionalidade*). O aumento do pensamento numérico na época talvez seja mais bem ilustrado por uma divertida anedota envolvendo lorde Burghley (William Cecil), o principal conselheiro da rainha Elizabeth I da Inglaterra. De acordo com a história, em 1555 ele tomou a surpreendente decisão de pesar a si mesmo, sua esposa, seu filho e os criados da casa, listando todos os resultados.

Finalmente, outro fator que ajudou a aumentar a reverberação das descobertas de Galileu foi a intensa curiosidade a respeito dos mundos recém-descobertos pelos grandes exploradores. Assim como os horizontes geográficos, o conhecimento também se expandiu a partir da última década do século XV. Exploradores como Cristóvão Colombo, John Cabot e Vasco da Gama chegaram às ilhas caribenhas, desembarcaram na América do Norte e descobriram a rota marítima para a Índia, respectivamente, apenas entre 1492 e 1498. Antes de 1520, os seres humanos já haviam circundado o mundo. Não é à toa que, quando tentou resumir a sede de novos conhecimentos e de humanismo que caracterizaram a Renascença, o historiador oitocentista francês Jules Michelet tenha concluído que ela englobava "a descoberta do mundo e do homem".[17]

Um homem de seu tempo e à frente de seu tempo

A jornada de Galileu como cientista começou em 1583, quando ele abandonou a escola de medicina e começou a estudar matemática. Em 1590, com 26 anos, já tivera a audácia de criticar os ensinamentos sobre o movimento do grande filósofo grego Aristóteles, segundo o qual as coisas se moviam devido a um ímpeto interno. Cerca de treze anos mais tarde, depois de uma série de engenhosos experimentos com planos inclinados e pêndulos, Galileu formulou as primeiras "leis do movimento" relativas à queda livre, embora só fosse publicá-las em 1638.

Ele apresentou suas primeiras descobertas impressionantes com o telescópio em 1610, e cinco anos mais tarde, na famosa *Carta à senhora Cristina de Lorena, grã-duquesa de Toscana*, expressou sua arriscada opinião de que a linguagem bíblica deveria ser interpretada à luz do que a ciência revela, e não o contrário.

Apesar de suas divergências pessoais em relação a algumas máximas ortodoxas da igreja, ainda em 18 de maio de 1630, Galileu foi recebido em Roma como convidado de honra pelo papa Urbano VIII e deixou a cidade com a impressão de que o papa havia aprovado a impressão de seu livro *Diálogo sobre os dois principais sistemas do mundo* depois de apenas algumas pequenas correções e uma mudança de título. Superestimando a força de sua amizade com o pontífice e subestimando a fragilidade da delicada posição psicológica e política do papa naqueles turbulentos tempos pós-Reforma, Galileu continuou a acreditar que a razão ia prevalecer. "Os fatos, que a princípio podem parecer improváveis, vão, mesmo com escassas explicações, fazer cair o manto que os tem escondido e avançar com sua beleza nua e simples", escreveu ele certa vez. Negligenciando de forma imprudente sua própria segurança, tomou providências para publicar o livro, e, após uma complexa série de acontecimentos, ele finalmente foi impresso em 21 de fevereiro de 1632. Apesar de no prefácio Galileu dar a entender que ia discutir o movimento da Terra como um mero "capricho matemático", o texto em si tinha um tom muito diferente. Na verdade, Galileu insultava e ridicularizava aqueles que ainda se recusavam a aceitar a visão copernicana de acordo com a qual a Terra girava em torno do Sol.

Einstein comentou a respeito desse livro:

> [Ele] é uma mina de informações para qualquer pessoa interessada na história cultural do Ocidente e sua influência sobre o desenvolvimento econômico e político. Nele revela-se um homem que possui a determinação fervorosa, a inteligência e a coragem necessárias para se apresentar como o representante do pensamento racional contra o bando daqueles que, contando com a ignorância das pessoas e a indolência dos mestres que vestiam roupagem de sacerdotes e eruditos, mantinham e defendiam sua posição de autoridade.[18]

Para Galileu, no entanto, a publicação do *Diálogo*, como é comumente chamado, marcou o início do fim de sua vida, ainda que não de sua fama. Ele foi julgado pela Inquisição em 1633, declarado suspeito de heresia, forçado a abjurar suas ideias copernicanas e, por fim, colocado sob prisão domiciliar. O *Diálogo* foi colocado no *Índice de livros proibidos* do Vaticano, onde permaneceu até 1835.

Em 1634, Galileu sofreu outro golpe devastador com a morte de sua amada filha, a irmã Maria Celeste. Ele ainda conseguiu escrever mais um livro, *Discursos e demonstrações matemáticas acerca de duas novas ciências* (comumente conhecido como *Discorsi*), contrabandeado para fora da Itália, para os Países Baixos, onde foi publicado, na cidade de Leiden. O livro resumia grande parte de seu trabalho, desde os primeiros tempos em Pisa, cerca de cinquenta anos antes. Embora estivesse proibido de viajar, Galileu podia receber visitas ocasionais. Um de seus interlocutores durante esse período final da vida foi o jovem John Milton, que obteve fama com a obra *Paraíso perdido*.

Galileu morreu em 1642 em sua casa de campo em Arcetri, perto de Florença, depois de ter passado algum tempo cego e acamado. Como veremos claramente neste livro, no entanto, sua ciência e a história de Galileu e de seu tempo ressoam fortemente ainda hoje. Há uma impressionante semelhança entre algumas das questões religiosas, sociais, econômicas e culturais com as quais uma pessoa tinha que lidar no século XVII e aquelas com as quais nos defrontamos no século XXI. De fato, que história é melhor contar do que a de Galileu se queremos lançar luz sobre preocupações atuais, entre elas o debate em curso a respeito dos domínios da ciência e da religião, da defesa do ensino de ideias criacionistas e dos ataques desinformados ao intelectualismo e ao conhecimento? A flagrante rejeição, em alguns círculos, às pesquisas sobre as mudanças climáticas, o desprezo em relação ao financiamento de pesquisas básicas e o corte nos orçamentos para as artes e as rádios públicas nos Estados Unidos são apenas algumas das manifestações desses ataques.

Há ainda outras razões por que Galileu e seu mundo seiscentista são extremamente relevantes para nós e para nossas necessidades culturais. Uma delas é a aparente cisão entre as ciências e as humanidades, identificada e revelada pela primeira vez em 1959, em uma palestra (e mais tarde um livro) do físico-químico e escritor britânico C. P. Snow, que cunhou o termo "as duas culturas". Snow expôs sua preocupação com grande clareza: "Muitas e muitas vezes, compareci a reuniões de pessoas que, de acordo com os padrões da cultura tradicional, são consideradas altamente instruídas e têm, com considerável entusiasmo, expressado sua incredulidade diante da ignorância dos cientistas." Ao mesmo tempo, apontou Snow, se tivesse pedido àqueles mesmos ensaístas eruditos que definissem *massa* ou *aceleração* — para ele, o equivalente científico de "Você sabe ler?" —, para nove em cada dez das pessoas altamente instruídas, seria como se estivesse falando uma língua estrangeira. No geral, Snow observou que, durante os anos 1930 e daí em diante, estudiosos da literatura começaram a se referir a si mesmos como "os intelectuais", excluindo assim os cientistas desse círculo.[19] Alguns desses intelectuais até mesmo se ressentiam da penetração de métodos científicos em áreas que não eram tradicionalmente associadas às ciências exatas, tais como a sociologia, a linguística e as artes. Embora certamente não tão extrema, essa postura não era inteiramente diferente da indignação expressada pelas autoridades eclesiásticas que reagiram ao que consideravam uma intrusão indesejável de Galileu na teologia.

Alguns estudiosos argumentam que o problema das duas culturas é menos acentuado hoje do que era quando Snow fez sua palestra. Outros, no entanto, afirmam que um diálogo verdadeiro entre as duas culturas ainda é praticamente inexistente. O historiador da ciência David Wootton, por exemplo, acredita que o problema tenha até mesmo se aprofundado. Em seu livro *The Invention of Science: A New History of the Scientific Revolution* [A invenção da ciência: uma nova história da revolução científica], Wootton escreve: "A história da ciência, longe de servir como uma ponte entre as artes e as ciências, hoje oferece aos cientistas uma imagem de si mesmos que a maioria deles não consegue reconhecer."[20]

Em 1991, o autor e agente literário John Brockman introduziu o conceito de uma "terceira cultura", em discussões on-line e posteriormente em um livro com o mesmo título. De acordo com Brockman, a terceira cultura "consiste em cientistas e outros pensadores no mundo empírico que, por meio de seu trabalho e de escritos expositivos, estão ocupando o papel dos intelectuais tradicionais de tornar visível o significado mais profundo de nossa vida, redefinindo quem e o que somos".[21] Como veremos neste livro, quatrocentos anos atrás, Galileu teria garantido para si mesmo um lugar de honra na terceira cultura.

A fronteira entre arte e ciência se confundiu em grande parte durante a Renascença, com artistas como Leonardo da Vinci, Piero della Francesca, Albrecht Dürer e Filippo Brunelleschi, que também se dedicavam às pesquisas científicas sérias ou à matemática. Consequentemente, o próprio Galileu personificava uma integração das humanidades e das ciências que pode servir de modelo a ser examinado, mesmo que não facilmente emulado hoje. Consideremos, por exemplo, que, aos 24 anos, ele proferiu duas palestras com o tema "Sobre a forma, o local e o tamanho do *Inferno* de Dante", ou o fato de que mesmo a ciência de Galileu envolvia, em grande medida, as artes visuais. Por exemplo, em sua obra *O mensageiro sideral* (*Sidereus Nuncius*), um livreto de sessenta páginas impresso a toque de caixa em 1610, ele conta sua história científica da Lua por meio de uma série de maravilhosas aguadas, provavelmente lançando mão das lições de arte que tinha recebido do pintor Cigoli na Accademia delle Arti del Disegno (Academia das Artes do Desenho) em Florença.

Talvez o mais importante, Galileu foi o pioneiro e a estrela no avanço da nova arte da ciência experimental. Ele percebeu que poderia testar ou sugerir teorias manipulando artificialmente vários fenômenos terrestres. Foi também o primeiro cientista cujas visão e perspectiva científica incorporavam tanto métodos quanto resultados que eram aplicáveis a todos os ramos da ciência.

Galileu realizou numerosas descobertas, mas, em quatro áreas, ele literalmente revolucionou o campo: astronomia e astrofísica; as leis do movimento e da mecânica; a assombrosa relação entre a matemática e a realidade física (chamada em 1960 pelo físico Eugene Wigner de "a eficiência irracional da matemática"), e a ciência experimental.[22] Em grande medida por meio de sua incomparável intuição e parcialmente por meio de sua formação em *chiaroscuro* — a arte de representar três dimensões em duas por intermédio da utilização inteligente de luz e sombras —, ele foi capaz de transformar o que de outra forma teriam sido simples experiências visuais em conclusões intelectuais sobre os céus.

Depois das numerosas observações de Galileu e da confirmação de suas descobertas por outros astrônomos, ninguém mais poderia argumentar de forma convincente que o que se via pelo telescópio devia ser uma ilusão de óptica e não uma reprodução fiel da realidade. A única defesa que restava para aqueles que se recusavam obstinadamente a aceitar as conclusões indicadas pelo peso cada vez maior dos fatos empíricos e da fundamentação científica era rejeitar a interpretação dos resultados com base quase unicamente em ideologias políticas ou religiosas. Se essa reação parece perturbadoramente semelhante à negação atual de algumas pessoas da realidade das mudanças climáticas ou da teoria da evolução por meio da seleção natural, é porque ela é!

2

Um cientista humanista

Galileu Galilei nasceu em Pisa, no dia 15 ou 16 de fevereiro de 1564.[1] Sua mãe, Giulia Ammannati, era uma mulher culta, apesar de irascível, difícil e amarga, natural de Pescia e cuja família estava envolvida no negócio de lã e roupas. Seu pai, Vincenzo, era um músico e teórico musical florentino de uma família de origem nobre, mas com recursos financeiros inexpressivos. Já naquela época, os músicos tinham dificuldade de sustentar a si e a família apenas com sua música, por isso Vincenzo aparentemente também se tornou comerciante de tecidos em regime parcial.[2] O casal oficializou a união em 1563 e, depois de Galileu, teve mais dois filhos e três ou, de acordo com algumas fontes, quatro filhas.[3] Desses, apenas o irmão mais novo, Michelangelo, e as irmãs Livia e Virginia desempenharam papéis importantes na vida de Galileu.

A genética é inevitável. No caso de Galileu, ele pode ter herdado pelo menos parte da natureza rebelde, da arrogância e da desconfiança em relação à autoridade do pai, e o egoísmo, o ciúme e a ansiedade da mãe. Vincenzo Galilei discordava veementemente da teoria musical defendida por seu próprio professor, Gioseffo Zarlino. Teórico musical da velha-guarda, Zarlino era firme defensor de uma tradição que datava do tempo dos antigos pitagóricos, de acordo com a qual todos os sons gerados por cordas que soam agradáveis aos nossos ouvidos (como a oitava ou a quinta) são resultado de tocar cordas idênticas, com comprimentos que estão em razões de números inteiros, tais como 1:2, 2:3, 3:4, e assim por diante. Foi o apego intransigente a esse esquema que deu origem à velha piada de que os músicos renascentistas passavam metade do tempo afinando seus instrumentos e a outra metade tocando fora do tom.

Vincenzo, por sua vez, defendia que se manter fiel a essa numerologia conservadora era algo arbitrário e que outros critérios, igualmente válidos se não melhores, poderiam ser adotados. Em termos simples, o pai de Galileu argumentava que a consonância musical é determinada pelo ouvido do músico e não por suas habilidades aritméticas. Ao insistir em libertar a música de Pitágoras, Vincenzo abriu as portas para a "escala igualmente temperada" moderna, mais tarde popularizada por Johann Sebastian Bach. Por meio de uma série de experimentos com cordas de diferentes materiais e tensões variadas, ele demonstrou, por exemplo, que cordas de tensões distintas podiam produzir a oitava a uma razão de comprimento diferente da canônica 2:1 (que era usada quando a tensão era mantida constante). De maneira quase profética — ou melhor, provavelmente exercendo influência sobre o filho —, Vincenzo intitulou um de seus livros sobre o assunto de *Diálogo sobre a música antiga e moderna*,[4] e outro de *Discurso sobre a obra de Messer Gioseffo Zarlino de Chioggia*. Anos mais tarde, dois dos livros mais importantes de Galileu seriam intitulados *Diálogo sobre os dois principais sistemas do mundo* e *Discursos e demonstrações matemáticas acerca de duas novas ciências*. Uma frase em particular no diálogo ficcional de Vincenzo sobre música capturou com precisão o credo que Galileu viria a adotar mais tarde na vida. Os dois interlocutores concordam desde o início que deveriam, invariavelmente, "deixar de lado (...) não apenas a autoridade, mas também o raciocínio que parece plausível, mas é contraditório em relação à percepção da verdade".

O jovem Galileu provavelmente ajudou o pai nos experimentos com as cordas e, no processo, talvez tenha começado a perceber a importância da abordagem da ciência baseada em evidências. Este pode ter sido o primeiro passo dado por ele para se tornar alguém que acreditava firmemente no conceito de que, na tentativa de encontrar descrições para os fenômenos naturais, é preciso, como ele mais tarde expressou, "buscar e esclarecer a definição que melhor corresponde àquilo que a natureza emprega". Ter de realizar uma série de experiências com pesos pendurados em cordas (para variar a tensão) também pode ter plantado em sua mente a semente da ideia de usar pêndulos para medir o tempo.[5]

Vincenzo não era apenas um alaudista talentoso, e seus interesses iam além de suas objeções particulares à polifonia contrapontística. Além de ser um membro ativo da Camerata Fiorentina — grupo de intelectuais florentinos cultos interessados em música e literatura —, ele dominava as línguas clássicas e a matemática. Em suma, e não apenas em termos do período durante o qual viveu, era basicamente o que chamaríamos hoje de homem renascentista.

Tendo crescido nesse meio, Galileu acabaria seguindo os passos intelectuais do pai, embora não na direção da música, ainda que muitas vezes acompanhasse Vincenzo no segundo alaúde. Ao mesmo tempo, ter testemunhado as ambições idealistas do pai serem frustradas pela dura realidade, especialmente a econômica, também pode ter incutido em Galileu um desejo obstinado e tenaz de obter sucesso.

A relação de Galileu com a mãe era muito mais problemática. Até mesmo o irmão de Galileu, Michelangelo, a descrevia como uma mulher absolutamente "terrível". No entanto, a despeito de vários incidentes desagradáveis que incluíram Giulia espionando Galileu e tentando roubar algumas das suas lentes de telescópio para dar a seu genro, ele fez o melhor que pôde em seus últimos anos para atender todas as suas sempre crescentes necessidades pecuniárias.

O pai de Galileu voltou de Pisa para Florença quando Galileu tinha cerca de 10 anos. A falta de espaço na casa de uma família pobre, na qual o número de crianças crescia rapidamente, pode ter sido uma das razões para ter deixado Galileu em Pisa por um tempo, vivendo com Muzio Tedaldi, parente de sua mãe. Sua educação básica nesse estágio consistiu no que costumamos chamar hoje de artes liberais: latim, poesia e música. Tanto o primeiro biógrafo de Galileu, Viviani, quanto seu vizinho e segundo biógrafo, Niccolò Gherardini, relatam que Galileu ultrapassou rapidamente o nível no qual o professor era capaz de ajudá-lo e continuou seus estudos lendo autores clássicos por conta própria.[6]

Aos 11 anos, foi mandado para o mosteiro de Vallombrosa, em cuja serena atmosfera estudou lógica, retórica e gramática. Lá também foi exposto às artes visuais ao observar o trabalho de artistas em residência no mosteiro. Nessa idade sensível, deve ter sido inspirado pelo abade de Vallombrosa, que aparentemente era um polímata com conhecimentos em áreas que iam da matemática à astrologia e à teologia, incluindo "todas as outras artes sonoras e ciências".

Embora não reste dúvida de que Galileu achava a atmosfera intelectual e espiritual do mosteiro interessante, não sabemos ao certo se ele realmente pretendia se tornar um noviço da ordem dos camaldulenses. Seja como for, no entanto, Vincenzo sem dúvida tinha planos diferentes para o filho. Em parte querendo talvez reviver o passado glorioso de sua família, que incluía um bisavô que tinha sido um famoso médico florentino, mas ao mesmo tempo empenhado em garantir o futuro econômico de Galileu, Vincenzo matriculou o filho como estudante de medicina na Universidade de Pisa em setembro de 1580.[7]

Infelizmente, a medicina, que naquela época era ensinada com base principalmente nos ensinamentos do célebre anatomista da Grécia Antiga Galeno de Pérgamo e era repleta de regras rígidas e superstições, entediava Galileu. Ele não achava que devesse "se entregar (...) quase às cegas" às afirmações e opiniões de escritores arcaicos. No entanto, uma coisa boa resultou desses primeiros anos em Pisa: ele conheceu Ostilio Ricci, matemático da corte toscana.[8] Depois de ouvir as palestras de Ricci sobre geometria euclidiana, Galileu ficou encantado. Na verdade, de acordo com Viviani, mesmo antes, "o grande talento e prazer que ele tinha (...) na pintura, na perspectiva e na música, ouvindo o pai dizer com frequência que tais coisas tinham sua origem na geometria, produziu nele um desejo de experimentá-la". Consequentemente, Galileu começou a dedicar todo o seu tempo a estudar Euclides por conta própria, ao passo que negligenciava por completo a medicina.

Mais de três séculos mais tarde, Einstein teria dito: "Se Euclides não despertou seu entusiasmo juvenil, então você não nasceu para ser um pensador científico."[9] Galileu foi aprovado nesse "teste" específico com louvor. Além disso, encarando a matemática como sua vocação, apresentou Ricci a seu pai no verão de 1583, na esperança de que o matemático convencesse Vincenzo de que aquela era a escolha certa. Ricci explicou a Vincenzo que a matemática era o assunto pelo qual Galileu era verdadeiramente apaixonado e expressou sua disposição de ser o preceptor do jovem. Vincenzo, que era ele mesmo um matemático bastante bom, a princípio não fez objeções, mas tinha a preocupação paterna legítima de que Galileu não encontrasse trabalho nessa área. Afinal, ele próprio já tinha experimentado o que significava ter a profissão não particularmente bem remunerada de músico. Portanto, insistiu que Galileu completasse primeiro os estudos de medicina, ameaçando fechar o bolso se ele se recusasse a fazê-lo. Felizmente para a história da ciência, pai e filho por fim chegaram a um acordo: Galileu poderia continuar seus estudos de matemática por mais um ano, sendo sustentado pelo pai, depois do que ia assumir a obrigação de sustentar a si mesmo.

Ricci apresentou a Galileu os trabalhos de Arquimedes, cuja genialidade em aplicar a matemática à física e aos problemas de engenharia da vida real motivaria Galileu e permearia todo o seu trabalho científico. O professor de Ricci, o matemático Niccolò Tartaglia, tinha sido o estudioso responsável pela publicação de algumas das obras de Arquimedes em latim, e também havia produzido uma abalizada tradução para o italiano da obra-prima de Euclides, *Os elementos*. Não surpreende que dois dos primeiros tratados de Galileu — um que abordava o problema de encontrar o centro de massa de um sistema de pesos, e o outro sobre as condições nas quais corpos flutuam na água — fossem ambos sobre temas pelos quais Arquimedes tinha mostrado grande interesse. O segundo biógrafo de Galileu, Gherardini, cita uma suposta frase de Galileu: "Uma pessoa poderia viajar seguramente e sem impedimentos por céu e terra, bastaria não perder de vista os ensinamentos de Arquimedes."[10] O irônico resultado final de toda essa sequência de acontecimentos na vida do jovem homem, entretanto, foi que Galileu — uma das maiores mentes científicas da história — abandonou a Universidade de Pisa em

1585, depois de ter desistido da medicina e de não ter concluído formação em nenhuma área.

Os estudos de Galileu com Ricci e a introdução a Arquimedes, no entanto, não foram em vão. Inculcaram nele a firme convicção de que a matemática pode fornecer as ferramentas de decodificação necessárias para decifrar os segredos da natureza. Através da matemática, ele enxergou uma maneira de traduzir os fenômenos em enunciados precisos que poderiam então ser testados e comprovados de forma inequívoca. Essa compreensão foi verdadeiramente extraordinária. Cerca de 350 anos depois, Einstein ainda se perguntaria: "Como é possível que a matemática, um produto do pensamento humano que é independente da experiência, se aplique tão perfeitamente aos objetos da realidade física?"[11]

Viviani conta uma história fascinante sobre os tempos de Galileu como estudante em Pisa: em 1583, o jovem de 19 anos observou um lustre suspenso por uma longa corrente na catedral de Pisa oscilar de um lado para o outro. Galileu percebeu, contando seus batimentos cardíacos, que o tempo que o lustre levava para percorrer a amplitude total era constante (estritamente falando, apenas contanto que a extensão do balanço não fosse grande demais). A partir dessa simples observação, Viviani escreve com admiração, Galileu continuou e "por meio de experimentos muito precisos, verificou a igualdade das vibrações [do pêndulo]" (a constância do período do balanço). Viviani relata ainda que Galileu utilizou essa constância do período de um pêndulo para construir um equipamento médico capaz de medir a pulsação. Essa história se tornou tão amplamente conhecida em anos posteriores que, em 1840, o pintor Luigi Sabatelli pintou um belo afresco que mostrava o jovem Galileu observando o lustre (painel mais à esquerda, no alto, na imagem 1 do encarte).

Há apenas um "pequeno" problema nesse cativante relato. O lustre em questão foi instalado na catedral de Pisa apenas em 1587, quatro anos depois de Galileu supostamente tê-lo observado balançar. É possível, é claro, que ele tenha observado outro lustre que ficava pendurado anteriormente no mesmo local. Entretanto, como o próprio Galileu menciona a constância do balanço do pêndulo pela primeira vez apenas em 1598, e não há nenhuma prova documental de que ele tenha inventado um instrumento capaz de medir a pulsação, a maior parte dos historiadores da ciência suspeita de que a pitoresca descrição de Viviani da precocidade de Galileu seja o tipo de floreio típico das biografias da época.

Na realidade, o médico veneziano Santorio Santorio publicou em 1626 os detalhes de seu *pulsilogium*, dispositivo capaz de medir de forma precisa a pulsação com base no período constante do pêndulo. Galileu, que costumava ser muito agressivo diante de qualquer tentativa de lhe negar crédito, nunca reivindicou a prioridade de invenção. No entanto, o fato de que pode ter feito experiências na oficina de seu pai com pesos pendurados em cordas (que efetivamente constituem pêndulos) deixa aberta a possibilidade de haver um fragmento de verdade no relato de Viviani. Galileu de fato começou a usar pêndulos como dispositivos para medir o tempo em 1602, e até teve a ideia de um relógio de pêndulo em 1637. O filho dele, Vincenzo, começou a construir um modelo com base no conceito do pai, mas, infelizmente, morreu antes de terminá-lo, em 1649. Um relógio com esse funcionamento foi, por fim, inventado em 1656 pelo cientista holandês Christiaan Huygens.

Tendo deixado Pisa sem obter nenhuma graduação, Galileu tinha de encontrar um meio de se sustentar, de modo que começou a dar aulas particulares de matemática, em parte em Florença e em parte em Siena. Em 1586, também publicou um pequeno tratado científico intitulado *La Bilancetta* (*A pequena balança*),[12] que não era particularmente original, exceto por apresentar uma forma mais precisa de pesar objetos a seco e imersos na água. Isso foi especialmente útil para joalheiros, cuja prática comum era pesar metais preciosos dessa maneira.

No fim de 1586, Galileu começou a compor um tratado sobre o movimento e corpos em queda livre. Seguindo o antigo exemplo de Platão, escreveu em forma de diálogo. Esse gênero era extremamente popular na Itália do século XVI como um veículo para exposições técnicas, polêmicas e pequenos dramas de persuasão. O livro nunca foi concluído e abordava, sobretudo, problemas que parecem bastante corriqueiros de acordo com os padrões atuais. No entanto, constituiu um passo importante no caminho percorrido por Galileu na direção de uma nova mecânica. O livro de fato continha, em particular, dois pontos interessantes. Primeiro, aos 22 anos, Galileu já tinha o desplante de desafiar o grande Aristóteles em tópicos relacionados ao movimento, mesmo que as ferramentas matemáticas necessárias para tratar de variáveis como velocidade e aceleração ainda não existissem. (O cálculo, que permitiu a definição correta de velocidade e aceleração como *taxas* de variação, foi formulado por Newton e Gottfried Leibniz apenas em meados do século XVII.)

O segundo ponto interessante foi que Galileu chegou à conclusão preliminar de que, independentemente do peso, corpos em queda livre feitos do mesmo material se movem com a mesma velocidade em um determinado meio. Anos mais tarde, isso seria parte de uma de suas principais descobertas no campo da mecânica.

Considerando o drama associado ao nome de Galileu e a sua aceitação do copernicanismo, é também intrigante descobrir que em outro manuscrito, o *Tratado da esfera, ou Cosmografia*[13] — provavelmente escrito no fim dos anos 1580 e muito provavelmente destinado em um primeiro momento a suas aulas particulares —, Galileu adotava completamente o antigo sistema geocêntrico ptolomaico no qual o Sol, a Lua, e todos os planetas giravam em torno da Terra em órbitas circulares. Isso ia mudar drasticamente nos anos seguintes.

Em uma tentativa de incrementar seu currículo ainda pouco notável, em 1587 Galileu fez uma visita ao mais importante matemático da ordem jesuíta em Roma: Cristóvão Clávio. Clávio, que se tornou membro pleno da ordem em 1575, vinha ensinando assuntos matemáticos no prestigiado Colégio Romano, em Roma, desde 1564. Em 1582, foi o mais velho matemático na comissão que instituiu o calendário gregoriano. Galileu estava interessado em um cargo específico: a cátedra de matemática estava vaga na Universidade de Bolonha, a mais antiga do mundo ocidental e uma instituição que ostentava ex-alunos ilustres como Nicolau Copérnico e o humanista e arquiteto Leon Battista Alberti. Na esperança de conseguir uma carta de recomendação de Clávio, Galileu deixou com ele alguns de seus trabalhos originais sobre como encontrar o centro de gravidade de vários sólidos — um tópico popular entre os matemáticos jesuítas da época.

Mais ou menos na mesma época, Galileu também provou um interessante teorema que gerou algum burburinho. Ele mostrou que, se pegarmos uma série de pesos de, digamos, 1 libra (uma antiga unidade de peso que equivalia a aproximadamente 327 gramas), 2 libras, 3 libras, 4 libras e 5 libras e os pendurarmos em intervalos iguais ao longo do braço de uma balança, então o centro de gravidade (o ponto em torno do qual o braço está em equilíbrio) dividirá o comprimento do braço da balança precisamente em uma razão de dois para um. Embora esse pequeno teorema tenha rendido a Galileu algum reconhecimento em locais que iam de Pádua e Roma a universidades na Bélgica, a cátedra em Bolonha ainda assim foi dada a Giovanni Antonio Magini, um astrônomo, cartógrafo e matemático consagrado, oriundo de Pádua.

Essa derrota deve ter sido um duro golpe para o jovem e ambicioso Galileu, mas seu impacto logo foi atenuado por uma notável honra conferida a ele. Em 1588, o cônsul da Academia Florentina, Baccio Valori, convidou Galileu para fazer duas palestras na academia sobre a geografia e a arquitetura do Inferno de Dante em sua obra-prima *A divina comédia*.

Nessa monumental obra poética (que tem mais de 14 mil versos), Dante conta a história da original viagem de um poeta pela vida após a morte, inspirando-se em uma ampla gama de filosofias. Depois de um épico passeio pelo Inferno e pelo Purgatório até o Paraíso, o poeta finalmente atinge o "amor que move o sol e outras estrelas".

O convite para proferir as palestras demonstrou o respeito da Academia não apenas pelas habilidades matemáticas de Galileu, mas também por sua erudição literária. Sem dúvida, Galileu ficou radiante ao receber esse convite por dois motivos principais. Em primeiro lugar, mapear a descrição desorientadora que Dante faz do Inferno em *A divina comédia* deu a Galileu sua primeira oportunidade de tentar construir uma ponte entre uma obra-prima literária e o raciocínio científico.[14] Anos mais tarde, uma parte importante do que iria se tornar a filosofia constante e o maior legado de Galileu foi a demonstração de que a ciência é uma parte essencial da cultura, e que ela pode melhorar, em vez de minimizar, até mesmo a experiência poética. Para atingir esse objetivo, ele foi contra a longa tradição de escrever ciência em latim e, em vez disso, escrevia em italiano. Trabalhando na outra direção, em seus extensos escritos científicos, Galileu lançava mão de seus recursos literários para transmitir ideias e associações de maneira original e estimulante.

Em segundo lugar, Galileu foi sagaz em reconhecer a importância dessas palestras para sua carreira pessoal. Ele foi fundamentalmente convidado a atuar como um árbitro entre dois comentários e pontos de vista contraditórios sobre a localização, a estrutura e as dimensões do Inferno, feitos por dois estudiosos da obra de Dante. Um era o estimado arquiteto e matemático florentino Antonio Manetti, biógrafo do famoso arquiteto Filippo Brunelleschi. O outro era o intelectual Alessandro Vellutello, de Lucca. Vellutello argumentava que o edifício de Manetti, semelhante a um anfiteatro, não poderia ser estável, e ofereceu um modelo alternativo no qual o inferno ocupava um volume bem menor em torno do centro da Terra. Havia muito mais em jogo do que uma disputa puramente intelectual. Florença tinha protagonizado um humilhante desastre militar em Lucca em 1430. Depois de um malsucedido cerco à cidade, Brunelleschi, atuando na época como engenheiro do exército, teve a ideia de desviar o curso do rio Serchio, de forma a cercar Lucca com um lago e forçar a cidade a se render. O plano fracassou cataclismicamente quando um dique se rompeu, e o rio acabou inundando o acampamento do exército florentino. Essa dolorosa lembrança histórica certamente estava na mente dos integrantes da Academia Florentina quando pediram a Galileu que demonstrasse que Manetti "tinha sido caluniado por Vellutello". Além disso, o comentário de Vellutello representava um repúdio à autoridade de Manetti — e, por associação, da Academia Florentina — na interpretação de Dante. Em outras palavras, a Galileu foi confiada a missão de salvar o prestígio da academia, e ele percebeu que ao dar a Manetti uma vitória sobre Vellutello, poderia ser considerado um defensor do orgulho florentino.

Galileu começou sua primeira palestra com uma referência direta às observações astronômicas (provavelmente tendo em mente o fato de que a maioria das posições que almejava naquela época eram nas áreas de matemática e astronomia), mas enfatizando que decifrar a arquitetura do Inferno requeria considerações teóricas. Em seguida, passou rapidamente a descrever a interpretação de Manetti, usando as mesmas habilidades analíticas que tinham se tornado sua marca registrada em todas as suas investigações científicas. O cenário sombrio do Inferno de Dante ocupava uma parte da Terra em forma de cone, com Jerusalém no centro da base em formato de domo e o vértice do cone fixado no centro da Terra (a imagem 13 do encarte mostra a representação de Botticelli). Contrariando a afirmação de Vellutello de que a estrutura de Manetti ocupava no total um sexto do volume da Terra, Galileu usou a geometria dos sólidos que tinha aprendido a partir da leitura das obras de Arquimedes para demonstrar que, na verdade, ela preenchia menos de sete centésimos do volume — em suas palavras: "menos de uma das 14 partes do todo o agregado". Em seguida, passou a desconstruir metodicamente o modelo de Vellutello, mostrando que não apenas partes de sua proposta arquitetônica teriam desmoronado sob o próprio peso, mas também que o projeto nem mesmo correspondia à sinistra descrição que Dante faz da descida ao inferno. Em contraste, Galileu argumentou que, na construção de Manetti, "a espessura é suficiente (...) para sustentá-la". Ele concluiu suas palestras sobre o Inferno agradecendo à Academia, pela qual se sentia "muito grato", acrescentando sabiamente que acreditava ter demonstrado "como a criação de Manetti é muito mais sutil".

Infelizmente, talvez por desejar demais agradar sua plateia, Galileu caiu na própria armadilha. Ele não percebeu que a estrutura arquitetônica de Manetti também era propensa a um colapso catastrófico (não que algum de seus ouvintes tenha se dado conta disso). É possível que Galileu tenha descoberto seu erro logo depois de ministrar as palestras sobre o *Inferno*, já que passou muito tempo sem se referir a elas, e seu biógrafo, Viviani, nem sequer as mencionou, apesar de ter vivido na casa de Galileu durante os últimos anos de vida do mestre.

Apenas em seu último livro, sobre as *Duas novas ciências*, Galileu retomou o interessante problema da resistência e da estabilidade de construções quando aumentam de tamanho. A importante conclusão a que havia chegado àquela altura era que, enquanto o volume (e, por conseguinte, o peso) aumenta mil vezes quando o tamanho é extrapolado para ficar dez vezes maior, a resistência a rachaduras (que acontece nas superfícies bidimensionais) aumenta apenas cem vezes e, portanto, não acompanha o aumento de peso. Galileu escreveu em *Duas novas ciências*: "A máquina maior, feita do mesmo material e com as mesmas proporções que a menor, em todas as outras condições vai reagir com a justa simetria em relação à menor, exceto na robustez e na resistência contra incursões violentas; quanto maior o navio, mais frágil ele vai ser."[15] Em seguida, em uma provável alusão ao revés envolvendo o *Inferno*, ele observou que "algum tempo atrás", também tinha cometido um erro ao estimar a robustez de objetos aumentados em escala. Talvez o ponto mais notável sobre o equívoco de Galileu em relação ao *Inferno* seja o fato de que, mesmo muitos anos depois de ter feito uma palestra científica sobre uma obra poética, Galileu tenha se sentido compelido a rever suas conclusões, repensar suas antigas ideias com base em uma acuidade recentemente adquirida, e publicar os novos e corretos resultados em um contexto totalmente diferente para o problema.

Galileu foi de fato um homem da Renascença, mas podemos nos perguntar se em nosso tempo, de especialização estreitamente focada e atitudes voltadas para a carreira, esse tipo de pessoa ainda existe, e se indivíduos que se interessam por uma ampla gama de tópicos ou polímatas com amplos interesses ainda são de fato necessários. Depois de conduzir cerca de uma centena de entrevistas com homens e mulheres extraordinariamente criativos dedicados a diversas disciplinas, o psicólogo da Universidade de Chicago Mihaly Csikszentmihalyi sugeriu que a resposta para ambas as perguntas é afirmativa. Sua conclusão: "Se ser um prodígio não é requisito para uma criatividade posterior, uma curiosidade acima do normal sobre o mundo a nossa volta parece ser. Praticamente todo indivíduo que tenha dado uma nova contribuição para um domínio lembra de ter ficado assombrado diante dos mistérios da vida e tem histórias divertidas para contar sobre seus esforços para resolvê-los."[16] De fato, a criatividade muitas vezes significa a capacidade de pegar ideias emprestadas de um campo e transpô-las para outros. Charles Darwin, por exemplo, tomou emprestado de seus amigos geólogos um dos pilares de sua teoria da evolução (o gradualismo). Tratava-se do conceito de que assim como a superfície da Terra toma forma muito lentamente pela ação da água, do sol, do vento e da atividade geológica, também as mudanças evolutivas ocorrem ao longo de centenas de milhares de gerações.

Reconhecer que um elogio a "pessoas renascentistas" pode inspirar a criatividade no mundo moderno não significa abrir mão da especialização. Com fontes de informação literalmente ao alcance dos dedos, até mesmo aquelas cerca de 10 mil horas (que são supostamente necessárias para se tornar especialista em um determinado tópico, de acordo com o autor Malcolm Gladwell, embora isso tenha sido contestado pelos autores do estudo original) podem ser encurtadas por meio de práticas e técnicas de aprendizagem mais eficientes. Essa economia de tempo, combinada ao fato de que os seres humanos estão vivendo mais do que jamais viveram, significa que não há nada hoje (na teoria, pelo menos) que possa impedir as pessoas de serem *ao mesmo tempo* especialistas e renascentistas.

Voltando à vida de Galileu, a reputação que ele construiu por meio de suas palestras sobre o *Inferno* e uma forte recomendação que acabou recebendo de Clávio se mostraram extremamente proveitosas. No verão de 1589, Filippo Fantoni deixou a cátedra de matemática na Universidade de Pisa, e Galileu, o ex-aluno que havia abandonado os estudos na universidade, foi nomeado para o posto.

3

Uma torre inclinada e planos inclinados

A primeira nomeação de Galileu como professor e catedrático de matemática em Pisa durou apenas de 1589 até 1592, mas ainda assim uma história em particular associada a esse período deu origem a um retrato icônico de Galileu.[1] Trata-se de uma imagem dele envergando suas imponentes vestes acadêmicas, soltando bolas de diferentes pesos do topo da torre inclinada de Pisa.

A história original surgiu com Viviani, que em 1657 reconstituiu o que ele descreveu como suas lembranças de uma conversa que teve com Galileu nos últimos anos de vida deste:

> Muitas das conclusões de Aristóteles sobre o tema do movimento que ele [Galileu] provou serem falsas até aquele momento eram consideradas evidentes e indubitáveis, como (entre outras) que a velocidade de pesos diferentes do mesmo material movendo-se pelo mesmo meio de maneira nenhuma preservavam a proporção de sua carga, atribuída a eles por Aristóteles, mas, na verdade, se moviam todos à mesma velocidade, o que ele [Galileu] demonstrou com repetidas experiências realizadas do topo da torre inclinada de Pisa na presença de outros professores e todos os estudantes.

Em outras palavras, ao contrário do que defendiam os aristotélicos, que, quanto mais pesada a bola, mais rápido ela iria cair, Viviani afirmou que, ao soltar bolas da torre de Pisa (em algum momento entre 1589 e

1592), Galileu tinha demonstrado que duas bolas do mesmo material, mas com pesos diferentes, atingiam o solo ao mesmo tempo.

Como se essa história não fosse dramática o suficiente, biógrafos e historiadores que vieram depois apenas acrescentaram mais detalhes que não constavam do relato original de Viviani nem de nenhuma outra fonte contemporânea.[2] O astrônomo e divulgador científico britânico Richard Arman Gregory, por exemplo, escreveu em 1917 que os membros da Universidade de Pisa se reuniram ao pé da torre "certa manhã do ano de 1591", mesmo que Viviani jamais tivesse mencionado o ano exato, tampouco a hora do dia. Gregory também acrescentou que uma das bolas "pesava cem vezes mais do que a outra" — mais um detalhe não fornecido por Viviani. O autor Francis Jameson Rowbotham, que escreveu sobre a vida de grandes cientistas, grandes músicos, grandes escritores e grandes artistas, acrescentou em sua vívida descrição de 1918 que Galileu "convidou toda a universidade para testemunhar o experimento".

Outros foram igualmente inventivos. O físico e historiador da ciência William Cecil Dampier Whetham relatou em 1929 que Galileu deixou cair "uma bola de 4,5 quilos e outra de 450 gramas juntas", repetindo os mesmos valores de peso que tinham sido mencionados em uma biografia anterior escrita pelo estudioso John Joseph Fahie. Todos esses historiadores da ciência e outros tomaram a história da torre como um momento decisivo na história da ciência: uma transição da dependência da autoridade para a física experimental. O evento tinha ficado tão famoso que, em um afresco pintado em 1816 pelo pintor toscano Luigi Catani, Galileu é mostrado realizando o experimento até mesmo na presença do grão-duque. Mas será que essa demonstração realmente aconteceu?

A maior parte dos atuais historiadores da ciência acha que provavelmente não.[3] O ceticismo deriva, em parte, da conhecida tendência de Viviani de acrescentar enfeites a-históricos, em parte de seus ocasionais erros ao registrar a cronologia dos acontecimentos e talvez principalmente do fato de o próprio Galileu jamais mencionar essa experiência específica em seus muitos escritos e de ela tampouco aparecer em quaisquer outros documentos contemporâneos. Em particular, o filósofo Jacopo Mazzoni, que era professor em Pisa e amigo de Galileu, publicou um livro em 1597 no qual, apesar de em geral apoiar as ideias de Galileu sobre o movimento, não mencionou nenhum experimento realizado por ele na torre de Pisa. Da mesma forma, Giorgio Coresio, docente em Pisa que em 1612 descreveu experimentos que envolviam objetos caindo do topo da torre, não atribuiu nenhum deles a Galileu. É preciso observar que Coresio fez a estranha alegação de que os experimentos "confirmaram a afirmação de Aristóteles (...) de que o maior corpo feito de um mesmo material se move mais rápido do que o menor, e, na proporção em que o peso aumenta, o mesmo acontece com a velocidade". Essa declaração se torna especialmente intrigante quando nos damos conta de que já em 1544 o historiador Benedetto Varchi mencionou experimentos que tinham demonstrado que o vaticínio de Aristóteles estava errado.

Galileu estava com 75 anos quando Viviani foi viver em sua casa, Viviani tinha 18; os floreios podem ter partido de ambos os lados. Eu argumentaria, no entanto, que, do ponto de vista de valorizar a ciência de Galileu, realmente não tem muita importância se ele realizou essa demonstração específica ou não. O fato é que, durante os anos que passou em Pisa, Galileu iniciou sérios experimentos com corpos em queda livre. Isso é verdadeiro, independentemente de ele ter deixado cair bolas da torre de Pisa ou não. Na cidade, Galileu também começou a escrever um tratado no qual analisava vários aspectos do movimento. Essa monografia, *De Motu Antiquiora* [Escritos mais antigos sobre o movimento], foi publicada apenas em 1687, depois da morte dele, mas seu conteúdo traça o desenvolvimento de suas primeiras ideias e definitivamente coloca Galileu (já durante seus primeiros anos em Pisa) na vanguarda das investigações, tanto experimentais quanto teóricas, sobre o movimento em geral, e sobre a queda livre dos corpos em particular. Em *De Motu*, Galileu afirmou que havia confirmado por meio de repetidas experiências (sem mencionar a torre de Pisa) que quando se deixam cair dois objetos de um lugar alto, o mais leve se move mais rápido a princípio, mas, em seguida, o objeto mais pesado o ultrapassa e atinge o solo primeiro.[4] Experiências posteriores demonstraram que esse resultado peculiar provavelmente se deve a uma liberação não simultânea dos dois objetos.[5] Basicamente, experimentos demonstraram que, quando cada bola é segurada em uma mão, a mão que segura o objeto mais pesado fica mais cansada e precisa segurá-lo com mais força, o que resulta em uma liberação retardada. A propósito, o físico flamengo Simon Stevin, de Bruges, deixou cair duas bolas de chumbo, uma dela com dez vezes o peso da outra, "de um ponto a cerca de 10 metros de altura", alguns anos antes da suposta demonstração de Galileu na torre de Pisa, e publicou os resultados ("aterrissaram tão uniformemente que pareceu haver apenas um baque") em 1586.

De Motu marcou o início das críticas sérias de Galileu a Aristóteles e serviu de base para seus experimentos subsequentes com bolas rolando em planos inclinados.[6] Também demonstrou que a ciência às vezes progride de forma gradual, em vez de como resultado de revoluções. Enquanto as ideias de Galileu sobre corpos em queda livre se afastavam significativamente das dos filósofos naturais antes dele, em seus estágios iniciais elas ainda não estavam perfeitamente de acordo com os resultados de suas experiências. Os conceitos herdados de Aristóteles sugeriam que os corpos caem a uma velocidade constante, que é determinada pelo peso do corpo e pela resistência do meio. Para muitos, o fato de Aristóteles ter dito isso era suficiente para aceitá-lo como verdade. Em *De Motu*, Galileu sustentou que os corpos em queda aceleram (aumentam de velocidade), mas apenas inicialmente, e em seguida se estabilizam em uma velocidade adequada constante, que é determinada pelas densidades relativas do corpo e do meio. Ou seja, ele sugeriu que uma bola feita de chumbo se move mais rápido (nas palavras de Galileu, "muito à frente") do que uma feita de madeira, mas que duas bolas de chumbo caem à mesma velocidade, não importa o quanto pesem. Isso foi um passo na direção certa, mas não estava totalmente correto. Para começar, Galileu percebeu que essa descrição não estava de acordo com o fato de que a queda livre parecia se acelerar continuamente, mas ele achava que a aceleração em si poderia estar diminuindo gradualmente, chegando por fim a uma velocidade constante.

Somente em seu livro posterior *Discursos e demonstrações matemáticas acerca de duas novas ciências* (*Discorsi*), publicado em 1638, Galileu chegou a uma teoria correta sobre a queda livre, segundo a qual, no vácuo, todos os corpos, independentemente de seu peso ou de sua densidade, *aceleram de maneira uniforme exatamente da mesma maneira*. Galileu colocou essa explicação na boca de Salviati, seu *alter ego* no diálogo ficcional de *Discorsi*: "Aristóteles diz: 'Uma bola de ferro de cem libras caindo de uma altura de cem *braccia* atinge o chão antes que uma de apenas uma libra despenque de um único *braccio*. Eu digo que elas atingem o solo ao mesmo tempo."[7] Essa conclusão crucial de Galileu — resultado de um vigoroso esforço de experimentação — foi um pré-requisito essencial para a teoria da gravitação de Newton.

Nos tempos modernos, em 1971, o astronauta da *Apollo 15* David Scott largou de uma mesma altura um martelo pesando 1,31 quilo e uma pena pesando 29 g na Lua (onde praticamente não há resistência do ar), e os dois objetos atingiram a superfície lunar simultaneamente, como Galileu havia concluído séculos antes.[8]

Outro problema com *De Motu* era que as medições iniciais de Galileu, principalmente do tempo, ainda não eram suficientemente precisas para permitir conclusões definitivas. No entanto, ele teve a clarividência de fazer a seguinte observação:

> Quando uma pessoa descobre a verdade sobre algo e a estabelece com grande esforço, então, ao examinar suas descobertas com mais cuidado, muitas vezes percebe que aquilo que se esforçou tanto para descobrir poderia ter sido percebido com muita facilidade. Pois a verdade tem a propriedade de não estar tão profundamente encoberta como muitos pensaram; na verdade, seus sinais brilham intensamente em vários lugares, e há muitos caminhos pelos quais chegar a ela.[9]

Nos anos seguintes, perguntas como "O que é a verdade?" e "Como a verdade se apresenta?" (especialmente em teorias científicas) iam se tornar essenciais na vida de Galileu. Essas mesmas perguntas se tornaram talvez ainda mais importantes hoje, quando mesmo fatos incontestáveis são às vezes rotulados de *fake news* ("notícias falsas"). Certamente é verdade que, no início, as ciências não eram imunes a crenças falsas, uma vez que às vezes estavam ligadas a campos fictícios, como alquimia e astrologia. Essa foi em parte a razão pela qual Galileu decidiu mais tarde se fiar na matemática, que parecia fornecer uma base mais segura. Com o desenvolvimento de práticas que permitiram a reprodução de experimentos (algo em que Galileu foi um dos pioneiros), as afirmações científicas se tornaram cada vez mais confiáveis. Basicamente, para que uma teoria científica seja aceita, mesmo que de maneira provisória, ela não apenas precisa estar de acordo com todos os fatos experimentais e observacionais conhecidos, mas também deve ser capaz de fazer previsões que possam em seguida ser verificadas por observações ou experimentos subsequentes. Não aceitar as conclusões de estudos que passaram por todos esses testes rigorosos, com as incertezas associadas tendo sido claramente declaradas (como nos modelos de mudanças climáticas, por exemplo), é equivalente a brincar com fogo — como é literalmente demonstrado pelos extremos climáticos que ocorrem atualmente em todo o mundo e causam incêndios de grandes proporções.

Uma das impressões que se pode ter a partir dos imensos esforços investidos em suas investigações sobre o movimento e na escritura de *De Motu* é que Galileu tinha negligenciado suas raízes de polímata e começado a dedicar todo o seu tempo a questões puramente matemáticas ou experimentais. Definitivamente não era esse o caso. Embora Galileu passasse a maior parte do tempo em Pisa, dedicando-se a estudos empíricos, seu interesse pela filosofia e seu amor pela poesia permaneceram intactos. Em seus escritos, Galileu revela uma compreensão extraordinária dos ensinamentos de Aristóteles, apesar de às vezes usar esse conhecimento para atacar as conclusões do próprio Aristóteles, como quando diz: "Quão ridícula é essa opinião [de Aristóteles] é mais claro que a luz do dia (...) se de uma torre alta duas pedras, uma com o dobro do tamanho da outra, fossem arremessadas simultaneamente, que, quando a menor estivesse na metade da queda, a maior já teria chegado ao solo?"[10] Está claro que Galileu não absorveu o conhecimento e a profunda compreensão de Aristóteles apenas bebendo a água de Pisa; ele teve que trabalhar duro para adquiri-los. De fato, dezesseis meses antes de sua morte, Galileu ainda afirmava que continuava seguindo de forma consistente a metodologia lógica de Aristóteles. Em sua própria filosofia, no entanto, enfatizava repetidamente o papel central da matemática. Para ele, a verdadeira filosofia tinha que ser uma mistura criteriosa de observação, raciocínio e matemática, com todos os três ingredientes sendo absolutamente necessários.

Houve outro incidente divertido em Pisa, no qual Galileu demonstrou, por um lado, sua admiração pelo espirituoso poeta do século XVI Ludovico Ariosto (bem como pelo espírito paródico do poeta Francesco Berni) e, por outro, sua profunda aversão pela autoridade e pelo formalismo pomposo. Tudo começou com um decreto do reitor da universidade exigindo que todos os professores usassem seus trajes acadêmicos sempre que estivessem em público. Além da inconveniência imposta por essa determinação ridícula, Galileu aparentemente ficou ainda mais irritado pelo fato de ter sido duramente multado várias vezes por violar essa regra. Para expressar seu desdém, ele compôs um poema satírico em 301 versos, intitulado "Capitolo Contro Il Portar la Toga" ("Contra o uso da toga"). Nesse poema bastante ousado, Galileu revela pela primeira vez seu lado insolente e provocador e seu humor verbal inventivo, qualidades que usaria constantemente em seus escritos posteriores. Em alguns dos versos, ele chega a defender que as pessoas andem nuas porque isso permitirá que apreciem melhor as virtudes umas das outras. É muito plausível que Galileu não fizesse objeção apenas ao uso do traje. Na verdade, ele provavelmente usou a regra como um símbolo da aceitação dogmática da autoridade de Aristóteles por muitos dos cientistas de seu tempo. Infelizmente, talvez a atitude zombeteira de Galileu não tenha agradado seus colegas de Pisa. Eis alguns versos do controverso poema:

> *Não hei de desperdiçar palavras, e sim sair da minha torre:*
> *Seguirei a moda que na cidade está em voga,*
> *mas como me custa e exige todas as minhas forças!*
> *E por favor não pensem que vou usar toga*
> *Como se um professor farisaico fosse:*
> *Eu jamais seria convencido, nem por uma coroa de ouro.*[11]

De modo geral, Galileu conseguiu sobreviver economicamente em Pisa, embora seu salário fosse de míseros 60 *scudi* por ano. Isso demonstrava o status pouco glamoroso da matemática à época. Para efeito de comparação, o filósofo Jacopo Mazzoni ganhava mais de dez vezes esse valor na mesma universidade. A morte do pai de Galileu, em 1591, impôs a ele, que era o filho mais velho, um enorme fardo financeiro. Ele, portanto, tentou e felizmente em 1592 obteve um cargo na Universidade de Pádua, onde seu salário triplicou. Essa cátedra de prestígio estava vaga desde a morte do renomado matemático Giuseppe Moletti, em 1588, e os representantes da universidade foram bastante exigentes na escolha de um sucessor. Para conquistar a posição, Galileu contou com o forte apoio do humanista napolitano Giovanni Vincenzo Pinelli, cuja biblioteca em Pádua — na época, a maior da Itália — funcionava como um centro intelectual e cuja forte recomendação tinha um peso enorme. Pinelli abriu sua biblioteca para Galileu, e foi lá que ele teve acesso a manuscritos não publicados e apontamentos de aulas sobre óptica, material que se mostraria útil em seus trabalhos posteriores com o telescópio.

Mais tarde Galileu descreveria os anos em Pádua — cidade sobre a qual Shakespeare escreveu: "bela Pádua, ama das artes" — como os melhores de sua vida. Isso sem dúvida se deveu em grande parte à liberdade de pensamento e às vibrantes trocas de informação desfrutadas por todos os estudiosos da República de Veneza, da qual Pádua fazia parte. Esses foram também os anos durante os quais Galileu "se converteu" ao copernicanismo.

Mecânica paduana

Atualmente, todo pesquisador sabe que não se pode esperar que resultados experimentais demonstrem *com precisão* nenhuma previsão quantitativa. As imprecisões estatísticas e sistemáticas (uma gama de valores que provavelmente incluem o valor real) perpassam todas as medições, por vezes dificultando até mesmo a identificação dos padrões existentes à primeira vista. Esse conceito vai contra a ênfase dos antigos gregos em pronunciamentos muito precisos. Vivendo em uma época na qual nenhuma medida exata do tempo era possível, Galileu considerou o estudo do movimento bastante desafiador e frustrante em suas primeiras tentativas. Além disso, sua pesquisa era frequentemente interrompida pelo fato de que, por volta de 1603, ele começou a sofrer de fortes dores artríticas e reumáticas, que às vezes eram tão intensas que o deixavam preso à cama. Esses problemas médicos debilitantes persistiram, de acordo com o filho de Galileu, "desde o quadragésimo ano de sua vida até o fim".

No entanto, entre 1603 e 1609, Galileu desenvolveu vários de seus métodos engenhosos para investigar o movimento,[12] e alguns de seus resultados revolucionários em mecânica também tiveram suas raízes nesses anos.[13] Muito mais tarde, em seu livro *Discorsi*, Galileu descreveu tanto os problemas que havia enfrentado ao investigar e analisar a queda livre dos corpos quanto suas brilhantes soluções. Em particular, precisou superar a dificuldade experimental aparentemente intransponível de ter que determinar se a velocidade de objetos de diferentes pesos era realmente igual ou diferente depois de eles terem estado em queda livre por intervalos de tempo relativamente curtos. Galileu escreveu:

> Em uma pequena altura [da qual caem os diferentes corpos], pode ser duvidoso se realmente não há diferença [na velocidade dos corpos ou no momento preciso que atingem o solo], ou se há uma diferença, mas ela é inobservável. Então comecei a pensar em como se pode repetir muitas vezes quedas de pequenas alturas e acumular muitas dessas diferenças mínimas de tempo que podem interferir na chegada do corpo pesado ao solo e na chegada do corpo leve, de modo que, dessa maneira somadas, constituíssem um tempo não apenas observável, mas facilmente observável.[14]

Essa já era uma conclusão notável. Em uma época que precedia a formulação de métodos estatísticos, Galileu compreendeu que, se o mesmo experimento for realizado várias vezes, os resultados podem evidenciar e tornar críveis até mesmo pequenas diferenças. Mas sua ideia genial para esses experimentos ainda estava por vir. Galileu estava em busca de uma maneira de literalmente desacelerar a queda livre ou "diluir" a gravidade, de forma que os tempos de queda fossem mais longos e mais fáceis de medir, tornando assim as diferenças confiáveis. Então ele teve a ideia: "Também pensei em fazer [objetos] móveis descerem ao longo de um plano inclinado não muito elevado acima da horizontal. Sobre ele, não menos do que na vertical, seria possível observar o que é realizado por corpos com diferentes pesos." Em outras palavras, uma bola em queda livre poderia ser considerada o caso extremo de uma bola rolando por um plano inclinado quando o plano é vertical. Como os cálculos de Galileu demonstram, ao deixar que os corpos deslizem (ou rolem) para baixo em um plano inclinado com uma elevação de apenas 1,7 grau, ele conseguiu desacelerar consideravelmente o movimento a ponto de ser capaz de fazer medições mais confiáveis.

Em termos de seu método para adquirir novos conhecimentos, há um ponto interessante que devemos compreender sobre os experimentos de Galileu em mecânica: suas explorações eram em grande parte dirigidas pela teoria ou pelo raciocínio, e não o contrário. Em suas palavras, de *De Motu*, é preciso "empregar o raciocínio o tempo todo, em vez de exemplos (pois o que buscamos são as causas dos efeitos, e essas causas não nos são dadas pela experiência)". Cerca de 350 anos depois, o grande astrofísico teórico Arthur Eddington ecoaria um ponto de vista semelhante: "Claramente, uma afirmação não pode ser testada pela observação, a menos que seja uma afirmação sobre os resultados da observação. Cada ponto do conhecimento físico deve, portanto, ser uma afirmação do que foi ou seria o resultado da realização de um procedimento de observação determinado."[15]

Nas descobertas astronômicas de Galileu, por outro lado, as observações indicavam o caminho. Algumas vezes, a ciência progride por resultados experimentais que precedem explicações teóricas, e outras por teorias que fazem previsões mais tarde confirmadas (ou refutadas) por meio de experimentos ou observações. Por exemplo, sabia-se desde 1859 que a órbita do planeta Mercúrio ao redor do Sol não estava de acordo com as previsões baseadas na teoria da gravidade de Newton. A teoria da relatividade geral de Einstein, publicada em 1915, *explicou* a anomalia. Ao mesmo tempo, no entanto, a relatividade geral *previu* que a trajetória da luz de estrelas distantes sofreria um desvio ou se curvaria ao redor do Sol a um determinado grau. Essa previsão foi confirmada pela primeira vez por observações feitas durante um eclipse solar total em 1919 e desde então foi reconfirmada por muitas observações subsequentes. Arthur Eddington, aliás, liderou uma das equipes que realizou as observações em 1919.

As pesquisas sobre as mudanças climáticas hoje estão evoluindo de maneira semelhante. Primeiro, houve um aumento *observado* na temperatura média do sistema climático da Terra no período de um século. A isso se seguiram estudos cujo objetivo era identificar as principais causas dessa mudança, resultando em modelos climáticos detalhados que já fizeram projeções sobre os efeitos previstos no século XXI.[16]

Apesar de Galileu estar feliz em Pádua no âmbito pessoal, esse período marcou um momento de grandes dificuldades financeiras. Suas duas irmãs, Virginia e Livia, se casaram em 1591 e 1601, respectivamente, e a obrigação de pagar os dotes exorbitantes recaiu sobre Galileu. E, para piorar, o marido de Virginia ameaçou Galileu de prisão se ele não pagasse a quantia combinada. Apesar de o irmão de Galileu, Michelangelo, também ter assinado o contrato de dote, ele não fez os pagamentos, embora na época tivesse conseguido dois empregos razoáveis em sucessão como músico. Um deles foi na Polônia, e Galileu cobriu as despesas de viagem, e o outro na Baviera. Como se não bastasse, enquanto estava na Baviera, Michelangelo se casou com Anna Chiara Bandinelli e gastou todo o seu dinheiro em um extravagante banquete de casamento. Consequentemente, apesar do salário de Galileu em Pádua ter aumentado de 180 *scudi* para 1.000 *scudi* por ano em 1609, ele dependia constantemente de ministrar aulas particulares, acomodar cerca de uma dúzia de estudantes em sua casa em troca de aluguel e vender instrumentos que fabricava em sua oficina para evitar ficar atolado em dívidas. A elaboração ocasional de horóscopo para estudantes e várias socialites era outra fonte de renda muito necessária.[17]

O fato de Galileu ter se dedicado à astrologia não causa surpresa. Uma das funções tradicionais dos matemáticos na época era elaborar mapas astrológicos. Além disso, eles ensinavam os estudantes de medicina a usar o horóscopo para indicar os tratamentos apropriados. Mais de duas dúzias de mapas astrológicos desenhados por Galileu sobreviveram. Entre eles estão dois de seu próprio nascimento e os que fez para as filhas, Virginia e Livia. No entanto, sabemos por intermédio de uma carta escrita por Ascanio Piccolomini, em cuja casa Galileu passou os primeiros seis meses de sua prisão domiciliar, em 1633, que naquela época o cientista já desprezava por completo a astrologia e zombava dela "como uma profissão baseada em um dos mais incertos, se não falsos, fundamentos".

A proximidade de Pádua e Veneza permitiu que Galileu forjasse novas amizades e alianças com intelectuais e outras figuras influentes de lá. Um deles em particular, Gianfrancesco Sagredo, proprietário de um palácio no Grande Canal de Veneza, viria a se tornar quase um irmão para Galileu, e foi mais tarde imortalizado no *Diálogo*, desempenhando o papel de um leigo inteligente e curioso.[18] Essa caracterização era aparentemente precisa, já que em uma de suas cartas Sagredo fez a seguinte avaliação de suas próprias características: "Se às vezes especulo sobre ciência, não

UMA TORRE INCLINADA E PLANOS INCLINADOS

é porque pretenda competir com os professores, muito menos criticá-los, mas apenas revigorar minha mente pesquisando livremente, sem nenhuma obrigação e nenhum apego, a verdade de qualquer proposição que me pareça interessante."[19] Outro amigo e conselheiro próximo, o frei Paolo Sarpi, além de ser prelado, historiador e teólogo, também era um excelente matemático e cientista, com grande interesse por tópicos que iam da astronomia à anatomia.[20] Mais tarde Galileu diria com admiração: "Ninguém na Europa o supera [Sarpi] no conhecimento das ciências [matemáticas]."

Em 1608, Sarpi, que possuía um excelente domínio da óptica e dos processos envolvidos na visão, forneceu a Galileu as primeiras informações confiáveis sobre a invenção do telescópio, depois que rumores a respeito de um artefato holandês se espalharam pela Europa.[21] Até o polímata e dramaturgo Giambattista della Porta confessou que "nunca conheceu ninguém mais erudito" que Sarpi. Esse era o tipo de elogio reservado anteriormente apenas a pessoas como Leonardo da Vinci, sobre quem o rei Francisco I, da França, disse "não acreditar que houvesse nascido outro homem que soubesse tanto quanto Leonardo".

Veneza ofereceu outra atração importante a Galileu. Seu célebre arsenal — um complexo de paióis e estaleiros — estava repleto de equipamentos pelos quais ele demonstrou grande interesse. Dizia-se que, no auge, os milhares de homens que trabalhavam no arsenal seriam capazes de construir um navio em um dia. Não devemos nos surpreender, portanto, que Galileu tenha iniciado seu livro sobre as *Duas novas ciências* com: "Parece-me que visitas frequentes ao seu famoso arsenal veneziano abrem um grande campo de filosofar para as mentes especulativas, especialmente no que diz respeito ao campo em que a mecânica é necessária. Pois lá todo tipo de instrumento e máquina é continuamente usado por um grande número de artesãos." O fato de hoje o espaço do arsenal ser usado para a Bienal de Arte de Veneza funciona como um lembrete simbólico da conexão entre arte e ciência na Itália renascentista.

Todas essas frenéticas atividades científicas e de engenharia no arsenal de Veneza inspiraram Galileu a abrir sua própria oficina, para a qual contratou em caráter permanente um fabricante de instrumentos chamado Marcantonio Mazzoleni, que vivia com sua família na casa de Galileu. A oficina (em certo sentido, o equivalente seiscentista de uma *startup* hoje) serviu a Galileu tanto para suas próprias investigações experimentais quanto para a geração de renda por meio da fabricação de instrumentos matemáticos, de medição e de agrimensura, alguns para fins militares. Um desses instrumentos em particular, o compasso de proporção, era um tipo de calculadora que auxiliava no cômputo rápido de números úteis nos campos de batalha, como a distância e a altura de um alvo.[22] Galileu chegou a publicar um pequeno livro em italiano (com apenas sessenta cópias distribuídas, para limitar o acesso não autorizado) demonstrando e explicando o funcionamento desse compasso. Outro cientista, Baldessar Capra, mais tarde publicou um livro sobre o mesmo instrumento, mas em latim, alegando falsamente tê-lo inventado, quando, na realidade, havia recebido lições do próprio Galileu sobre como usá-lo! A reação de Galileu foi rápida e agressiva. Ele reuniu depoimentos de várias pessoas para quem havia demonstrado o instrumento alguns anos antes e acusou Capra de plágio. Depois de vencer a causa perante as autoridades universitárias, publicou um artigo furioso contra Capra, intitulado "Defesa contra as calúnias e os engodos de Baldessar Capra".

 Por que Galileu reagiu de forma tão incisiva? Restam poucas dúvidas de que, devido às dificuldades econômicas, ele se sentia compelido a se defender vigorosamente contra qualquer ataque que pudesse, de alguma forma, manchar sua reputação e, assim, diminuir suas chances de obter uma renda mais alta ou melhores oportunidades de emprego. É provável que também houvesse, no entanto, uma questão de honra pessoal em sua reação um tanto desproporcional a Capra. Quando uma nova estrela apareceu no céu, em outubro de 1604, Capra se gabou em público de tê-la avistado cinco dias antes de Galileu. Isso deve tê-lo irritado.

 Galileu encontrou mais do que apenas estímulo intelectual e artístico em Veneza. Por intermédio de seu amigo Sagredo, foi apresentado às tentações que a vida noturna veneziana tinha a oferecer — principalmente bons vinhos e mulheres. Iniciou uma relação romântica com Marina di Andrea Gamba, que consequentemente se mudou para Pádua. Eles nunca se casaram, mas ficaram juntos por mais de uma década e tiveram duas filhas, Virginia (mais tarde irmã Maria Celeste) e Livia (mais tarde irmã Arcangela), e um filho, Vincenzo. Pode-se especular que a relutância de Galileu em estabelecer um acordo formal de matrimônio tenha sido influenciada pelo fato de que os casamentos em seu círculo familiar imediato estavam longe de ser encorajadores, mas também é possível que ele tenha aberto mão de um relacionamento convencional para poder acomodar financeiramente suas irmãs. Pelo menos, era o que seu irmão Michelangelo achava.

No que diz respeito a seu trabalho científico, os resultados mais impressionantes produzidos durante seus dezoito anos em Pádua tiveram origem nos experimentos com planos inclinados. Embora esses resultados só tenham sido publicados na década de 1630, a maior parte do trabalho experimental foi realizada no período de 1602 a 1609. Em 16 de outubro de 1604, Galileu escreveu uma carta a seu amigo frei Paolo Sarpi na qual anunciou a descoberta da primeira lei matemática do movimento — a lei da queda livre:

> Reconsiderando os fenômenos do movimento (...) Posso demonstrar (...) que os espaços atravessados em movimento natural [queda livre] *são proporcionais ao quadrado do tempo* [ênfase adicionada] e, consequentemente, os espaços percorridos em tempos iguais são como os números ímpares começando do um (...) O princípio é o seguinte: que o corpo em movimento natural aumenta de velocidade na mesma proporção que se afasta da origem de seu movimento.

A primeira parte dessa declaração é a lei descoberta por Galileu: a distância que um corpo em queda livre percorre é proporcional ao quadrado do tempo que leva para percorrê-la. Ou seja, um corpo que cai em queda livre por dois segundos (partindo do repouso) percorre uma distância quatro vezes (2 ao quadrado) maior do que aquele que cai em queda livre por um segundo. Em três segundos, um corpo em queda livre cobre uma distância nove vezes (3 ao quadrado) maior que a de um corpo que cai por um segundo, e assim por diante. A segunda afirmação na carta de Galileu é, na verdade, uma consequência direta da primeira. Imagine que chamemos a distância percorrida durante o primeiro segundo da queda de "1 galileu"; então a distância percorrida durante o segundo seguinte será a diferença entre 4 galileus (a distância percorrida em dois segundos) e 1 galileu (a distância percorrida no primeiro segundo), que é 3 galileus. Da mesma forma, a distância com a qual o corpo cairá no terceiro segundo será de 9 galileus menos 4 galileus, o que dá como resultado 5 galileus. Consequentemente, as distâncias percorridas durante períodos sucessivos de um segundo formarão a sequência numérica ímpar de 1, 3, 5, 7... galileus.

A última frase da citação da carta de Galileu a Sarpi estava, na realidade, incorreta. Em 1604, Galileu ainda achava que a velocidade de um corpo em queda livre aumentava proporcionalmente à *distância* do ponto no qual a queda livre havia começado. Somente muito mais tarde ele percebeu que, em queda livre, a velocidade aumenta em proporção direta ao *tempo* da queda e não à distância. Ou seja, a velocidade de um objeto em queda livre por cinco segundos é cinco vezes a velocidade de um objeto em queda por apenas um segundo. Na posterior publicação de *Duas novas ciências*, então, ele afirmou corretamente: "De movimento uniformemente acelerado chamo aquele no qual, começando do repouso, velocidades iguais são adicionadas em tempos iguais."

A importância dessas descobertas para a história da ciência não pode ser enfatizada o suficiente. Embora na física de Aristóteles houvesse elementos (como a terra e a água) cujos "movimentos naturais" deveriam ser descendentes, a teoria aristotélica também continha elementos (como o fogo) cujos "movimentos naturais" eram ascendentes, e o ar, cujo movimento natural dependia de sua localização ou do ambiente.

Para Galileu, o único movimento natural na Terra era para baixo (isto é, em direção ao centro da Terra), e isso se aplicava a todos os corpos. As entidades que flutuavam para cima (como bolhas de ar na água) o faziam apenas por causa da força de sustentação exercida sobre elas por um meio de densidade maior, conforme explicado pelas leis da hidrostática originalmente formuladas por Arquimedes. Podemos reconhecer nessas ideias alguns dos ingredientes da teoria da gravitação de Newton. O que Galileu não respondeu — nem tentou responder — foi *por que* os corpos caem. Isso coube a Newton. Galileu se concentrou em descobrir a "lei", ou o que ele considerava a essência da queda livre, em vez de explicações causais para ela.

Havia outro aspecto no qual as ideias de Galileu diferiam fundamentalmente das de Aristóteles. A teoria do movimento do filósofo grego nunca havia sido submetida a testes experimentais sérios, em parte por causa da convicção dele (e de Platão) de que a maneira correta de descobrir verdades sobre a natureza era pensar nelas, em vez de realizar experimentos. Para Aristóteles, a única maneira de compreender os fenômenos era conhecer seu propósito. Galileu, por outro lado, empregava uma combinação inteligente de experimentação e raciocínio. Ele se deu conta relativamente cedo de que o progresso é com frequência alcançado ao tomarmos a decisão correta a respeito de quais perguntas devem ser feitas e também por meio do estudo de circunstâncias artificiais (como no caso das bolas rolando em planos inclinados), em vez de examinar apenas os movimentos naturais. Isso marcou o nascimento da física experimental moderna.

Dois elementos em particular se destacam como revolucionários na nova teoria do movimento de Galileu: primeiro, a universalidade da lei, que se aplica a todos os corpos em movimento acelerado. Segundo, a ampliação da formulação de leis matemáticas de leis que descreviam apenas configurações estáticas que não envolviam movimento, como na lei da alavanca de Arquimedes, para leis que descrevem situações dinâmicas e de movimento.[23]

Uma conversão

Outra faceta dos anos de Galileu em Pádua foi a mais importante para o seu futuro. Embora muitas de suas profícuas investigações tenham se dado na realidade no campo da mecânica, a revisão mais importante em sua concepção da ciência se deu no campo da astronomia. Como observamos anteriormente, em uma publicação intitulada *Tratado da esfera, ou cosmografia* (provavelmente escrita no final da década de 1580), Galileu ainda descrevia e parecia seguir em detalhes o sistema geocêntrico ptolomaico, sem nem ao menos mencionar o modelo heliocêntrico copernicano. Esse livro decerto refletia os requisitos impostos pelo currículo da universidade e foi usado principalmente para orientar alunos. No entanto, duas cartas escritas em 1597, nas quais Galileu expressa pela primeira vez sua crescente convicção no copernicanismo, fornecem evidências de uma mudança radical em seus pontos de vista.

A primeira carta, datada de 30 de maio de 1597, era endereçada a Jacopo Mazzoni, filósofo e ex-colega de Galileu em Pisa. Mazzoni acabara de publicar um livro intitulado *Comparando Aristóteles e Platão*, no qual alegava ter encontrado provas de que a Terra não girava em torno do Sol, invalidando assim o esquema copernicano. O argumento se baseava na afirmação de Aristóteles de que o topo do monte Cáucaso, na divisa entre a Europa e a Ásia, era iluminado pelo Sol durante um terço da noite. A partir dessa suposição, Mazzoni concluiu incorretamente que, como no modelo copernicano um observador no topo da montanha (quando a montanha estava do lado da Terra que não estava voltado para o Sol) estaria mais distante do centro do mundo (o Sol) do que no modelo ptolomaico (onde se supunha que o centro do mundo fosse o centro da Terra), o horizonte de um observador copernicano deveria abranger muito mais do que 180 graus, ao contrário do que demonstrava a experiência. Em sua carta a Mazzoni, Galileu lançou mão de uma trigonometria precisa para mostrar que o movimento da Terra ao redor do Sol não resultaria em nenhuma mudança detectável na parte visível da abóbada celeste. Então, depois de refutar esse suposto desafio a Copérnico, Galileu acrescentou uma declaração crítica, dizendo que "considerava [o modelo copernicano] muito mais provável do que a opinião de Aristóteles e Ptolomeu".[24]

Na segunda carta, Galileu foi ainda mais claro ao expressar seus pontos de vista sobre o copernicanismo. Ela foi escrita na esteira de uma publicação de Johannes Kepler. O grande astrônomo alemão é mais lembrado hoje por três leis do movimento planetário que levam seu nome e que serviram de ímpeto para a teoria da gravitação universal de Newton. Kepler era um matemático talentoso, um metafísico especulativo e um autor prolífico. Quando criança, foi inspirado pelo espetáculo da passagem do cometa de 1577. Depois de estudar matemática e teologia na Universidade de Tübingen, foi apresentado à teoria de Copérnico pelo matemático Michael Mästlin. Kepler parece ter sido imediatamente convencido pelo sistema copernicano, em parte talvez porque a ideia de um Sol central cercado por astros fixos, com um espaço entre o Sol e as estrelas, apelasse a suas profundas crenças religiosas. Ele acreditava que o universo refletia seu criador, com a unidade do Sol, das estrelas e do espaço intermediário simbolizando a Santíssima Trindade.

Em 1596, Kepler publicou um livro conhecido como *Mysterium Cosmographicum* [*Mistério cosmográfico*], no qual propôs que a estrutura do sistema solar se baseava nos cinco sólidos regulares conhecidos como sólidos platônicos — o tetraedro, o cubo, o octaedro, o dodecaedro e o icosaedro — encaixados um dentro do outro. Como os cinco sólidos e a esfera das estrelas fixas criavam precisamente seis espaços, Kepler achava que seu modelo explicava por que havia seis planetas. (Apenas seis eram conhecidos na época.) Embora o modelo em si fosse um tanto disparatado, Kepler na verdade defendia em seu livro a visão copernicana de que todos os planetas orbitam o Sol. Seu erro não estava nos detalhes do modelo, mas na suposição de que o número de planetas e suas órbitas eram quantidades fundamentais que precisavam ser explicadas com base em princípios elementares. Hoje sabemos que as órbitas dos planetas são apenas um resultado acidental das condições que por acaso prevaleceram na nebulosa protossolar.

Os dois exemplares do livro de Kepler destinados a astrônomos na Itália acabaram indo parar na mesa de Galileu. Em 4 de agosto de 1597, depois de ter lido apenas o prefácio, Galileu enviou a Kepler uma carta na qual afirmava acreditar que o modelo copernicano estava correto.[25] Ele foi além, dizendo que era copernicano "havia vários anos" e acrescentando que tinha encontrado no modelo de Copérnico uma maneira de explicar uma série de fenômenos naturais que não poderiam ser explicados pelo modelo geocêntrico. Mas, admitiu, "não se atreveu a publicar" nenhuma dessas teorias, pois fora dissuadido pelo fato de Copérnico "aparentemente ter sido ridicularizado e desprezado".

Na resposta de Kepler datada de 13 de outubro de 1597, ele instou Galileu a se apressar em publicar essas explicações que sustentavam o modelo copernicano, se não na Itália, na Alemanha. Essa publicação, no entanto, não se concretizou. Como Galileu nunca se mostrou particularmente tímido ou hesitante quando se tratava de publicar o que considerava resultados consistentes, essa falta de ação da parte dele sugere que, na época, antes de fazer qualquer observação com o telescópio, Galileu possivelmente tinha apenas palpites, estimulados talvez por suas descobertas em mecânica. É provável que ele também já estivesse pensando em uma explicação para as marés, que mais tarde se desdobraria em um de seus principais argumentos para o movimento da Terra. Como no caso de Mazzoni, essas pistas poderiam incluir a intuição de Galileu de que algumas das objeções levantadas em relação ao movimento da Terra poderiam ser refutadas. Também é possível, no entanto, que a passividade de Galileu fosse política, uma consequência do fato de que, naquele estágio de sua carreira, com a Europa imersa na Contrarreforma, ele relutava um pouco em ser visto na Itália católica como um aliado de Kepler, um conhecido luterano.

No outono de 1604, um acontecimento deu a Galileu a oportunidade de apresentar publicamente se não uma visão copernicana, então pelo menos uma clara posição antiaristotélica. Em 9 de outubro, astrônomos de algumas cidades italianas ficaram surpresos ao descobrir uma estrela (uma nova) que rapidamente se tornou mais brilhante do que todas as outras no céu. O meteorologista Jan Brunowski a observou em 10 de outubro e informou Kepler, que deu início a observações contínuas e profícuas que duraram quase um ano. (É por isso que ela é conhecida hoje como Supernova de Kepler.) Baldessar Capra, que alguns anos mais tarde protagonizaria com Galileu a contenda sobre o compasso/calculadora, notou a nova estrela junto com seu orientador Simon Marius e um amigo, Camillo Sasso, em 10 de outubro. O frade e astrônomo italiano Ilario Altobelli informou Galileu, que a observou pela primeira vez no fim de outubro e em seguida fez três palestras sobre a nova para grandes plateias em algum momento entre novembro e janeiro. O ponto principal de Galileu era simples: uma vez que nenhum deslocamento ou mudança havia sido observado na posição da nova estrela em relação ao plano de fundo das estrelas distantes — um fenômeno conhecido como paralaxe —, ela tinha que estar mais distante que a Lua. De acordo com Aristóteles, no entanto, essa região devia ser inviolável e imune a mudanças. Portanto, a nova estrela (que hoje, a propósito, sabemos que representou a morte explosiva de uma estrela antiga, um fenômeno conhecido como supernova) contribuiu para destruir a concepção de Aristóteles de uma esfera estelar imutável.

Essa esfera imaginária já havia começado a ruir em 1572, quando o astrônomo dinamarquês Tycho Brahe descobriu outra "nova" estrela — também uma estrela que explodiu e morreu, conhecida hoje como Supernova de Tycho. É lamentável, talvez, que Galileu tenha acrescido a sua "explicação" para a nova outro elemento que estava completamente equivocado. Ele sugeriu que a nova estrela era um reflexo da luz solar produzido por "uma grande quantidade de vapor" ejetada da Terra e projetada além da órbita lunar. Se fosse verdade, isso teria representado um golpe ainda mais fatal na distinção aristotélica entre a matéria terrestre degradável e a eternamente incorruptível matéria celeste, mas, na realidade, essa ideia suplementar extravagante era totalmente desnecessária, e o próprio Galileu tinha dúvidas a seu respeito.

Nem todos concordaram que a nova estrela praticamente destruía o cosmos aristotélico. Em geral, são necessárias mais do que apenas uma ou duas observações, não importa quão convincentes elas sejam, para convencer as pessoas a abandonarem crenças cultivadas por séculos. Algumas pessoas nem sequer acreditavam que a nova estrela estivesse localizada na suposta quintessência celeste imaculada de Aristóteles, desconfiando das medições de paralaxe. Outros, como o respeitado matemático e astrônomo jesuíta Cristóvão Clávio, confirmaram a determinação de paralaxe nula (isto é, nenhuma mudança tinha sido observada), mas se recusaram a aceitar suas implicações como evidência convincente. Outros ainda, como o filósofo florentino Lodovico delle Colombe, com quem Galileu teria sérios conflitos em anos posteriores, encontrou explicações alternativas para o aparecimento da nova. Desejando preservar a incorruptibilidade dos céus, delle Colombe sugeriu que a nova na verdade não era uma nova estrela nem uma mudança intrínseca no brilho de uma estrela, mas apenas uma estrela recentemente *observável*. Ou seja, uma estrela que se tornava visível devido a um aumento de volume na matéria celeste atuando como uma lente. Galileu se deu ao trabalho de responder apenas a alguns críticos, considerando os outros indignos de resposta.[26] Em um caso, sua resposta foi apresentada na forma de um diálogo sarcástico, que ele redigiu com amigos e publicou sob pseudônimo.[27]

De modo geral, os excelentes resultados em mecânica, a contemplação de novas perspectivas teóricas em astronomia, o fascínio artístico e o espírito livre de Veneza tornavam a vida em Pádua muito agradável para Galileu. Seus problemas financeiros, no entanto, o forçavam a assumir uma carga penosa de aulas, o que parecia pesar muito sobre sua mente. As dificuldades e o estresse acabaram por levá-lo a procurar oportunidades de trabalho que pagassem melhor, com clientes individuais, em vez de universidades. Mais tarde, ele explicou abertamente os motivos para se mudar de Pádua em duas cartas escritas em 1609 e 1610:

> Um ócio melhor do que o que tenho aqui não acredito que pudesse encontrar em outro lugar enquanto for forçado a obter do ensino público e privado o sustento de minha família (...) Não é possível

obter o salário de uma República, por mais esplêndida e generosa que ela seja, sem prestar um serviço público, uma vez que, para obter benefícios do público, é necessário satisfazê-lo.[28] Em suma, não posso esperar tais benefícios de alguém que não um governante absoluto (...) Consequentemente (...) desejo que a principal intenção de Sua Alteza seja a de me proporcionar tranquilidade e tempo livre para concluir meus trabalhos sem ter que me preocupar em ensinar.[29]

Galileu se mudou para Florença em setembro de 1610, a convite do grão-duque Cosimo II de Médici, da Toscana, mas não antes de fabricar o instrumento com o qual estava prestes a fazer suas descobertas mais impressionantes. Seus confidentes em Veneza consideraram um erro grave trocar a liberdade intelectual (que Galileu tinha em abundância em Pádua) pela estabilidade financeira e por se ver livre da exaustão de ensinar. A história mostra que mesmo a longa mão da Inquisição raramente chegou à República de Veneza de alguma maneira significativa, ao passo que a mudança para Florença deixou Galileu vulnerável ao controle da Igreja. Sabendo o que sabemos hoje sobre o destino dele, temos que concluir que seus amigos venezianos estavam absolutamente certos. A liberdade intelectual é inestimável. E isso é especialmente importante hoje, quando a verdade e os fatos parecem estar sob ataque.

4

Um copernicano

Se até 1609 os experimentos de Galileu se concentraram em objetos que caíam em direção ao centro da Terra, desse ano em diante ele voltou sua atenção para o céu. Eis como essa aventura celeste se desenrolou. No final de 1608, seu amigo veneziano Paolo Sarpi ouviu rumores sobre uma luneta — um dispositivo óptico inventado nos Países Baixos — capaz de fazer com que objetos distantes parecessem mais próximos e maiores. Percebendo que um instrumento assim poderia ter aplicações interessantes, Sarpi alertou Galileu em 1609. Na mesma época, também escreveu a um amigo em Paris para perguntar se os rumores eram verdadeiros.

Em sua publicação *O mensageiro sideral*, Galileu descreveu as circunstâncias:

> Cerca de dez meses atrás,[1] chegou a mim a informação de que um certo flamengo[2] havia construído uma luneta por meio da qual objetos visíveis, embora muito distantes do olho do observador, podiam ser vistos nitidamente, como se estivessem perto. Com base nesse efeito verdadeiramente extraordinário, várias experiências foram relacionadas, às quais algumas pessoas deram credibilidade, ao passo que outras as negaram. Alguns dias depois, a informação me foi confirmada em carta de um nobre francês de Paris, Jacques Badovere, o que fez com que me dedicasse sem reservas a investigar os meios pelos quais poderia chegar à invenção de um instrumento semelhante, o que consegui logo depois, tendo como base a doutrina da refração.

A última frase dessa descrição pode ser um pouco enganosa, pois dá a impressão de que Galileu se guiou pelos princípios teóricos da óptica, um tópico sobre o qual seu conhecimento era, na realidade, escasso. Na verdade, a abordagem de Galileu foi muito mais experimental. Ele descobriu por meio de tentativa e erro que, colocando lentes em um tubo, uma plano-côncava em uma extremidade e uma plano-convexa na outra, poderia facilmente obter uma ampliação de cerca de três ou quatro vezes. Sendo Veneza uma potência marítima aspirante, Galileu percebeu imediatamente o potencial de barganha que esse dispositivo (em suas palavras: "de valor inestimável em todos os negócios e todas as realizações no mar ou em terra") poderia lhe proporcionar nas negociações de salário com senadores venezianos. Portanto, ele começou rapidamente a aprender como polir lentes de alta qualidade e experimentou lentes de distintos tamanhos e a diferentes distâncias. Surpreendentemente, em menos de três semanas, estava em Veneza, equipado com um telescópio capaz de ampliar oito vezes e, por intermédio dos contatos de Sarpi, prestes a demonstrar esse "perspicillum", como o chamava, aos governantes venezianos.

A capacidade de avistar embarcações distantes muito antes de serem vistas a olho nu foi o suficiente para impressionar os senadores, que de início concordaram em aumentar o salário de Galileu de 520 para 1.000 *scudi* por ano. Para sua decepção, no entanto, uma vez que o Senado percebeu que o telescópio não era uma invenção exclusiva de Galileu (embora ele nunca tivesse afirmado que fosse), mas sim um instrumento já conhecido em outras partes do continente, o aumento salarial foi limitado a um ano, depois do qual deveria ser congelado. Furioso com essa mudança de rumo, bem como com o fato de os senadores não parecerem compreender que seu telescópio era muito superior aos que circulavam pela Europa na época, Galileu enviou um telescópio ao grão-duque da Toscana, Cosimo II de Médici, na esperança de conseguir uma nomeação na corte florentina. Isso pode ter parecido arriscado da parte dele, mas Galileu tinha motivos para estar otimista. Ele havia sido professor de matemática de Cosimo durante alguns verões entre 1605 e 1608, e foi o pai de Cosimo, Ferdinando I de Médici, quem nomeou Galileu para o cargo de professor de matemática na Universidade de Pisa em 1589.

As coisas começaram a progredir a passos largos no fim de 1609. Em dezembro daquele ano e em janeiro de 1610, apenas, Galileu provavelmente fez mais descobertas impactantes do que qualquer outra pessoa na história da ciência. Além disso, conseguiu aprimorar seu telescópio para que ampliasse quinze vezes em novembro de 1609 e vinte vezes ou mais em março de 1610. Voltando esse dispositivo aprimorado para o céu noturno, ele começou observando a superfície lunar, em seguida constatou que a Via Láctea era composta de estrelas e fez a descoberta revolucionária dos satélites de Júpiter. Munido desses achados verdadeiramente surpreendentes, Galileu decidiu publicar de imediato os resultados, temendo que outro astrônomo se antecipasse na publicação do que entrevia corretamente como revelações de grande importância. De fato, O mensageiro sideral (imagem 14 do encarte) foi publicado em Veneza em 13 de março de 1610. Talvez não surpreenda que a explosão de criatividade de Galileu tenha se seguido à partida de sua mãe de Pádua — e quase certamente tenha sido ajudada por ela. Giulia Ammannati não apenas não apoiava o filho em suas pesquisas, mas fez nada menos do que convencer o criado de Galileu, Alessandro Piersanti, a espionar seu mestre. Constantemente desconfiada de que a amante de Galileu, Marina Gamba, de alguma forma o convenceria a reduzir o apoio financeiro que dava à mãe ou roubaria seus lençóis, Giulia recrutou Piersanti para que a informasse em segredo sobre as conversas privadas do casal. Como se isso não bastasse, pediu ao criado que roubasse algumas das lentes de telescópio de Galileu, que pretendia dar ao marido de uma das irmãs de Galileu, Virginia, no que considerava um ato de gratidão pela suposta generosidade do genro. Felizmente, Piersanti entregou imediatamente as cartas conspiratórias de Giulia a Galileu.

Já com alguma experiência política àquela altura da vida, Galileu dedicou O mensageiro sideral a Cosimo II de Médici, quarto grão-duque da Toscana. Foi além e batizou os quatro satélites de Júpiter de Estrelas Mediceias, porque, segundo ele, "o próprio Criador das estrelas me advertiu para que chamasse esses novos astros pelo nome ilustre de Vossa Alteza".[3] O efeito desses presentes "celestiais" foi rápido e gratificante. Em junho de 1610, Galileu havia sido nomeado filósofo e matemático do grão-duque, além de matemático-chefe, livre da obrigação de lecionar, na Universidade de Pisa. Ao se candidatar ao cargo, Galileu insistiu em ter o título de "filósofo" acrescentado a sua posição de matemático da corte. Uma das razões para esse pedido era simples: os filósofos desfrutavam de um status mais elevado do que o dos matemáticos. Não se trata, no entanto, apenas de um desejo de afirmação; Galileu confessou na época que "havia dedicado mais anos ao estudo da filosofia do que meses ao da matemática".

Duas das características que distinguem muitos daqueles que verdadeiramente fizeram a diferença na história da ciência são: primeiro, sua capacidade de reconhecer de imediato quais descobertas podem ser genuinamente impactantes; e, segundo, sua eficácia em disseminar suas descobertas e torná-las compreensíveis para os outros. Galileu era magistral em ambas as coisas. Em 1610, ele se tornou imbatível: em apenas cerca de um ano, descobriu as fases de Vênus, o fato de Saturno parecer ter uma forma bizarra e de que pontos variáveis se moviam pela superfície do Sol. Nos dois anos seguintes, também publicou mais dois livros, *Discurso sobre corpos na água*, em 1612, e *História e demonstrações sobre as manchas solares*, no ano seguinte.

O mensageiro sideral tornou-se um best-seller instantâneo: sua tiragem inicial de 550 cópias se esgotou em pouco tempo. Consequentemente, em 1611, Galileu se tornou o cientista natural mais famoso da Europa. Até mesmo os cientistas jesuítas em Roma tiveram que prestar atenção e estender o tapete vermelho para ele quando foi visitá-los em 29 de março. Enquanto o ilustre astrônomo Cristóvão Clávio tinha reservas sobre a interpretação de alguns dos resultados, de modo geral os matemáticos do Colégio Romano expressaram confiança na precisão das observações e atestaram os fenômenos revelados pelo telescópio como reais. Como resultado, Galileu foi recebido em audiência pelo papa Paulo V e pelo cardeal Maffeo Barberini, que anos depois (como papa Urbano VIII) desempenharia um papel crucial no que ficou conhecido como o "caso Galileu". Além disso, tanto o cardeal Roberto Bellarmino (muitas vezes anglicizado como Robert Bellarmine), antigo reitor do Colégio, quanto o próprio Clávio estiveram com Galileu durante sua visita a Roma, e Bellarmino chegou a discutir alguns aspectos da astronomia copernicana com ele. O único sinal de uma potencial nuvem no horizonte veio na forma de um comentário um tanto agourento que Bellarmino fez para o embaixador da Toscana no final da estada de Galileu em Roma: "Se ele [Galileu] tivesse ficado aqui por mais tempo, eles [os representantes da Igreja] não poderiam ter deixado de julgar suas descobertas."

Outra honra conferida a Galileu durante a mesma viagem foi sua eleição como sexto membro da Accademia dei Lincei de Federico Cesi (literalmente, a "Academia dos Olhos de Lince").[4] Essa prestigiada academia de ciências havia sido fundada em 1603 por Cesi, um aristocrata romano (mais tarde príncipe de Acquasparta) e três de seus amigos, e seus objetivos idealistas eram declarados como "não apenas adquirir conhecimento das coisas e sabedoria, e viver juntos, de forma justa e devota, mas também pacificamente, para demonstrá-los aos homens, oralmente e por escrito, sem causar nenhum mal". Seu nome é uma referência tanto ao lince de visão aguçada quanto a Linceu, "o mais perspicaz dos argonautas" na mitologia grega. A academia, cujos membros logo estariam espalhados além das fronteiras da Itália, publicou o livro de Galileu sobre manchas solares em 1613, e mais tarde seu livro *O ensaiador*, em 1623. Galileu sempre se sentiu muito honrado por ser um acadêmico, e muitas vezes assinava seu nome como: "Galileu Galilei, Linceo". Ele e Cesi se tornaram próximos não apenas por sua afinidade pessoal, mas também pela convicção compartilhada de que muitas das ideias que perduravam desde a Antiguidade acerca do mundo natural tinham de ser abolidas.

Então, o que exatamente foram essas observações assombrosas de Galileu que, pela primeira vez, mostraram à humanidade como o céu era realmente?

Como a superfície da Terra

Em 1606, um indivíduo chamado Alimberto Mauri publicou um livro satírico no qual especulava (com base em um raciocínio inspirado em observações a olho nu) que os elementos vistos na superfície da Lua indicavam que ela era coberta de montanhas cercadas por planícies. Muitos historiadores da ciência suspeitam de que Alimberto Mauri era na verdade Galileu, escrevendo sob um pseudônimo. Seja como for, com o telescópio em mãos, Galileu finalmente teve a oportunidade de testar essa conjectura. Na verdade, a Lua foi o primeiro objeto celeste para o qual ele direcionou sua luneta. O que ele viu foi uma superfície coberta de manchas e pequenas áreas circulares que pareciam crateras. Foi nesse aspecto, entretanto, que sua educação artística se mostrou útil. Observando em particular o terminador — a linha que separa a parte iluminada da parte escura — e usando conhecimentos criativos de luz e sombra, além de noções de perspectiva, Galileu foi capaz de argumentar de forma convincente que a superfície lunar era muito acidentada. Ele a descreveu como "desnivelada, irregular e repleta de depressões e protuberâncias. E é como a superfície da própria Terra". As espetaculares aquarelas e águas-fortes de Galileu (imagens 15 e 16 do encarte) mostram pontos de luz na parte escura que aumentam gradualmente de tamanho em direção ao terminador.

Isso é exatamente o que se esperaria quando, ao nascer do sol, apenas o topo das montanhas está iluminado, com a luz mais tarde descendo lentamente pelas montanhas até chegar às planícies escuras. Estimando que a distância de um desses pontos de luz do terminador seja de cerca de um décimo do raio da Lua, Galileu determinou que essa montanha tinha mais de 6 quilômetros de altura.[5] O valor numérico em si foi contestado posteriormente, em outubro de 1610, pelo cientista alemão Johann Georg Brengger, que sugeriu que as cadeias montanhosas da Lua provavelmente se sobrepõem, ou a borda da Lua seria irregular em vez de lisa. Não obstante a altura precisa, Galileu demonstrou que podia não apenas ver, mas também — em princípio, pelo menos — estimar com bastante precisão o tamanho dos elementos da paisagem lunar. Hoje sabemos que a montanha mais alta da Lua é Mons Huygens, que tem cerca de 5,3 quilômetros de altura. Quando comparamos os desenhos que Galileu fez da superfície lunar com imagens da Lua feitas com telescópios modernos, fica imediatamente aparente que ele exagerou de propósito as dimensões de alguns elementos (como o que conhecemos hoje como cratera de Albategnius, mostrada na metade inferior da água-forte mais abaixo na imagem 16 do encarte), provavelmente a fim de destacar didaticamente os diferentes níveis de luz e sombra que observou na cratera.[6]

Os desenhos que Galileu fez da Lua nos fornecem outro maravilhoso exemplo das sobreposições e interconexões entre ciência e arte na Renascença tardia. Surpreendentemente, em uma famosa pintura intitulada *A fuga para o Egito*, Adam Elsheimer,[7] artista alemão que trabalhava em Roma na época e morreu em dezembro de 1610, retratou a Lua de maneira tão semelhante aos desenhos de Galileu que, na verdade, alguns historiadores da arte especularam que Elsheimer pode ter observado a Lua através de um dos primeiros telescópios, que teria sido fornecido a ele por seu amigo Federico Cesi.[8]

Uma história intrigante relacionada com o *Sidereus Nuncius* e a arte surgiu em 2005, quando um negociante de arte italiano chamado Marino Massimo De Caro ofereceu ao antiquário nova-iorquino Richard Lan um extraordinário exemplar do livro.[9] Em vez das águas-fortes habituais, esse exemplar continha cinco maravilhosas aquarelas da Lua, supostamente pintadas pelo próprio Galileu. Um grupo de diversos especialistas nos Estados Unidos e em Berlim confirmou a autenticidade do exemplar, que Lan comprou por meio milhão de dólares. Um desses especialistas, Horst Bredekamp, ficou tão fascinado com a beleza do exemplar que escreveu um livro sobre a incrível descoberta. Então houve uma reviravolta inesperada. Enquanto escrevia uma resenha da versão em inglês do livro de Bredekamp, em 2011, Nick Wilding, historiador da Renascença na Georgia State University, começou a suspeitar de que havia algo de errado naquele exemplar de *Sidereus Nuncius*. Para encurtar a história, análises e estudos mais aprofundados revelaram que a cópia era na verdade uma falsificação de mestre do vendedor italiano De Caro.

Galileu usou suas observações da Lua para discutir outro tópico intrigante que havia gerado muitas interpretações falsas ao longo dos anos: a luz secundária da Lua. Os observadores ficavam perplexos com o fato de que mesmo as áreas que se tornam escuras quando a Lua está em fase crescente não são totalmente negras; parecem apenas estar mal iluminadas. Nas palavras de Galileu: "Se examinarmos esse aspecto mais de perto, veremos não apenas a borda da parte escura iluminada por um brilho fraco, mas toda a superfície (...) tornada branca por uma luz considerável."[10]

Explicações anteriores para esse fenômeno variavam desde a sugestão inconcebível de que a Lua seria parcialmente transparente à luz do Sol até a proposição quase igualmente questionável de que a Lua não apenas reflete a luz do Sol, mas também brilha com uma luz própria intrínseca. Galileu descartou prontamente todas essas teorias, chamando algumas delas de "tão infantis que não são dignas de resposta". Então, apesar de ter deixado claro que "trataremos desse assunto mais detalhadamente em um livro sobre o *Sistema do mundo*", ofereceu uma breve explicação, notável por sua simplicidade: assim como a Lua fornece alguma luz à Terra à noite, argumentou, a Terra ilumina a noite lunar. O fenômeno é conhecido hoje como luz cinérea. Provavelmente pressentindo que a proposta poderia despertar objeções entre os aristotélicos fiéis, Galileu acrescentou rapidamente um toque esclarecedor:

> O que há de tão surpreendente nisso? Em uma contrapartida equivalente e agradecida, a Terra retribui a Lua com uma luz igual à que recebeu dela quase o tempo todo na mais profunda escuridão da noite (...) Nessa sequência [de fases lunares], então, em sucessão alternada, a luz lunar nos concede sua iluminação mensal, ora mais brilhante, ora mais fraca. Mas o favor é retribuído pela Terra da mesma maneira.[11]

Uma bela fotografia da Terra iluminada se erguendo acima do horizonte lunar foi tirada, da órbita lunar, pelo astronauta da *Apollo 8*, Bill Anders, em 24 de dezembro de 1968 (imagem 6 do encarte). Devido à rotação síncrona da Lua com seu movimento orbital (o mesmo lado da Lua está sempre voltado para a Terra), esse nascer da Terra pode ser visto apenas por um observador em movimento em relação à superfície lunar.

Galileu encerrou a discussão de suas amplas descobertas sobre a Lua com uma declaração poderosa:

> Diremos mais em nosso *Sistema do mundo*, no qual, com muitos argumentos e experiências, demonstraremos que há um reflexo muito forte da luz solar pela Terra para aqueles que afirmam que a Terra deve ser excluída da dança das estrelas [planetas], especialmente porque ela é desprovida de movimento e luz. Pois demonstraremos que ela *é móvel e supera a Lua em brilho* [ênfase adicionada], e não um amontoado de detritos e resíduos do universo.[12]

Embora Galileu não tenha analisado todas as implicações de suas descobertas lunares em *O mensageiro sideral* (isso foi deixado para o seu *Diálogo*), o que se poderia inferir delas era bastante transparente. Primeiro, de acordo com a cosmologia aristotélica (que ao longo dos séculos havia se entrelaçado intimamente com a ortodoxia cristã), havia uma clara distinção entre as coisas terrestres e as coisas celestes. Enquanto tudo na Terra era corruptível, mutável, podia sofrer erosão, se deteriorar e até morrer, os céus eram supostamente perfeitos, puros, duradouros e imutáveis. Ao contrário dos quatro elementos clássicos que deveriam constituir tudo o que é terrestre (terra, água, ar e fogo), acreditava-se que os corpos celestes eram feitos de uma quinta substância diferente e imaculada, denominada "quintessência" ou, literalmente, a quinta essência. As observações de Galileu, no entanto, mostraram que havia montanhas e crateras na Lua e que, ao refletir a luz do Sol, a Terra se comportava como qualquer outro objeto planetário. Nenhuma prova foi dada a essa altura para sugerir que a Terra estivesse realmente se movendo, mas a declaração de Galileu de que "ela é móvel" falava muito no sentido do copernicanismo. Se a Lua era, de fato, sólida e muito parecida com a Terra, e se movia em órbita ao redor do nosso planeta, por que a Terra, que era semelhante à Lua, não poderia se mover ao redor do Sol?

É compreensível que essa nova imagem da superfície lunar e do lugar da Lua no universo tenha suscitado veementes objeções. Afinal, era um contraste gritante com a descrição surreal no Livro do Apocalipse: "E viu-se um grande sinal no céu: uma mulher vestida de sol, tendo a lua debaixo dos seus pés, e uma coroa de doze estrelas sobre a sua cabeça."[13] Tradicionalmente, nas interpretações artísticas dessa descrição bíblica, a Lua era representada por um objeto perfeitamente liso e translúcido, sem manchas, simbolizando a perfeição e a pureza da Virgem e dando continuidade à personificação da Lua como uma deusa na mitologia grega e romana. Mas o afastamento lunar de Galileu das convicções predominantes foi apenas o começo. Suas outras descobertas com o telescópio estavam prestes a dar o golpe de misericórdia na antiga cosmologia.

Noite estrelada

Depois da Lua, Galileu direcionou seu telescópio para os outros pontos de luz que brilham intensamente no céu noturno — as estrelas —, e lá também algumas surpresas o esperavam. Primeiro, ao contrário da Lua (e, mais tarde, dos planetas), quando vistas pelo telescópio as estrelas não pareciam maiores do que a olho nu, embora parecessem mais brilhantes. Com base apenas nesse fato, Galileu concluiu corretamente que o tamanho aparente das estrelas, quando observadas a olho nu, não era real, mas apenas um artefato. Ele não sabia, no entanto, que os tamanhos aparentes eram na realidade produzidos pela luz estelar sendo dispersada e refratada na atmosfera da Terra, em vez de por algo relacionado às estrelas em si. Consequentemente, achou que o telescópio removia a "irradiação adventícia" enganosa das estrelas. Ainda assim, como não conseguia distinguir a imagem das estrelas com o telescópio, Galileu deduziu que elas estavam muito mais distantes de nós do que os planetas.

Segundo, ele descobriu dezenas de estrelas indistintas que não podiam ser vistas sem o telescópio. Por exemplo, muito próximo da constelação de Órion, contou nada menos do que quinhentas estrelas e encontrou dezenas de outras perto das seis estrelas mais brilhantes das Plêiades. Ainda mais importante para o futuro da astrofísica foi a descoberta de

Galileu de que as estrelas variavam enormemente em luminosidade, com algumas sendo centenas de vezes mais luminosas que outras. Cerca de três séculos depois, astrônomos criaram diagramas nos quais a luminosidade estelar era mostrada em contraste com a cor estelar, e os padrões observados nesses diagramas levaram à conclusão de que as próprias estrelas evoluem. Nascem de nuvens de gás e poeira, passam a vida gerando energia por meio de reações nucleares e morrem, às vezes de forma explosiva, depois de esgotar suas fontes energéticas. Em certo sentido, isso pode ser considerado o último prego no caixão da ideia aristotélica de céus imutáveis. Ainda assim, o resultado mais surpreendente no que diz respeito às estrelas se deu quando Galileu apontou o telescópio para a Via Láctea. A faixa aparentemente uniforme, luminosa e misteriosa do outro lado do céu se fragmentou em inúmeras estrelas indistintas, reunidas em aglomerados.[14]

Essas descobertas tiveram implicações significativas para o debate copernicano-ptolomaico. Alguns anos antes, o famoso astrônomo dinamarquês Tycho Brahe havia indicado o que ele considerava ser uma séria dificuldade para a teoria heliocêntrica. Se a Terra estivesse realmente orbitando o Sol, argumentou ele, então em observações feitas com seis meses de diferença (quando a Terra está em dois pontos diametralmente opostos em sua órbita), as estrelas deveriam mostrar um deslocamento de posição detectável em relação ao fundo (uma paralaxe), da mesma maneira que as árvores observadas pela janela de um trem em movimento parecem se mover em relação ao horizonte. Para que essa mudança não fosse detectada, argumentou Brahe, seria necessário que as estrelas estivessem a grandes distâncias. No entanto, era possível estimar em seguida o tamanho que as estrelas precisavam ter para que fossem vistas com suas dimensões aparentes quando observadas a olho nu. Essas distâncias acabaram se provando ainda maiores que o diâmetro de todo o sistema solar, o que parecia implausível. Consequentemente, Brahe concluiu que a Terra não poderia estar orbitando o Sol. Em vez disso, ele propôs um sistema geo-heliocêntrico híbrido e revisado, no qual todos os outros planetas orbitavam o Sol, mas o Sol orbitava a Terra.

Galileu tinha uma explicação muito mais simples para a ausência de paralaxes. Como vimos anteriormente, ele concluiu que as dimensões aparentes das estrelas vistas a olho nu não representavam seu tamanho físico real: eram apenas um artefato. As estrelas estavam, na realidade, tão distantes, afirmou ele, que não era possível detectar mudanças em sua posição, mesmo com os telescópios disponíveis na época. Galileu estava certo: a detecção de paralaxes teria que aguardar o desenvolvimento de telescópios de alta resolução. Uma paralaxe estelar foi observada pela primeira vez apenas em 1806, pelo astrônomo italiano Giuseppe Calandrelli. As primeiras medições bem-sucedidas de uma paralaxe foram feitas pelo astrônomo alemão Friedrich Wilhelm Bessel em 1838. Desde 2019, o observatório espacial Gaia da Agência Espacial Europeia, inaugurado em 2013, determinou as paralaxes de mais de um bilhão de estrelas na Via Láctea e em galáxias próximas.

Galileu também rejeitou o modelo de sistema solar intermediário de Brahe, por duas razões principais: primeiro, o modelo lhe parecia extremamente intrincado — na linguagem de hoje, tinha "muitas complicações". Segundo, anos mais tarde, Galileu recorreu a uma Terra em movimento para explicar o fenômeno das marés (discutido no Capítulo 7). Portanto, não podia mais aceitar um cenário no qual a Terra tivesse que estar em repouso. Sua intuição ao rejeitar um modelo híbrido se mostrou correta.

A imagem que emergiu das observações das estrelas feitas por Galileu era muito diferente dos antigos conceitos de Aristóteles. Em vez de estarem fixadas em uma esfera celeste sólida e posicionadas logo depois da órbita de Saturno, as estrelas eram agora muito menores em tamanho aparente do que se pensava, numerosas além da conta e variavam enormemente em termos de brilho e distância. Na verdade, esse sistema estelar estava começando a ficar perigosamente semelhante ao cosmos hipotético descrito pelo matemático e filósofo Giordano Bruno, no qual múltiplos mundos existiam em um universo infinito. Conhecendo bem o trágico fim de Bruno (ele foi queimado vivo em 17 de fevereiro de 1600), Galileu teve muito cuidado ao descrever e interpretar suas observações das estrelas, mesmo em seu livro posterior, *Diálogo*.[15] Cuidadosas ou não, as observações de Galileu sobre estrelas distantes na Via Láctea podem definitivamente ser consideradas a primeira vez que a humanidade espreitou o vasto universo que existe além do Sistema Solar.

Hoje sabemos que a Via Láctea contém entre 100 bilhões e 400 bilhões de estrelas. Com base principalmente em dados dos telescópios espaciais Kepler e Gaia, estimativas recentes sobre os planetas na Via Láctea que possuem aproximadamente o mesmo tamanho da Terra, orbitam estrelas semelhantes ao Sol, justamente naquela zona ideal, não muito quente nem muito fria (conhecida como zona habitável), que permite a existência de água líquida na superfície planetária, colocam seu número na casa dos bilhões.[16]

Uma corte foi encontrada para Júpiter

Na noite de 7 de janeiro de 1610, Galileu observou o planeta Júpiter através de seu telescópio de vinte potências e notou, em suas palavras, que "três pequenas estrelas estavam posicionadas perto dele — pequenas, mas ainda assim muito brilhantes". Ele acrescentou que essas estrelas o intrigaram "porque pareciam estar dispostas exatamente em uma linha reta e paralelas à eclíptica". Duas das estrelas estavam a leste de Júpiter e uma, a oeste. Na noite seguinte, viu novamente as três estrelas, mas dessa vez todas se encontravam a oeste do planeta e igualmente espaçadas, o que o fez pensar que talvez Júpiter estivesse se movendo para o leste, contrariando as expectativas baseadas nas tabelas astronômicas existentes na época.

Nuvens impediram Galileu de fazer observações no dia 9, mas no dia 10 ele viu apenas duas estrelas a leste. Supondo que a terceira se encontrasse escondida atrás de Júpiter, começou a suspeitar de que o planeta não estivesse se movendo muito, no fim das contas; na verdade eram aquelas estrelas que se moviam. Essa dança celestial continuou, com apenas duas estrelas aparecendo no leste em 11 de janeiro e a terceira reaparecendo no oeste (e duas no leste) no dia 12. No dia 13, uma quarta estrela apareceu (três a oeste e uma a leste) e, em 15 de janeiro, todas as quatro estavam a oeste. (Estava nublado novamente no dia 14.)

O registro mais antigo que sobreviveu até nossos dias das observações que Galileu fez de Júpiter e do que acabaram se revelando ser seus satélites está na metade inferior do rascunho de uma carta ao doge de Veneza (imagem 7 do encarte). Essa página agora integra as Coleções Especiais da Universidade de Michigan, em Ann Arbor. É interessante observar que os desenhos de Galileu no documento revelam que, pelo menos até 12 de janeiro, não ocorrera a ele que os satélites pudessem estar orbitando Júpiter. Em vez disso, ele supunha que os três objetos estivessem se movendo em linha reta, de maneira muito não copernicana. Quando o quarto satélite surgiu, no dia 13, no entanto, Galileu percebeu que sua suposição não poderia estar correta, já que exigiria que um satélite tivesse que literalmente passar através do outro. Somente depois do dia 15 a explicação correta ocorreu a ele. A conclusão das meticulosas observações agora parecia inescapável:

> Como por vezes seguem e por vezes precedem Júpiter com intervalos semelhantes, e ficam afastados dele em direção ao leste e também ao oeste apenas por limites muito estreitos, acompanhando-o igualmente em movimento retrógrado e direto, ninguém pode duvidar que completem suas revoluções em torno dele enquanto, ao mesmo tempo, todos juntos completam um período de 12 anos em torno do centro do mundo [referindo-se à órbita de Júpiter em torno do Sol].[17]

Em linguagem simples, Galileu descobriu que Júpiter tinha quatro satélites, ou luas, que o orbitavam e, como nossa Lua, giravam aproximadamente no mesmo plano que outras órbitas planetárias. Júpiter exibia um sistema copernicano em miniatura. Em 30 de janeiro, ele informou o secretário de Estado da Toscana, Belisario Vinta, de que os quatro satélites se moviam em torno de uma "estrela" (planeta) maior, "como Vênus e Mercúrio, e talvez outros planetas conhecidos, fazem em torno do Sol". Confirmou esse fato por meio de observações metódicas e diligentes dos satélites, realizadas em todas as noites de céu limpo até o dia 2 de março. Durante esse período, também determinou a distância das luas em relação a Júpiter e das luas entre si, e mediu sua luminosidade. Para convencer a todos do que tinha visto, apresentou nada menos que 65 diagramas mostrando as diferentes configurações dos satélites observados.

A descoberta dos quatro satélites de Júpiter não teve apenas importância histórica (eles foram os primeiros novos corpos descobertos no Sistema Solar desde a Antiguidade), mas também demoliu uma das sérias objeções ao modelo heliocêntrico. Os aristotélicos sustentavam que a Terra não poderia manter a posse de sua Lua enquanto orbitasse o Sol. Também levantavam uma pergunta legítima: se a Terra é um planeta, por que é o único a ter uma lua? Galileu silenciou decisivamente essas duas objeções ao mostrar que Júpiter — que estava claramente se movendo, pois orbitava o Sol (na visão copernicana) ou a Terra (no sistema ptolomaico) — era capaz de reter não apenas uma, mas quatro luas em órbita! E explicou isso claramente no *Mensageiro sideral*:

> Temos, além disso, um excelente e esplêndido argumento para eliminar os escrúpulos daqueles que, embora tolerem com equanimidade a revolução dos planetas em torno do Sol no sistema copernicano, ficam tão perturbados com a presença de uma Lua ao redor da Terra enquanto as duas juntas completam a volta anual em torno do Sol que concluem que essa constituição do universo deve ser descartada como impossível. Pois aqui temos apenas um corpo celeste girando em torno do outro, enquanto ambos percorrem um grande círculo ao redor do Sol: mas nossa versão oferece quatro estrelas vagando em torno de Júpiter, como a Lua ao redor da Terra, enquanto todas, junto com Júpiter, percorrem um grande círculo em torno do Sol no espaço de doze anos.

Após a publicação do *Mensageiro sideral*, Galileu continuou a observar os satélites de Júpiter por quase três anos, até estar satisfeito de ter determinado com precisão o ciclo de suas revoluções em torno do planeta. Ele se referiu a esse gigantesco esforço observacional e intelectual como um "trabalho atlântico", aludindo a Atlas, que recebeu de Zeus a ordem de sustentar o céu sobre os ombros. Até o grande astrônomo Johannes Kepler havia acreditado ser impossível determinar esses ciclos, já que não enxergava nenhuma maneira óbvia de identificar e distinguir inequivocamente as três luas internas. Espantosamente, os resultados de Galileu para os ciclos coincidem com os valores modernos com uma diferença de apenas alguns minutos.

Hoje há 79 luas conhecidas de Júpiter (53 foram batizadas e as outras ainda aguardam nomes oficiais). Acredita-se que oito delas tenham se formado em órbita ao redor do planeta, e as outras provavelmente foram capturadas. Das quatro luas de Galileu, como agora são chamadas, duas, Europa e Ganimedes (esta última maior que o planeta Mercúrio), parecem conter um grande oceano sob uma espessa crosta de gelo. Ambas as luas são consideradas candidatas potenciais a abrigar formas de vida simples sob o gelo, fato que sem dúvida teria deixado Galileu muito satisfeito. A mais interna das quatro luas de Galileu, Io, é o corpo mais geologicamente ativo do Sistema Solar, com mais de quatrocentos vulcões conhecidos em atividade. A quarta lua galileana, Calisto, é a segunda maior das quatro.

O que sem dúvida teria irritado Galileu profundamente é o fato de os satélites galileanos serem conhecidos hoje pelos nomes dados a eles pelo astrônomo alemão Simon Marius, e não pelo nome "estrelas dos Médici". Marius pode ter detectado os satélites de forma independente antes de Galileu, mas não conseguiu compreender que as luas estavam orbitando o planeta. Galileu considerava Marius um "réptil venenoso" e um "inimigo não apenas meu, mas de toda a raça humana", desde que se convencera de que Marius era o vilão por trás do plágio realizado por Baldessar Capra no caso do compasso de proporção. Galileu escreveu sobre Marius que, enquanto estava em Pádua (onde Galileu residia à época), "ele apresentou em latim o uso do meu compasso, apropriando-

-se dele, e mandou que um de seus alunos [Capra] o imprimisse em seu nome. Em seguida, talvez para escapar da punição, partiu imediatamente para sua terra natal [Alemanha], deixando seu aluno à própria sorte, como dizem por aí".

Para esse velho homem, dois assistentes

A identificação dos quatro satélites de Júpiter foi o último dos achados revolucionários de Galileu em Pádua. E apenas aumentou seu apetite por mais descobertas. Não é de admirar então que, logo depois de se mudar para Florença, ele tenha apontado seu telescópio para o próximo planeta gigante em termos de distância do Sol: Saturno. As observações iniciais, contudo, foram decepcionantes, uma vez que não revelaram nenhum satélite. Essa situação mudou quando, em 25 de julho de 1610, sua inspeção revelou algo que se assemelhava a duas estrelas imóveis, ligadas a Saturno, uma de cada lado. Para evitar que se antecipassem a ele, e ainda em um estágio em que estava fazendo descobertas mais rápido do que era capaz de publicá-las, Galileu enviou, por intermédio do embaixador da Toscana em Praga, uma série de letras embaralhadas anunciando seu achado a Kepler. Essa era uma prática comum na época, estabelecer a prioridade sobre uma descoberta usando um enigma, sem divulgar assim o que havia sido descoberto. A descrição codificada de Galileu foi:

smaismrmilmepoetaleumibunenugttauiras.

Kepler não conseguiu decifrar a mensagem de início, e o astrônomo inglês e correspondente de Kepler, Thomas Harriot, não se saiu melhor. Com base no fato de que a Terra tem uma lua e Júpiter quatro, porém, ele concluiu que Marte tinha que ter duas luas, de modo a formar a progressão geométrica 1, 2, 4, e assim por diante. Guiado por essa convicção matemática e supondo que Galileu havia descoberto os satélites de Marte,

Kepler conseguiu criar uma mensagem a partir da sequência de letras de Galileu que diferia do emaranhado original em apenas uma letra: *Salve umbistineum geminatum Martia proles*, ou seja: "Sejam saudados, companheiros gêmeos, filhos de Marte."

Por mais engenhosa que fosse a solução de Kepler, ela não tinha nada a ver com as intenções de Galileu. A mensagem decodificada na sequência de letras deveria ser: *Altissimum planetam tergeminum observavi*, que se traduz em: "Observei o mais alto dos planetas [Saturno] em formação tripla."

Em 13 de novembro de 1610, Galileu por fim revelou precisamente o que queria dizer:

> Observei que Saturno não é um astro único, mas três juntos, que sempre se tocam, não se movem entre si e têm a seguinte forma: oOo (...) Quando os observamos com um telescópio de ampliação fraca, os três astros não aparecem de forma muito distinta, e Saturno parece alongado como uma azeitona (...) Uma corte foi encontrada para Júpiter, e agora, para esse velho, dois assistentes que o ajudam a caminhar e nunca saem do seu lado.

Para espanto de Galileu, esses "assistentes" aparentemente confiáveis desapareceram por completo no fim de 1612. Ele expressou sua perplexidade em uma carta a um de seus correspondentes, o humanista, historiador e editor alemão Markus Welser: "Terão os dois astros menores sido consumidos como manchas no Sol? Terão subitamente desaparecido e fugido? Ou Saturno devorou os próprios filhos?" Apesar de sua perplexidade, Galileu se atreveu a prever que esses "astros" reapareceriam em 1613, o que de fato aconteceu, e dessa vez eles pareciam orelhas ou alças, um de cada lado de Saturno.

Embora Galileu tenha conseguido prever corretamente mais uma vez, em 1616, outro desaparecimento das "alças" dez anos depois, sua previsão, ao que parece, se baseava na suposição de que elas eram semelhantes às luas de Júpiter. Uma explicação verdadeira para as estranhas orelhas teve que esperar até a década de 1650, quando o matemático e astrônomo holandês Christiaan Huygens as identificou como os agora famosos anéis de Saturno. Como os anéis são planos e relativamente finos, eram praticamente indetectáveis quando se observava apenas sua borda e pareciam orelhas quando a superfície estava inclinada em um ângulo maior em relação à linha de visão ou quando se tinha uma visão frontal deles.[18]

É interessante que agora saibamos que os anéis nem sempre existiram nem vão durar para sempre. Estima-se que não tenham mais de 100 milhões de anos, pouco tempo em comparação com um Sistema Solar de aproximadamente 4,6 bilhões de anos. O mais surpreendente, no entanto, é que um estudo publicado em dezembro de 2018 concluiu que, devido à "chuva dos anéis" (o esvaziamento dos anéis em direção ao planeta na forma de uma chuva empoeirada de partículas de gelo), eles desaparecerão em cerca de 300 milhões de anos. Galileu e nós, portanto, temos sorte de ter vivido no relativamente "curto" período em que foi possível observar esse fenômeno espetacular.

Curiosamente, a previsão de Kepler de que Marte tinha duas luas acabou se provando correta, embora isso não tenha nada a ver com uma série geométrica. Além disso, na famosa sátira de 1726, *As viagens de Gulliver*, o escritor inglês Jonathan Swift (que pode ter se inspirado em Kepler) escreveu sobre duas luas marcianas. Em 1877, o astrônomo americano Asaph Hall descobriu as luas, hoje chamadas Fobos e Deimos.

A mãe do amor

Uma das principais objeções levantadas contra o modelo heliocêntrico tinha a ver com a aparência do planeta Vênus. No modelo geocêntrico ptolomaico, Vênus está sempre mais ou menos entre a Terra e o Sol; portanto, era esperado que se mostrasse sempre como um crescente de dimensões variadas (mas nunca meio cheio; ver, a seguir, Figura 1a). No modelo copernicano, por sua vez, como se supunha que Vênus orbitava o Sol, e ele estava mais próximo do Sol que da Terra, esperava-se que exibisse uma série completa de fases, como a Lua, aparecendo totalmente iluminado como um pequeno disco claro quando estivesse mais distante da Terra, e como um disco grande e escuro quando estivesse mais próximo (e como um grande crescente pouco antes disso; Figura 1b). Por meio de uma série de meticulosas observações entre outubro e dezembro de 1610, Galileu confirmou de forma definitiva as previsões do modelo copernicano.[19] Sua decisão de se dedicar a essas observações (e à interpretação dos resultados) pode ter sido inspirada e certamente foi encorajada por uma carta minuciosa que ele recebeu de Benedetto Castelli, na qual Castelli enfatizava a importância de observar as fases de Vênus. Essa foi a primeira indicação clara da superioridade da visão copernicana em relação à ptolomaica.

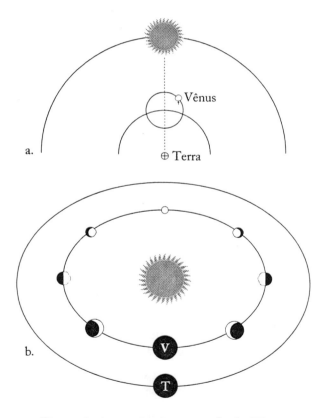

Figura 1: A aparência esperada de Vênus
no modelo ptolomaico (a) e no modelo copernicano (b).
— *Ilustração de Ann Field* —

UM COPERNICANO

Em 11 de dezembro, Galileu se apressou em enviar a Kepler outro anagrama misterioso: *Haec imatura a me jam frustra leguntur oy*, que queria dizer mais ou menos: "Isso já foi tentado por mim, em vão, demasiado cedo." (O uso da palavra *oy* tem sido considerado, de maneira irônica, indicativo de uma potencial ascendência judaica de Galileu.) Frustrado com sua incapacidade de resolver o enigma, Kepler escreveu a Galileu: "Suplico que não nos deixe muito tempo em dúvida sobre o significado. Pois, veja, está lidando com verdadeiros alemães. Pense na angústia que me causa com o seu silêncio."

Respondendo a essa súplica, em 1º de janeiro de 1611, Galileu enviou a Kepler a versão decodificada: *Cynthiae figuras aemulatur mater amorum*, que quer dizer: "A mãe do amor [Vênus] emula as figuras de Cynthia." O nome feminino grego *Cynthia* era usado algumas vezes como personificação da Lua.

Galileu estava tão confiante de sua interpretação das observações que, em 30 de dezembro de 1610, havia enviado uma carta a Cristóvão Clávio — que até aquele momento havia discordado do copernicanismo do ponto de vista da física e da religião — explicando que todos os planetas brilhavam apenas por refletirem a luz solar, e que "sem dúvida, o centro das grandes revoluções de todos os planetas" era o Sol.

As declarações de Galileu não passaram despercebidas. Na última edição dos comentários de Clávio sobre o influente livro de astronomia *A esfera*, do astrônomo do século XIII João de Sacrobosco, o matemático jesuíta, à época com 73 anos de idade, admitiu:

> Longe das coisas menos importantes observadas com esse instrumento [o telescópio] está o fato de que Vênus recebe sua luz do Sol, assim como a Lua, de modo que às vezes parece mais um crescente, outras menos, de acordo com a distância do Sol. Em Roma, observei isso, na presença de outras pessoas, mais de uma vez. Saturno tem junto a si dois pequenos astros, um a leste e o outro a oeste. Finalmente, Júpiter tem quatro astros itinerantes, que mudam de lugar de maneira notável tanto entre si quanto com relação a Júpiter — como Galileu Galilei descreve com cuidado e precisão.[20]

Ao perceber que esses resultados praticamente destruíam o modelo ptolomaico, Clávio acrescentou cautelosamente: "Já que as coisas são assim, os astrônomos precisam considerar como as esferas celestes podem ser organizadas de forma a preservar esses fenômenos."

As observações de Galileu sobre as fases de Vênus desferiram um golpe fatal nos sistemas geocêntricos ptolomaicos, mas não permitiram que se descartasse definitivamente o meio-termo geocêntrico-heliocêntrico de Brahe, no qual Vênus e todos os outros planetas giravam em torno do Sol, enquanto o próprio Sol orbitava a Terra. Isso proporcionava uma rota de fuga em potencial para os astrônomos jesuítas que ainda estivessem determinados a evitar o copernicanismo.

Considero as manchas solares semelhantes a nuvens ou fumaça

Galileu não negligenciou o objeto celeste que, na visão copernicana, era central e o mais importante do Sistema Solar — o Sol —, e suas observações levaram à detecção e à primeira explicação coerente para as áreas relativamente escuras da superfície solar, conhecidas como manchas solares. Galileu definitivamente não foi a primeira pessoa a observar essas manchas misteriosas. Astrônomos chineses e coreanos podem tê-las observado séculos antes; há registros na China, por exemplo, que datam da dinastia Han, que durou de 206 a.C. a 220 d.C. As manchas solares certamente já haviam sido discutidas na época de Carlos Magno, que dominou grande parte da Europa ocidental no fim do século VIII e início do século IX, e o poeta e pintor italiano Raffael Gualterotti descreveu uma mancha solar que tinha visto em 25 de dezembro de 1604 em um livro publicado no ano seguinte. O matemático e astrônomo inglês Thomas Harriot observou manchas solares com um telescópio em dezembro de 1610, mas não publicou seus resultados. Suas observações só se tornaram conhecidas em 1784 e foram publicadas apenas em 1833. Por fim, o astrônomo frísio (do noroeste da Alemanha) Johannes Fabricius observou manchas solares com um telescópio em 27 de fevereiro de 1611 e as descreveu em um panfleto (do qual Galileu não tinha conhecimento) publicado no mesmo ano, na cidade de Wittenberg.

Observar o Sol com o telescópio era complicado, pois, caso não cobrisse a lente com algum material de proteção, como fuligem, a pessoa podia facilmente ficar cega. Para a sorte de Galileu, seu talentoso ex-aluno Benedetto Castelli teve a brilhante ideia de simplesmente projetar a imagem do Sol formada no telescópio em uma tela ou folha de papel. Originalmente, Galileu descreveu suas observações das manchas solares no prefácio de seu livro *Discurso sobre corpos na água*.[21] A essa altura, ele ainda considerava duas possibilidades para a natureza das manchas. Acreditava que elas poderiam estar diretamente na superfície solar (nesse caso, seu movimento indicaria que o Sol girava em torno do próprio eixo) ou que poderiam ser planetas orbitando o Sol muito perto de sua superfície. Na época da segunda impressão do livro, no outono de 1612, no entanto, Galileu estava convencido de que as manchas estavam na superfície solar e "se moviam devido à rotação do próprio Sol", acrescentando um parágrafo a esse respeito.

As descobertas de outro astrônomo forçaram Galileu a dedicar toda a sua atenção às manchas solares. Em março de 1612, ele recebeu de seu correspondente alemão Markus Welser três cartas descrevendo manchas solares, escritas sob o pseudônimo de *"Apelles latens post tabulam"* ("Apeles se escondendo por trás da pintura"). As cartas, posteriormente publicadas na forma de panfleto, haviam sido escritas pelo padre e astrônomo jesuíta Christoph Scheiner, professor da Universidade de Ingolstadt. Scheiner não podia publicá-las sob seu verdadeiro nome por temor de que, se estivesse errado, a publicação desacreditasse os jesuítas. Assim, usou um pseudônimo inspirado no artista grego do século IV que costumava se esconder atrás de suas pinturas para ouvir as críticas dos espectadores, o que sugere que Scheiner estava esperando comentários antes de revelar sua identidade. O astrônomo afirmava que as manchas eram as sombras projetadas de vários pequenos planetas girando em torno do Sol em órbitas muito próximas.

Embora não haja dúvida de que suas ideias foram inspiradas em grande medida por uma tentativa de resgatar o Sol da imperfeição, Scheiner baseou seu modelo em três argumentos principais: primeiro, as manchas não retornavam ao mesmo ponto, o que para ele implicava que não eram contíguas à superfície de um Sol em rotação. Segundo, Scheiner acreditava que as manchas eram mais escuras do que as partes não iluminadas da superfície lunar, o que considerava impossível se realmente estivessem na superfície solar. Terceiro, as manchas pareciam mais finas perto da borda do Sol do que eram perto do centro do disco solar, o que ele interpretou como um exemplo de fases, como as observadas no caso de Vênus.

Além de seus comentários sobre as manchas solares, Scheiner chamou a atenção para o que considerava ser uma evidência mais convincente do que as fases de que Vênus estava de fato orbitando o Sol. A prova de Scheiner se apoiava no fato de que as tabelas baseadas no modelo ptolomaico, conhecidas como efemérides, previam que Vênus atravessaria (isto é, passaria na frente, visto da Terra) o Sol em 11 de dezembro de 1611. No entanto, um trânsito de tão longa duração jamais havia sido observado.

Welser enviou as cartas a Galileu para pedir a opinião do famoso cientista sobre as ideias de Scheiner, aparentemente presumindo que Galileu apreciaria a abordagem científica exibida nelas. No entanto, a resposta a "Apeles" que ele recebeu de Galileu foi bem diferente do que esperava. Por um lado, a resposta foi espirituosa, bastante cortês e, sem dúvida, cientificamente brilhante, mas, por outro, ele também usou uma linguagem bastante crítica e condescendente. Por exemplo, ao referir-se ao que considerava o apego obstinado de Scheiner a alguns conceitos aristotélicos (como a rigidez e a imutabilidade do Sol), Galileu escreveu que Apeles "ainda não conseguiu se libertar totalmente das fantasias anteriormente incutidas nele".

A resposta de Galileu foi dada em várias partes. Primeiro, ele enviou duas cartas escritas em italiano ("porque quero que todos possam lê-las") em maio e outubro. Então, depois que Scheiner respondeu à primeira carta com uma escrita por ele, e Welser publicou toda a série de missivas de Scheiner sob o título *Uma investigação mais cuidadosa sobre as manchas solares e os astros vagando em torno de Júpiter*, Galileu enviou uma terceira carta, em dezembro. Essas três também foram publicadas em Roma pela Academia Linceana, em março de 1613, com o título de *História e demonstrações sobre manchas solares e seus fenômenos* (imagem 17 do encarte).[22]

Galileu, que nunca foi conhecido por aceitar bem críticas, ficou especialmente irritado com a afirmação de Scheiner de que o fracasso em detectar o trânsito de Vênus constituía evidência superior de que Vênus orbitava o Sol. Ele ressaltou que Scheiner errou ao estimar o tamanho do planeta e, além disso, que seria suficiente que Vênus possuísse apenas um pouco de brilho intrínseco para tornar a ausência do trânsito inútil em termos de prova de sua órbita.

Depois dessa insídia, Galileu dedicou-se a desmantelar a explicação de Scheiner para as manchas solares.[23] Ele deixou claro que as manchas na realidade não eram escuras; apenas pareciam ser escuras em relação ao disco brilhante do Sol, mas eram, na verdade, mais claras que a superfície da Lua cheia. Ele então argumentou corretamente que o fato de as manchas se moverem em velocidades variadas e mudarem de posição em relação umas às outras mostrava inequivocamente que não podiam ser satélites, já que "qualquer pessoa que desejasse sustentar que as manchas eram diversos astros diminutos teria que introduzir no céu inúmeros movimentos, tumultuados, desiguais e sem nenhuma regularidade". Em vez disso, Galileu localizou as manchas diretamente na superfície solar ou não mais distantes da superfície solar do que as nuvens estariam (relativamente) da Terra. Como as nuvens, comentou ele, as manchas apareciam de repente, mudavam de forma e desapareciam sem aviso prévio. Usando uma intuição obtida por meio de sua formação artística em desenho, Galileu também demonstrou que o aparente estreitamento das manchas ao se aproximarem da borda do disco solar se devia simplesmente ao encurtamento observado quando algo se move sobre a superfície de uma esfera (Figura 2, a seguir). Por fim, e talvez o mais importante, pelo movimento das manchas, Galileu estimou que o Sol levava aproximadamente um mês para girar em torno do próprio eixo. De fato, sabemos agora que o período de rotação solar no equador é de 24,47 dias.

Figura 2: O fenômeno visual do encurtamento dos círculos desenhado na superfície de uma esfera.
— *Ilustração de Ann Field* —

Em um movimento que se provou relevante para os problemas de Galileu com a Igreja Católica anos mais tarde, ele também pediu ao cardeal Carlo Conti sua opinião sobre as manchas solares. O cardeal respondeu em julho de 1612 que não havia nada nas Escrituras que corroborasse a ideia aristotélica de um Sol incorruptível. No que dizia respeito ao copernicanismo em geral, no entanto, Conti alertou que essa teoria era incompatível com as Escrituras e que uma interpretação diferente da linguagem bíblica "não deveria ser admitida, a menos que seja realmente necessário".

As observações e a interpretação de Galileu das manchas solares foram de suma importância por duas razões principais. Primeiro, demonstraram que um objeto celeste poderia girar em torno do próprio eixo sem desacelerar nem deixar para trás traços que se assemelhassem a nuvens. Isso eliminava instantaneamente duas sérias objeções levantadas contra a ideia de uma Terra girando em torno do próprio eixo no modelo copernicano. Os negadores questionavam: como a Terra pode continuar girando? E: por que as nuvens (ou os pássaros, a propósito) não ficam para trás? Segundo, ao publicar seus resultados sobre a rotação do Sol em *Corpos na água* (um livro aparentemente sobre corpos flutuantes), Galileu sinalizou a primeira aparição de uma teoria *unificada* da física da Terra e dos céus. Mais tarde, esse tipo de unificação ajudaria a produzir a teoria universal da gravitação de Newton (que reunia fenômenos tão diversos quanto maçãs caindo na Terra e planetas orbitando o Sol) e inspiraria todas as tentativas atuais de formular uma "teoria de tudo" — uma estrutura fundindo todas as interações fundamentais (eletromagnética, nuclear forte e nuclear fraca e gravitacional).

Como costumava fazer, Galileu aproveitou a oportunidade da correspondência sobre manchas solares para oferecer um vislumbre de sua filosofia em relação à disseminação do conhecimento. Em uma carta a seu amigo Paolo Gualdo, arcipreste da Catedral de Pádua, ele fez algumas observações dignas de nota sobre o fato de que a ciência não deveria ser um domínio exclusivo dos cientistas. Galileu explicou que esperava que, a partir de suas cartas a Welser, mesmo os que "tinham se convencido de que naqueles 'grandes livros há coisas novas e importantes sobre lógica e filosofia e ainda mais coisas que estão além de sua capacidade de compreensão'" veriam que, "da mesma forma que a natureza deu a eles, assim como aos filósofos, olhos para ver suas obras, ela também lhes deu um cérebro capaz de perscrutá-las e compreendê-las". Aqui Galileu se estabelece firmemente como membro do que o autor John Brockman chamou de "terceira cultura": um canal direto entre o mundo científico e os leigos. O principal argumento de Galileu era que o conhecimento científico, quando apresentado de maneira adequada, não está além do alcance dos não cientistas e que, como o considerava parte essencial da cultura humana, literalmente todos deveriam se esforçar para adquiri-lo.

É fascinante que Galileu tenha expressado ainda menos surpresa diante da capacidade humana de compreender o cosmos do que Einstein em 1936: "O eterno mistério do mundo é sua compreensibilidade (...) O fato de ele ser compreensível é um milagre."[24] Os comentários de Galileu sobre a capacidade humana de decifrar os segredos da natureza também foram repetidos em sua famosa *Carta a Benedetto Castelli*, quando ele disse não acreditar "que o mesmo Deus que nos deu nossos sentidos, nossa razão e nossa inteligência desejasse que abandonássemos seu uso".

Hoje sabemos que as manchas solares são, na verdade, regiões da superfície solar um pouco mais frias (com temperatura de cerca de 4.000 Kelvin) do que a área circundante (com cerca de 6.000 Kelvin) e que por isso parecem mais escuras. A temperatura mais baixa resulta de concentrações de fluxo de campo magnético que suprimem o transporte de calor por convecção (movimento do fluido). As manchas solares costumam durar de alguns dias a alguns meses, e seu tamanho varia muito, de algumas dezenas a centenas de milhares de quilômetros. Os ciclos de atividade das manchas solares duram cerca de onze anos; ao longo de um ciclo, o número de manchas aumenta rapidamente de início, para em seguida diminuir em ritmo mais lento.

As *Cartas sobre as manchas solares* de Galileu não apenas deram a ele uma vitória científica sobre Christoph Scheiner na época, mas também levaram o copernicanismo ao conhecimento de um público maior. Em 1615, Scheiner enviou a Galileu outro trabalho, intitulado *Sol Ellipticus* (*O Sol elíptico*), pedindo a opinião dele, mas nunca recebeu resposta. Em 1630, o próprio Scheiner acabou publicando um livro imponente e impositivo sobre as manchas solares, que, em homenagem a seu protetor, o príncipe Paolo Orsini, intitulou *Rosa de Orsini ou As variações do Sol de acordo com a aparência observada de suas erupções e manchas*. Nesse livro, Scheiner admitia que as manchas ficavam na superfície solar, mas afirmava que as conclusões de Galileu sobre o tópico não tinham se baseado em argumentos científicos. Infelizmente, não há dúvida de que as cartas bastante aviltantes de Galileu, seu menosprezo pelo trabalho de Scheiner em 1615 e alguns comentários que ele fez mais tarde em seu livro *O ensaiador*, que o astrônomo jesuíta considerou ser dirigido pessoalmente a ele, fizeram de Scheiner um inimigo implacável. Isso marcou apenas o início de um conflito com os jesuítas, que culminaria nas ações punitivas contra Galileu em 1633.

5

Toda ação tem uma reação

Dada a magnitude das descobertas celestes que Galileu fez com o telescópio e o fato de *Sidereus Nuncius* tê-lo transformado rapidamente em uma celebridade internacional, era de esperar que as reações fossem intensas, veementes... e diversas. Na verdade, as controvérsias começaram praticamente antes de a tinta secar nas páginas do livro. Havia várias razões para o ceticismo inicial, e elas poderiam ser atribuídas ao domínio duradouro das ideias de Aristóteles e à aceitação quase religiosa de sua abordagem geral da ciência.

Primeiro, a metodologia de Galileu introduziu um elemento radicalmente novo ao que ele afirmava que poderia ser considerado evidência. Fundamentalmente, Galileu afirmou que seu novo dispositivo (o telescópio)[1] estava revelando verdades inimagináveis que não poderiam ser percebidas pelos sentidos sem auxílio. Isso ia contra a tradição aristotélica estabelecida. Como alguém poderia ter certeza de que o que Galileu estava vendo era um fenômeno celeste genuíno e não um artefato espúrio produzido pelo próprio telescópio? O telescópio foi, afinal, o primeiro dispositivo apresentado como um meio de aumentar e expandir o poder de uma faculdade sensorial.

Um segundo problema que as descobertas de Galileu, tanto em mecânica quanto em astronomia, enfrentaram tinha a ver com sua declaração de que o universo era "escrito na linguagem da matemática". Ou seja, ele introduziu a matematização do mundo físico. Essa noção era completamente contrária ao raciocínio aristotélico, de acordo com o qual a matemática tinha pouco ou nada a ver com a realidade ou com a constituição do cosmos. Até o tempo de Galileu, esperava-se que os astrônomos usassem a matemática apenas para calcular as órbitas planetárias e o movimento aparente do Sol e, assim, elaborar mapas do céu em determinados momentos. Esses, por sua vez, deveriam ajudar na estimativa do tempo, no estabelecimento de um calendário, na navegação e na produção de mapas astrológicos. Não era papel dos astrônomos elaborar modelos físicos do universo nem de nenhum fenômeno dentro dele. Nas palavras do aristotélico Giorgio Coresio (a pessoa que alegou que as bolas que caíam da Torre de Pisa confirmavam as afirmações de Aristóteles sobre corpos em queda livre): "Devemos concluir, portanto, que aquele que não quer trabalhar nas trevas deve consultar Aristóteles, o intérprete supremo da natureza."[2] Comparemos essa submissão à autoridade à afirmação posterior e quase poética de Galileu em *O ensaiador*: "[O universo] é escrito na linguagem da matemática, e os personagens são triângulos, círculos e outras figuras geométricas, sem as quais é humanamente impossível compreender uma única palavra dele e sem as quais se vaga a esmo por um labirinto às escuras."

Vincenzo di Grazia, professor em Pisa, expressou sua opinião sobre o que considerava uma contraposição entre a matemática e as ciências naturais de forma ainda mais enérgica:

> Antes de considerarmos as demonstrações de Galileu, parece necessário provar quão longe da verdade estão aqueles que desejam provar fatos naturais por meio do raciocínio matemático, entre os quais, se não estou enganado, se encontra Galileu. Todas as ciências e todas as artes têm seus próprios princípios e suas próprias causas por meio das quais demonstram as propriedades especiais de seu próprio objeto. *Daí se conclui que não podemos usar os princípios de uma ciência para provar as propriedades de outra* [grifo nosso]. Portanto, quem acredita que pode provar propriedades naturais com argumentos matemáticos é simplesmente louco, pois as duas ciências são muito diferentes.[3]

Galileu não poderia ter discordado mais dessa tentativa de compartimentalização hermética dos diferentes ramos da ciência. "Como se a geometria em nossos dias fosse um obstáculo à aquisição da verdadeira filosofia; como se fosse impossível ser um geômetra e ao mesmo tempo um filósofo, ae modo que devemos inferir como consequência necessária que quem sabe geometria não pode saber física e não pode raciocinar e lidar com questões físicas fisicamente! (...) Como se o conhecimento da cirurgia fosse contrário à medicina e a destruísse", zombou ele de di Grazia.[4] Einstein concordaria plenamente com Galileu mais de três séculos depois, ao escrever: "Podemos de fato considerar [a geometria] o ramo mais antigo da física. (...) Sem ela, eu teria sido incapaz de formular a teoria da relatividade."

Estes dois problemas — a legitimidade do telescópio como um instrumento capaz de aprimorar os sentidos, por um lado, e o papel da matemática em revelar verdades sobre a natureza, por outro — se combinaram nas mentes dos aristotélicos para formar o que eles consideravam ser um poderoso argumento contra as descobertas de Galileu. Não apenas não havia uma teoria convincente da óptica que pudesse demonstrar que o telescópio não engana, argumentavam eles, mas também a validade de tais teorias, sendo baseadas na matemática, era questionável. Além dessas questões filosóficas, pesava, é claro, o fato de que todas as descobertas celestes de Galileu desafiavam conceitos aristotélicos que as instituições conservadoras tinham reverenciado por quase dois milênios.

Não é de admirar, então, que a reação imediata em muitos círculos tenha sido de confusão. Pessoas de todas as classes e áreas, de soberanos e dignitários da igreja ao público leigo, procuravam cientistas proeminentes em busca de opiniões e conselhos. Até o estudioso alemão Markus Welser, que mais tarde ajudou a disseminar as ideias de Galileu, escreveu a Cristóvão Clávio, no Colégio Romano, pedindo sua opinião:[5]

> Nesta ocasião, não posso deixar de lhe dizer que me foi escrito de Pádua como uma coisa certa e segura que, com um novo instrumento chamado por muitos de *visorio*, do qual ele se diz criador,

o sr. Galileu Galilei, dessa universidade, descobriu quatro corpos celestes, novos para nós, nunca antes vistos, até onde sabemos, por um mortal, e também muitas estrelas fixas, não conhecidas ou vistas antes, além de coisas maravilhosas sobre a Via Láctea. Sei muito bem que "acreditar lentamente é a força da sabedoria", e não me decidi sobre nada. Peço a Vossa Reverência, no entanto, sinceramente, que me dê sua opinião sobre esse fato em confidência.

Outra pessoa que entendeu imediatamente o valor do apoio de Clávio às descobertas foi o pintor Cigoli, amigo de Galileu. Tendo tido a impressão de que Clávio considerava a descoberta dos satélites de Júpiter uma farsa, ele instou Galileu a ir a Roma o mais rápido possível. Foi um valioso conselho, uma vez que Clávio não era a única autoridade em Roma que estava cética. Christoph Grienberger, um astrônomo jesuíta austríaco que acabou sucedendo Clávio como professor de matemática no Colégio Romano, também sugeriu inicialmente que as montanhas de Galileu na Lua não passavam de imaginações fantasiosas e que as luas de Júpiter eram apenas ilusões de óptica.

Na primavera de 1610, muitos outros ainda estavam igualmente incrédulos. Um colega florentino que trabalhava em Veneza na época, Giovanni Bartoli, escreveu em 27 de março: "Eles [os professores de ciências] riem [dessas descobertas], e as consideram temerárias, enquanto ele [Galileu] tentou fazer delas um grande feito, e conseguiu, ganhando um aumento no salário de 500 *fiorentini*."[6] Bartoli acrescentou que muitos desses professores "acham que ele [Galileu] zomba ao anunciar como um segredo a luneta comum que está à venda na rua por quatro ou cinco liras, da mesma qualidade, dizem, que a dele".

Mais um dos problemas enfrentados por Galileu foi de ordem técnica. A maioria dos telescópios que circulavam na Europa era de péssima qualidade ou difícil de usar, muitas vezes ambos. Essa situação era agravada pelo fato de que, mesmo com instruções adequadas, algumas pessoas simplesmente não conseguiam ver os fenômenos que Galileu alegava ter observado. Um exemplo: quando passou pela Universidade de Bolonha, no caminho de volta para Pádua, depois de se encontrar com o grão-duque em Florença, Galileu tentou demonstrar suas descobertas ao astrônomo-chefe de lá, Giovanni Antonio Magini — que, em 1588, havia conquistado essa posição no lugar de Galileu. Infelizmente, nem Magini nem ninguém de sua equipe conseguiu ver os satélites de Júpiter, embora no registro de observações de Galileu ele tenha anotado que naquelas duas noites, 25 e 26 de abril, observou duas e quatro luas, respectivamente.

Ainda pior, um matemático da Boêmia, Martin Horky, que na época trabalhava como assistente de Magini e morava em sua casa, escreveu a Kepler uma carta maldosa descrevendo a visita de Galileu, na qual dizia, com desprezo: "Galileu Galilei, o matemático de Pádua, veio ter conosco em Bolonha e trouxe com ele aquela luneta através da qual vê quatro corpos celestes fictícios." Horky acrescentou que "testou o instrumento de Galileu de inúmeras maneiras" e que, embora "na Terra realize milagres, no céu engana, pois outras estrelas fixas aparecem duplicadas". Horky continuou dizendo que "os homens mais excelentes e os mais nobres doutores", incluindo o filósofo Antonio Rofféni, "reconheceram que o instrumento engana". De maneira desnecessária e cruel, Horky incluiu uma descrição física de Galileu, que, embora decerto não fosse totalmente precisa, considerando a contínua batalha de Galileu com problemas de saúde, era igualmente virulenta: "Seus cabelos pendem da cabeça; sua pele, mesmo nas dobras mais minúsculas, é coberta de marcas do *mal français* [sífilis]; seu crânio é deformado e sua mente está repleta de delírios; seus nervos ópticos estão destruídos por ter esquadrinhado Júpiter minuto a minuto e segundo a segundo com uma curiosidade e uma presunção excessivas. (...) Seu coração palpita porque ele vendeu a todos uma fábula celestial."[7]

Horky termina com uma frase em alemão que, talvez mais do que qualquer outra coisa, revela seu caráter traiçoeiro: "Sem que ninguém soubesse, fiz um molde da luneta em cera e, quando Deus permitir que eu volte para casa, quero fabricar uma luneta muito melhor do que a de Galileu."

Como talvez fosse de esperar, as ambições de Horky nunca se concretizaram. Sua inveja abrasadora e seu ódio inflamado de Galileu, no entanto, não se extinguiram. Em junho, ele publicou em Módena, na Itália, um folheto intitulado *Uma breve peregrinação contra o mensageiro sideral, recentemente enviado a todos os filósofos e matemáticos por Galileu Galilei*, que na verdade não passava de uma diatribe cruel contra Galileu. Horky tentou negar a realidade das descobertas de Galileu, mas seus argumentos eram risíveis. Ele ainda afirmou maliciosamente que o único propósito dos pontos de luz que Galileu alegava ter visto perto de Júpiter era satisfazer a ânsia dele por dinheiro.

Embora nesse incidente em particular o feitiço tenha se virado contra o feiticeiro e tudo tenha terminado bem para Galileu — indignado com as atitudes de Horky, Magini o expulsou de sua casa, e Kepler não quis ter mais nenhuma relação com ele —, a publicação de Horky foi sintomática da reação geral dos devotos aristotélicos cheios de adrenalina.

Uma campanha de divulgação

Galileu soube imediatamente que estava diante de uma difícil batalha de persuasão, mas nunca se esquivou de polêmicas e estava preparado para lutar pelo que acreditava firmemente ser verdade. Antes de tudo, tinha que convencer seu ex-aluno e futuro empregador, o grão-duque Cosimo II de Médici. Para atingir esse objetivo, ele primeiro deslumbrou o duque, mostrando-lhe as imagens espetaculares da Lua através do telescópio, provavelmente já em 1609. Em seguida, certificou-se de que ele recebesse um telescópio de alta qualidade com instruções detalhadas sobre como usá-lo, assim que *O mensageiro sideral* foi impresso, em março de 1610. Consequentemente, no fim de abril, Galileu já sabia que podia contar com o apoio do duque. Então teve que decidir quem seria mais vantajoso conquistar em seguida. Percebendo astutamente que quem paga, manda, decidiu se dirigir aos *patronos* dos cientistas em vez de aos próprios cientistas. Assim, esboçou um plano de divulgação incrivelmente ambicioso para a corte da Toscana:

> A fim de manter e aumentar o renome dessas descobertas, parece-me necessário (...) que a verdade seja vista e reconhecida (...) por tantas pessoas quanto possível. Fiz e estou fazendo isso em Veneza e Pádua. [De fato, Galileu fez três palestras públicas bem-sucedidas sobre suas descobertas em Pádua.] Mas telescópios mais sofisticados e capazes de mostrar tudo que observei são muito raros, e dos sessenta que fiz, com grande custo e esforço, consegui encontrar apenas um número muito pequeno. [De fato, na primavera de 1610, ele conseguiu lentes aceitáveis para não mais que dez telescópios.] Esses poucos, no entanto, planejei enviar a grandes príncipes e, em particular, aos parentes do Sereníssimo Grão-duque. E já recebei pedidos do Sereníssimo grão-duque da Baviera [Maximiliano I, que empregou o irmão de Galileu, Michelangelo, como lutenista] e do eleitor de Colônia [Ernesto da Baviera], e também do Ilustríssimo e Reverendíssimo cardeal Del Monte [um importante patrono veneziano de Galileu], a quem enviarei [uma luneta] o mais rápido possível, juntamente com o tratado. Meu desejo seria enviá-los também para França, Espanha, Polônia, Áustria, Mântua, Módena, Urbino e qualquer outro lugar que agradasse a Vossa Sereníssima Alteza.

Alguns outros que, por razões óbvias, estavam na lista de Galileu dos primeiros destinatários do livro e/ou telescópio eram vários cardeais, como Scipione Borghese, que, além de ser um grande patrono das artes, também era sobrinho do papa Paulo V, e Odoardo Farnese, outro cardeal patrono das artes e filho do duque de Parma. Curiosamente, mas não inconsistente com seu temperamento, o foco principal de Galileu estava no sucesso de seu programa de divulgação; tanto que ele não incluiu o próprio irmão Michelangelo entre os que deveriam receber um telescópio.

Para a felicidade de Galileu, o grão-duque apoiou inequivocamente os esforços de divulgação. A corte da Toscana não apenas financiou a fabricação de todos as lunetas necessárias, mas os embaixadores da Toscana nas principais capitais europeias também receberam cópias de *O mensageiro sideral* e foram encarregados de ajudar a promover as descobertas de Galileu. Por que os Médici prestaram uma assistência tão incansável a ele? Não por seu interesse no modelo copernicano, mas porque reconheceram a habilidade e o talento incomuns de Galileu em apresentar suas descobertas como emblemas do poder dos Médici.

Os esforços começaram a dar frutos em abril de 1610. Em 19 de abril, Johannes Kepler, o astrônomo europeu mais ilustre da época, manifestou seu claro apoio às descobertas de Galileu. Surpreendentemente, embora já tivesse lido o livro de Galileu, Kepler ofereceu sua bênção e sua aprovação antes mesmo de ter a chance de confirmar as descobertas por meio de suas próprias observações: "Talvez eu pareça imprudente ao aceitar tão prontamente suas afirmações, sem o apoio de minhas próprias experiências", escreveu ele. "Mas por que eu não deveria acreditar em um matemático tão erudito, cujo estilo atesta a solidez de seu julgamento?" Então, em flagrante contraste com as acusações de fraude feitas por Horky, Kepler continuou: "Ele não tem nenhuma intenção de se furtar à verdade em uma tentativa de obter publicidade vulgar, nem finge ter visto o que não viu." Por fim, descrevendo as características essenciais de um cientista verdadeiramente notável, Kepler declarou: "Como ama a verdade, ele não hesita em se opor mesmo à opinião mais familiar e em aceitar os deboches da multidão com serenidade."

No que diz respeito às observações em si, Kepler fez várias especulações sobre as descobertas, algumas delas bastante improváveis. Por exemplo, sugeriu que poderia haver seres vivos na Lua que tivessem construído alguns dos elementos observados. Além disso, como compartilhava a crença religiosa predominante de que todos os fenômenos cósmicos deveriam ter um propósito, Kepler chegou à seguinte dedução criativa: "A conclusão é bastante clara. Nossa Lua existe para nós na Terra, não para os outros globos. Aquelas quatro luas pequenas existem para

Júpiter, não para nós. Cada planeta, por sua vez, juntamente com seus ocupantes, é servido por seus próprios satélites. A partir dessa linha de raciocínio, deduzimos com o mais alto grau de probabilidade que Júpiter é habitado."[8] Kepler não sabia que Júpiter é um gigante gasoso sem crosta sólida. As melhores chances de existir qualquer forma de vida no sistema joviano estão, na verdade, em algumas de suas luas.

Nem todas as inferências de Kepler foram tão fantasiosas. Por exemplo, ao discutir o fato de que as estrelas fixas e os planetas apareciam de forma diferente quando observados com o telescópio, ele fez a seguinte surpreendentemente presciente observação: "Que outra conclusão devemos tirar dessa diferença, Galileu, além de que as estrelas fixas geram sua própria luz, enquanto os planetas, sendo opacos, são iluminados de fora; ou seja, para usar os termos de [Giordano] Bruno, as primeiras são sóis, os últimos luas ou terras?"

Hoje, de fato, fazemos uma distinção clara entre as estrelas, que geram sua própria luminosidade através de reações nucleares internas, e os planetas, que essencialmente refletem a luz de suas estrelas hospedeiras.

Em maio de 1610, Kepler publicou sua carta sob o título *Dissertatio cum Nuncio Sidereo* (*Conversas com o mensageiro sideral*). Como Galileu ficou claramente satisfeito com seu conteúdo, a carta foi reimpressa em Florença no fim do ano. A essa altura, os elogios começaram a chegar de todas as direções. Galileu foi aclamado como um Colombo dos céus. O bibliotecário escocês Thomas Segeth afirmou com entusiasmo: "Colombo deu aos homens terras para conquistar por meio do derramamento de sangue, Galileu deu novos mundos que não causam mal a ninguém. Qual é melhor?" Sir Henry Wotton, diplomata inglês em Veneza que conseguiu obter um dos primeiros e escassos exemplares de *O mensageiro sideral*, enviou-o ao rei Jaime I da Inglaterra em 13 de março de 1610, acompanhado de uma carta que dizia, em parte: "Envio a Sua Majestade por meio desta a notícia mais estranha (...) que já recebeu da minha parte do mundo; que é o livro anexado (...) do professor de matemática de Pádua que com a ajuda de um instrumento óptico (...) descobriu quatro novos planetas girando em torno da esfera de Júpiter, além de muitas outras estrelas fixas desconhecidas."[9]

O astrônomo Sir William Lower, outro inglês que tomou conhecimento das descobertas no sudoeste do País de Gales (atestando o sucesso do esforço de divulgação), enviou em 11 de junho de 1610 uma carta ainda mais entusiasmada ao astrônomo Thomas Harriot, dizendo: "Eu acho que meu diligente Galileu fez mais em suas três descobertas [referindo-se às montanhas na Lua, às estrelas na Via Láctea e aos satélites de Júpiter] do que Magalhães [o explorador português Fernão de Magalhães] ao abrir os caminhos para os Mares do Sul ou os holandeses que foram comidos por ursos em Nova Zembla." Ele estava se referindo ao navegador holandês Willem Barentsz e sua tripulação, que ficaram presos no arquipélago ártico de Nova Zembla em 1596-1597, enquanto procuravam uma passagem para o nordeste.

Na França, durante uma celebração realizada no Vale do Loire em memória do falecido rei Henrique IV em 6 de junho de 1611, estudantes recitaram um poema intitulado "Soneto sobre a morte do rei Henrique, o Grande, e sobre a descoberta de alguns novos planetas ou estrelas vagando em torno de Júpiter, realizada este ano por Galileu Galilei, famoso matemático do grão-duque de Florença". O rei, que morrera um ano antes, esfaqueado por um fanático religioso, realmente havia demonstrado grande interesse pelo trabalho de Galileu, mas não chegou a ver as descobertas com os próprios olhos. Sua viúva, a rainha Maria de Médici (então regente no lugar do filho, rei Luís XIII), enviou uma mensagem a Florença solicitando uma das "grandes lunetas de Galilei". Infelizmente, o primeiro instrumento entregue a ela não era de grande qualidade, o que refletia a dificuldade de Galileu em produzir telescópios melhores. Somente em agosto de 1611 Galileu conseguiu fornecer à rainha uma luneta adequada, conquistando admiração instantânea. O embaixador grã-ducal Matteo Botti escreveu da França:

> Tendo apresentado a Sua Majestade a rainha seu instrumento, mostrei a ela que é muito melhor do que o outro enviado anterior-

mente. (...) Sua Majestade gostou muito e até se ajoelhou no chão, na minha presença, para ver melhor a Lua. Ela apreciou bastante e ficou muito satisfeita com o elogio que lhe ofereci em seu nome e que foi acompanhado de muitos outros elogios, não apenas da minha parte, mas também de Sua Majestade, que demonstra que o conhece e o admira, como o senhor merece.

Na Itália, os Médici encomendaram poemas sobre as descobertas a vários poetas jesuítas. Alguns dos excessivamente piegas comparavam Galileu a Atlas, cuja destreza forçava até mesmo os céus a acender novas estrelas. O poeta e vidreiro veneziano Girolamo Magagnati também escreveu alguns versos, em um panfleto intitulado *Uma meditação poética sobre os astros dos Médici*, nos quais relatava os méritos gloriosos das descobertas de Galileu:

> *Mas você, ó Galileu do Éter, cruzou*
> *Campos inacessíveis e infinitos,*
> *E afundou o arado curioso*
> *Do espírito errante nas safiras eternas,*
> *Revirando as nuvens douradas do céu*
> *Descobriu novas orbes e novas luzes.*[10]

Talvez o tributo mais impressionante tenha sido produzido pelo pintor Cigoli, amigo de Galileu, contratado pelo papa Paulo V para criar um afresco para a cúpula da Capela Paulina, na igreja de Santa Maria Maggiore. *A Assunção da Virgem*,[11] executado entre setembro de 1610 e outubro de 1612, retratava a Virgem de pé sobre a Lua. O incrível nesse afresco foi que Cigoli pintou a Lua não como uma esfera lisa e imaculada, mas precisamente como aparece nos desenhos de Galileu, que mostram o que ele viu pelo telescópio (imagem 5 do encarte).[12]

Acredite na ciência

Em seu poema épico *Eneida*, Virgílio escreveu: "Acredite naquele que apresentou provas. Acredite em um especialista." De fato, em algum momento, confirmações profissionais e versadas das observações e descobertas de Galileu começaram a vir de outros astrônomos e, uma vez que isso aconteceu, pelo menos a validade do que esse novo Colombo do céu noturno viu não podia mais ser questionada nem contestada. Durante setembro de 1610, Kepler, em Praga, e Antonio Santini, comerciante veneziano e astrônomo amador, observaram os satélites de Júpiter. Kepler usou o telescópio que Galileu havia enviado a Ernesto da Baviera, o eleitor-arcebispo de Colônia, e Santini usou um telescópio caseiro. Mais tarde, no outono, o astrônomo Thomas Harriot, na Inglaterra, e os astrônomos Joseph Gaultier de La Valette e Nicolas-Claude Fabri de Peiresc, na França, também detectaram as quatro luas dos Médici. O astrônomo Simon Marius as descobriu de forma independente na Alemanha.

Restavam as opiniões de crucial importância dos astrônomos do Colégio Romano, e de Clávio em particular. Em 1º de outubro de 1610, Cigoli, amigo de Galileu, relatou: "Clávio disse a um de meus amigos sobre as quatro estrelas [satélites de Júpiter] que ri delas e que será necessário montar uma luneta que as fabrique e em seguida as mostre, e que Galileu pode ficar com sua opinião, e ele vai ficar com a dele." No entanto, à medida que a história das novas descobertas foram ganhando força e se tornando um tópico de discussão em toda a Europa, as autoridades eclesiásticas se viram obrigadas a levar em consideração as potenciais implicações para a ortodoxia da Igreja. Consequentemente, o diretor do Colégio Romano e principal teólogo do Santo Ofício (responsável pela defesa da doutrina católica), cardeal Roberto Bellarmino, pediu aos matemáticos jesuítas que confirmassem ou refutassem especificamente cinco das descobertas de Galileu: primeira, a infinidade de estrelas fixas (em particular as observadas na Via Láctea); segunda, o fato de Saturno representar três astros unidos; terceira, as fases de Vênus; quarta, a superfície acidentada da lua, e quinta, os quatro satélites de Júpiter.

A razão para a primeira pergunta de Bellarmino dizer respeito à realidade de "uma infinidade de estrelas fixas" quase certamente tinha a ver com recordações perturbadoras relacionadas ao caso Giordano Bruno. A afirmação de Bruno de que o universo é infinito e abriga um enorme conjunto de mundos habitados foi uma das razões que levaram a sua condenação e a seu trágico destino. Bellarmino havia participado do processo que levou a essa condenação. A descoberta que Galileu afirmava ter feito, de que a Via Láctea estava repleta de estrelas nunca antes vistas, sem dúvida deu a Bellarmino uma intensa e desagradável sensação de *déjà vu*.

Em 24 de março de 1611, os padres Cristóvão Clávio, Giovanni Paolo Lembo, Odo van Maelcote e Christoph Grienberger deram suas respostas: "É verdade que, com a luneta, muitas estrelas maravilhosas aparecem nas nebulosas de Câncer e das Plêiades." Os matemáticos foram um pouco mais cautelosos em relação à Via Láctea, reconhecendo que "não se pode negar que (...) há muitas estrelas minúsculas", mas observando que "parece mais provável que existam partes contínuas mais densas". Como sabemos hoje, a Via Láctea de fato contém, além de centenas de bilhões de estrelas, um disco de gás e poeira. No caso de Saturno, os matemáticos jesuítas confirmaram a forma oOo observada por Galileu, acrescentando: "não vimos os dois pequenos astros de cada lado suficientemente separados do astro do meio para poder dizer que são astros distintos." Eles confirmaram em definitivo as fases minguante e crescente de Vênus e o fato de que "quatro astros acompanham Júpiter, e se movem muito rapidamente." A única observação sobre a qual tiveram reservas foram as da Lua. Eles escreveram:

> A grande irregularidade da Lua não pode ser negada. Mas o padre Clávio acredita ser mais provável que a superfície não seja irregular, mas sim que o corpo lunar não tenha densidade uniforme e possua partes mais densas e outras mais rarefeitas, como são os pontos comuns vistos com a luz natural. Outros acreditam que a superfície é de fato irregular, mas até agora não temos certeza o suficiente para confirmar isso de maneira incontestável.[13]

A opinião dos matemáticos de maior prestígio da Igreja Católica representou uma incrível vitória para Galileu. Apesar das opiniões de Clávio sobre a interpretação das observações lunares, os cientistas do Colégio Romano reconheceram o telescópio como um instrumento científico legítimo que proporcionava uma visão da realidade com mais detalhes. Não se podia mais argumentar que o telescópio enganava ou apresentava uma imagem dissimulada do cosmos. Desse momento em diante, toda discussão séria poderia se concentrar apenas na interpretação e no significado dos resultados, em vez de no telescópio em si ou na realidade das descobertas feitas com ele.

O debate atual sobre o aquecimento do planeta teve que passar (e em grande parte ainda está passando) por um processo de confirmação igualmente penoso. Primeiro, as pessoas precisam ser convencidas de que o fenômeno em si é real; então precisam aceitar que a identificação de suas causas está correta e, por fim, precisam adotar pelo menos algumas das soluções recomendadas.

Como o caso de Galileu (e também os de Darwin, Einstein e outros cientistas) demonstrou, devemos confiar na ciência; os riscos são simplesmente altos demais para não o fazermos. Podemos, e devemos, ter uma discussão séria sobre precisamente o que fazer no sentido de lidar com as consequências das descobertas científicas, como as ameaças representadas pelas mudanças climáticas (por exemplo, elevação do nível do mar e aumento dramático na frequência de eventos climáticos extremos). Não deveria, no entanto, haver mais debates sobre se as mudanças climáticas são reais, sobre o que as está causando e sobre se não fazer nada é uma opção.

Ironicamente, alguns negadores das mudanças climáticas tentaram até mesmo argumentar que o esmagador consenso na comunidade de geociências sobre uma mudança climática causada pelo homem é em si uma "falácia lógica", citando o caso de Galileu.[14] O argumento é o seguinte: como, em sua época, Galileu foi ridicularizado e sofreu perseguição de uma maioria por causa de suas opiniões, mas mais tarde provou estar certo, as atuais opiniões minoritárias sobre as mudanças climáticas que estão sendo criticadas também devem estar certas. Na verdade, essa falsa lógica tem até nome: "falácia de Galileu". A falha na falácia de Galileu é óbvia: Galileu estava certo não porque foi ridicularizado e criticado, mas porque as *evidências científicas* estavam do seu lado. Os relatórios sobre as mudanças climáticas produzidos pelas principais organizações científicas representam, com as incertezas óbvias que são claramente explicitadas, o estágio mais atualizado do conhecimento nesse campo. Na ciência, sabemos que o consenso de quase cem por cento não garante por si só que as conclusões estejam corretas, mas sabemos que esse consenso se baseia em evidências científicas continuamente testadas.

Voltando ao caso de Galileu, o que aconteceu (por um tempo, pelo menos) foi que ele foi cumulado de honrarias. No total, cerca de quatrocentos livros, aproximadamente 40% deles favoráveis, foram publicados sobre Galileu apenas no século XVII. Desses, cerca de 170 foram publicados fora da Itália.[15] Até seu arqui-inimigo Martin Horky, impressionado com as observações que Galileu fez de Saturno, declarou seu profundo pesar por ter atacado um mago dos céus como ele. Na verdade, ele chegou a dizer que teria preferido perder sangue.

Em 14 de abril de 1611, durante um banquete no qual Galileu foi eleito sexto membro da Accademia dei Lincei, de Cesi, o nome *telescopium* foi cunhado para designar a luneta que revolucionou a cosmologia. O nome foi sugerido pelo teólogo e matemático Giovanni Demisiani, e não demorou muito para que o primeiro livro sobre a história do telescópio surgisse.[16] Foi escrito pelo milanês Girolamo Sirtori em 1612 e publicado em 1618 sob o óbvio título *Telescopium*.

A recepção triunfante de Galileu em 1611 representou apenas uma batalha. Não significava que ele tivesse vencido a guerra. Embora a veracidade das observações em si tivesse sido aceita, isso marcou apenas o ponto de partida para a discussão sobre a interpretação dos resultados. Era de esperar que geocentristas fervorosos e convictos, ao se verem obrigados a reavaliar crenças estimadas sobre o cosmos e o status da Terra dentro dele, não fossem capitular sem lutar.

Como sabemos hoje, o modelo copernicano defendido por Galileu marcou a introdução de um novo conceito, hoje conhecido como "princípio copernicano":[17] a percepção de que a Terra e nós, seres humanos, não somos nada de especial, do ponto de vista físico, no grande esquema do universo. Nos séculos que se passaram desde o cenário proposto por Copérnico e as descobertas de Galileu, esse princípio de humildade cósmica só ganhou força por meio de uma série de etapas que demonstram que, de fato, não ocupamos nenhum lugar especial no cosmos.

Primeiro, Copérnico e Galileu tiraram a Terra de sua posição central no Sistema Solar. Então, em 1918, o astrônomo Harlow Shapley mostrou que, na Via Láctea, o Sistema Solar não ocupa uma posição nem um pouco central. Ele está a quase dois terços da distância entre o centro e a periferia; literalmente nos subúrbios remotos da galáxia. E, em 1924, o astrônomo Edwin Hubble descobriu que existem muitas outras galáxias no universo. Na verdade, sabemos hoje que pode haver até dois trilhões de galáxias na parte observável, de acordo com as últimas estimativas astronômicas. Como se não bastasse, alguns cosmólogos especulam hoje que mesmo todo o nosso universo pode ser apenas parte de um enorme conjunto de universos: um *multiverso*.

Um caso interessante que ilustra o que Galileu enfrentou em seus esforços para provar a superioridade da cosmologia copernicana sobre a aristotélica (ou ptolomaica) foi representado por Cesare Cremonini, um renomado filósofo e aristotélico dogmático. Cremonini era colega de Galileu na Universidade de Pádua, onde os dois costumavam cultivar uma espécie de rivalidade amigável. Ele era dogmático ao extremo quando se tratava de filosofia natural, a ponto de aparentemente ter medo de colocar o exemplar de William Gilbert sobre ímãs e a Terra magnética em sua prateleira, com receio de que contaminasse seus outros livros. Apesar de ser ateu e de contestar energicamente a censura, ele se sentia obrigado a defender o aristotelianismo em todas as suas formas. Consequentemente, questionou a afirmação de Galileu de que a nova de 1604 estava mais distante do que a órbita lunar — porque isso ia contra a doutrina aristotélica de que todas as mudanças nos céus eram sublunares. Quando Galileu se ofereceu para mostrar a Cremonini suas novas descobertas, diz-se que Cremonini se recusou até mesmo a olhar através do telescópio (como fez, aliás, o principal professor de filosofia da Universidade de Pisa, Giulio Libri). Esse comportamento rendeu a Cremonini a duvidosa honra de ter servido de modelo, em parte, para que Galileu construísse o aristotélico Simplício no *Diálogo*. Na realidade, Cremonini queria algo mais profundo do que o que havia sido revelado pelas observações de Galileu. Ele observou, por exemplo, que se a Lua fosse realmente semelhante a um corpo terrestre, como as descobertas de Galileu haviam sugerido, ela teria despencado em direção à Terra. Na ausência de uma teoria que explicasse por que isso não acontecia (situação que perdurou até Newton), Cremonini não estava preparado para abrir mão de suas visões aristotélicas.

Galileu nunca acreditou muito no que considerava serem forças sobrenaturais invisíveis, como o que Newton acabaria identificando como uma força gravitacional, agindo à distância. Esse fato teve um papel em sua posterior teoria das marés. Mesmo ao discutir as experiências de Gilbert com o magnetismo, que envolviam uma força magnética um tanto misteriosa e não observável, ele desejou que Gilbert tivesse encontrado uma explicação "bem fundamentada na geometria" para suas descobertas, pois considerava as razões apresentadas por ele "não convincentes com a força que aquelas alegadas para conclusões naturais, necessárias e eternas devem, sem dúvida, possuir".

Em resumo, Galileu era, naquele momento, incapaz de produzir uma teoria da gravidade genuína e, portanto, permaneceu perpetuamente preocupado com o fato de que, mesmo que "algo bonito e verdadeiro fosse descoberto, seria suprimido pela tirania [dos filósofos]".

A propósito, havia outro conceito com o qual Galileu tinha dificuldades. Kepler descobriu que uma órbita circular não se encaixava nas observações detalhadas de Tycho Brahe sobre Marte, que haviam sido realizadas durante mais de 38 anos. Portanto, ele relutantemente alterou seu modelo da órbita e a transformou em uma elipse. Para sua surpresa, descobriu que uma órbita elíptica explicava não apenas o movimento de Marte, mas também dos outros planetas. Essa acabou se tornando uma das principais descobertas de Kepler, que ele descreveu em seu livro *Astronomia Nova*, publicado em 1609.

Galileu nunca aceitou a ideia de órbitas elípticas. Nesse aspecto, até mesmo ele — sem dúvida o fundador do pensamento científico moderno — permaneceu prisioneiro do antigo conceito platônico de que o movimento perfeito tinha que ser circular. Hoje sabemos que não é a *forma* da órbita que precisa ser simétrica (não mudar) nas rotações. Na verdade, é a *lei da gravidade* que é simétrica, o que significa que a órbita pode ter qualquer orientação no espaço.

Os enormes esforços durante aqueles anos que Galileu havia dedicado às observações, os livros descrevendo suas descobertas e a campanha para divulgar essas descobertas tiveram um grande impacto em sua saúde e sua vida familiar. Determinado como era, ele provavelmente se importava mais com as primeiras do que com as últimas. Como resultado do consumo excessivo de álcool e de hábitos alimentares e estilo de vida pouco saudáveis, sofreu de diversas dores reumáticas, febre e batimentos cardíacos irregulares durante o inverno de 1610 e o verão de 1611. Horky não foi o único a notar sua aparência doentia e pálida; um embaixador veneziano que havia passado muitos anos sem vê-lo ficou chocado ao encontrar Galileu em 1615.

No que diz respeito à família, Galileu deixou para trás sua companheira Marina Gamba quando se mudou para Florença. Ela morreu em agosto de 1612, deixando Galileu encarregado de cuidar dos três filhos. Ele prontamente resolveu parte do problema mandando as duas filhas para o convento de São Mateus, em Arcetri. As irmãs do São Mateus pertenciam à ordem das clarissas e passavam a maior parte do tempo em estado de miséria. Naquela época, não havia nada de incomum em enviar jovens mulheres para o convento. Isso era especialmente verdadeiro no caso de filhas ilegítimas, cujas perspectivas de casamento eram limitadas, levando em conta que o dote considerável que seria necessário para conseguir um marido aceitável estava além das posses de Galileu. Ainda assim, a escolha do São Mateus, dentre tantos outros lugares, permanece um tanto intrigante, dada a extrema penúria desse convento em particular e sua localização fora da cidade, o que dificultava muito a supervisão do comportamento cotidiano dos homens dentro de seus muros. Há vários casos conhecidos de relacionamentos escandalosos entre freiras e padres confessores inescrupulosos ou leigos que visitavam os conventos. É possível que a escolha tenha sido imposta a Galileu pelo fato de suas filhas serem na verdade muito jovens para serem freiras. Galileu só conseguiu que fossem aceitas com a ajuda do cardeal Ottavio Bandini.

Embora saibamos muito pouco sobre a vida de Virginia (irmã Maria Celeste) até 1623, cerca de 120 cartas que a filha escreveu a Galileu entre 1623 e 1634 sobreviveram.[18] Por meio das cartas, é possível ter a imagem de uma filha extremamente sensível e atenciosa. Como era boticária no convento, Maria Celeste costumava enviar a Galileu remédios feitos com ervas para tratar suas inúmeras doenças e até reabasteceu sua casa com vinho quando ele finalmente voltou para lá depois de ser julgado pela Inquisição. Infelizmente, ela morreu aos 33 anos, de disenteria. Um Galileu desolado escreveu sobre a filha que ela era "uma mulher de mente extraordinária, bondade única e muito afetuosamente ligada a mim".

Ainda menos se sabe sobre a outra filha de Galileu, Livia (irmã Arcangela), e, mesmo isso, apenas por intermédio das cartas da irmã Maria Celeste ao pai. Ao que parece, Livia nunca se adaptou à vida no convento, e sua relação com Galileu foi seriamente prejudicada pelas duras condições que enfrentou.

O destino do filho de Galileu, Vincenzo, foi muito mais feliz, principalmente porque o viés de gênero que prevalecia na época garantia que não houvesse obrigações financeiras especiais em se tratando de um filho. Vincenzo acabou sendo legitimado pelo grão-duque e, ironicamente, concluiu a faculdade de medicina na Universidade de Pisa — a formação que seu pai havia abandonado. Caso esteja se perguntando, não há descendentes de Galileu vivos. Seu último bisneto, Cosimo Maria, morreu em 1779.

Mais esforços para interpretar interpretações

Em 1613, Benedetto Castelli, ex-aluno de Galileu, foi nomeado professor de matemática na Universidade de Pisa. Em dezembro do mesmo ano, quando a corte toscana fez sua costumeira mudança anual para Pisa, Castelli foi convidado várias vezes para se reunir com os Médici. Isso levou ao famoso café da manhã durante o qual Castelli foi convidado a explicar a importância das descobertas de Galileu e os méritos do sistema copernicano. Para entender o contexto desse evento, temos que levar em conta que, em certo sentido, a campanha de divulgação de Galileu tinha sido bem-sucedida demais. Ao tomar conhecimento de suas descobertas, várias pessoas começaram a se opor a suas ideias por diversos motivos. Em Florença, o filósofo Lodovico delle Colombe questionou praticamente todos os livros que Galileu havia escrito até aquele momento. Entre o fim de 1610 e o início de 1611, ele redigiu um tratado intitulado *Contro il moto della Terra* (*Contra o movimento da Terra*), no qual listou numerosas citações bíblicas que supostamente mostravam que a Terra era imóvel. Delle Colombe chegou ao ponto de formar uma "liga" hostil a Galileu. Estudiosos em Pisa também estavam se reunindo em torno de ideologias antipáticas a Galileu, com argumentos em defesa do sistema aristotélico convergindo rapidamente com razões baseadas na fé. Assim, o café da manhã de Castelli com a família grã-ducal aconteceu nesses tempos já bastante tensos, e, o que é significativo, presente à refeição estava também o professor de filosofia pisano Cosimo Boscaglia, um especialista em Platão cujas opiniões sobre Galileu eram, no mínimo, suspeitas.

A conversa inicial foi bastante amigável, genérica e benigna. A grã-duquesa Cristina, entretanto, sendo uma mulher extremamente devota, já se perguntava se os satélites de Júpiter eram reais ou apenas "ilusões do telescópio". Boscaglia, quando pediram sua opinião, respondeu que a realidade "não podia ser negada". No entanto, sussurrou para Cristina em particular que a interpretação copernicana de Galileu era mais problemática, já que "o movimento da Terra tinha algo de inacreditável e não podia ocorrer, em especial porque as Sagradas Escrituras eram obviamente contrárias a essa visão".

Após a refeição, quando já estava de saída, Castelli foi chamado por Cristina aos aposentos dela, onde encontrou, além da duquesa e do duque, alguns outros convidados, incluindo dom Antonio de Médici (um admirador de Galileu) e o professor Boscaglia. Durante as duas horas seguintes, Cristina interrogou Castelli sobre o que considerava serem discrepâncias entre o conceito de uma Terra em movimento e as Sagradas Escrituras. Considerando o comportamento dela, no entanto, Castelli julgou que fez isso apenas para ouvir as respostas dele. Boscaglia não disse uma palavra.

Embora todo o evento pareça ter terminado de maneira favorável, Galileu continuou preocupado com a possibilidade de Castelli ser colocado em situações semelhantes outra vez. Foi por isso que escreveu sua longa e detalhada *Carta a Benedetto Castelli*, na qual esboçou suas ideias sobre como lidar com as aparentes contradições entre os textos bíblicos e as descobertas científicas.[19] Embora tenha sido escrita há mais de quatrocentos anos, essa *Carta a Benedetto Castelli* e a subsequente versão ampliada — *Carta à senhora Cristina de Lorena, grã-duquesa de Toscana* —, ambas de autoria de um cientista sério que, tendo vivido na Itália do século XVII, também era um "fiel sincero" (nas palavras do papa João Paulo II), continuam sendo documentos impressionantes sobre a relação entre a ciência e as Sagradas Escrituras. Voltaremos a esse tópico, que ainda é de grande interesse nos dias atuais, no Capítulo 17.

Galileu começou sua carta elogiando Castelli por seu sucesso como professor, acrescentando: "Que privilégio maior poderia desejar do que ver suas Altezas tendo prazer de argumentar contigo, fazendo perguntas, ouvindo suas soluções e por fim ficando satisfeitas com suas respostas?" Em seguida ele explicou que o incidente fez com que pensasse de maneira mais geral sobre "levar as Sagradas Escrituras para disputas sobre conclusões físicas", em particular a passagem em Josué sobre o Sol parar em seu curso, o que parecia contradizer "a mobilidade da Terra e estabilidade do Sol". A declaração inicial de Galileu sobre o uso de textos bíblicos prepara o terreno de maneira vigorosa para seus argumentos seguintes: *"As Sagradas Escrituras nunca mentem nem se equivocam (...) suas sentenças são verdades absolutas"* [grifo nosso]. No entanto, Galileu acrescentou, "alguns de seus intérpretes e comentadores podem, por vezes, se equivocar de várias maneiras, uma das quais é muito séria e bastante frequente, [isto é,] quando se baseiam unicamente no significado literal das palavras. Pois dessa forma pareceria haver [na Bíblia] não apenas várias contradições, mas até mesmo graves heresias e blasfêmias, já que seria [literalmente] necessário dar a Deus pés, mãos e olhos, e sentimentos corporais não menos humanos do que ira, pesar e ódio, e às vezes até mesmo esquecimento das coisas passadas e ignorância em relação ao futuro".

Galileu continuou insistindo que, para serem entendidas por pessoas comuns e sem instrução, as Escrituras tinham que usar uma linguagem acessível. Consequentemente, argumentou ele: "Os efeitos físicos colocados diante de nossos olhos pela experiência sensível, ou constatados por meio de demonstrações necessárias, não devem, em nenhuma circunstância, ser questionados por passagens nas Escrituras que verbalmente têm outra aparência." Em especial, observou Galileu, uma vez que não se pode ter uma situação na qual duas verdades se contradigam. "Portanto", sugeriu ele, "à parte artigos relativos à salvação e ao estabelecimento da Fé, contra cuja solidez não há perigo de que alguém um dia apresente uma doutrina mais válida e eficaz, o melhor conselho seria nunca acrescentar mais [artigos de fé] sem necessidade." Ao que ele acrescentou o (já mencionado) argumento coerente e poderosamente convincente de que não acreditava que "o mesmo Deus que nos deu nossos sentidos, nossa razão e nossa inteligência desejasse que abandonássemos seu uso".

Galileu passou então à passagem específica do livro de Josué sobre a qual mostrou, acredite ou não, que uma interpretação literal do texto associada ao modelo aristotélico-ptolomaico teria resultado em um *encurtamento* do dia, em vez de prolongá-lo, como Josué pretendia!

A razão para esse resultado inesperado tinha a ver com a "mecânica" da visão aristotélica dos céus. No cenário de Aristóteles, o Sol participava de dois movimentos: um era o seu movimento anual "particular" do oeste para o leste e o segundo, um movimento de toda a esfera de estrelas (junto com o Sol) do leste para o oeste. A interrupção do movimento "particular" do Sol (de oeste para o leste) teria claramente encurtado o dia, já que o Sol se moveria ainda mais rápido do leste para o oeste. Interromper o movimento apenas do Sol, enquanto se permitia que a esfera celeste continuasse girando, teria literalmente perturbado toda a ordem celeste. Por outro lado, na cosmologia copernicana, simplesmente barrar em caráter temporário a rotação da Terra em torno de seu eixo teria produzido o efeito desejado.

Não há dúvida de que hoje, em retrospectiva, a lógica de Galileu parece clara e vigorosamente persuasiva. Nesse sentido, ele foi um teólogo ainda mais progressista do que o cardeal Roberto Bellarmino e outras autoridades eclesiásticas contemporâneas. Até o papa João Paulo II observou que Galileu "provou ser mais perspicaz nessa questão do que seus adversários teólogos".[20] É importante lembrar, no entanto, que, em grande medida, a objeção ao copernicanismo tinha muito menos a ver com o modelo cosmológico real — a Igreja não estava particularmente interessada em quais órbitas planetárias os astrônomos prefeririam usar — e mais com o que alguns católicos, e autoridades eclesiásticas em particular, viam como uma intrusão indesejada de cientistas na teologia. Consequentemente, apesar da convicção de Galileu de que havia não apenas respondido de maneira adequada a todas as questões levantadas por Cristina, mas também demonstrado que a verdade pode estar escondida por trás das aparências, a *Carta a Benedetto Castelli* e a interpretação daquela passagem de Josué voltariam para assombrá-lo.

Se você acha que o problema da interpretação literal de textos antigos de qualquer tipo é coisa do passado, repense. Em seus famosos *Ensaios*, o escritor francês Michel de Montaigne reconheceu, já no século XVI, que "há mais esforços para interpretar interpretações do que para interpretar as coisas, e que há mais livros sobre livros do que sobre todos os outros assuntos; não fazemos nada além de tecer comentários uns sobre os outros".[21] Como as decisões da Suprema Corte dos Estados Unidos provaram repetidas vezes, ainda hoje, as interpretações continuam sendo tão importantes quanto eram na época de Galileu. Para o próprio Galileu, estavam prestes a se tornar quase uma questão de vida ou morte.

6
Em campo minado

Um dos principais objetivos da física hoje é formular uma teoria, às vezes chamada de Teoria de Tudo, que unifique elegantemente todas as forças fundamentais da natureza (gravidade, eletromagnetismo e interações nucleares fortes e fracas). Essa teoria também deve combinar de forma consistente em si mesma nossa melhor teoria atual da gravidade e do universo como um todo (relatividade geral de Einstein) com a teoria do mundo subatômico (mecânica quântica).

Por meio de sua demonstração de que os corpos celestes e suas características na realidade não são diferentes da Terra e de seus atributos terrestres, Galileu deu um primeiro e perspicaz passo na direção dessa unificação.[1] Ele mostrou que o Sol tem em suas camadas externas características (manchas solares) que se assemelham a fenômenos atmosféricos na Terra; que Júpiter (e talvez Saturno) tem ainda mais luas que a Terra; que Vênus exibe fases como a Lua; que a superfície da Lua é coberta de montanhas e planícies como as da Terra; e que a própria Terra reflete a luz solar sobre a Lua, assim como a Lua ilumina o céu noturno da Terra. Depois dessas descobertas, não era mais possível falar de qualidades "terrenas" e "celestes" separadas e distintas. Galileu provou que, diferentemente da visão aristotélica de uma esfera celeste imutável e sacrossanta, os céus são tão sujeitos a mudanças quanto a Terra — como demonstrado, por exemplo, pelo aparecimento de novas e cometas. Cerca de oito décadas depois, esses conceitos, juntamente com a matematização da física, foram precisamente os ingredientes que abriram as portas para a abrangente teoria da gravitação universal de Newton.

Todas as espantosas revelações de Galileu poderiam ter sido aceitas como um incrível progresso científico, não fosse pelo fato desafortunado de contradizerem a cosmologia aristotélica, que a Igreja Católica havia adotado como ortodoxia séculos antes. Além disso, o sistema copernicano estava destinado a entrar em contradição com uma visão de mundo que colocava os seres humanos no centro da criação, não apenas fisicamente, mas também como objetivo e foco da existência do universo. A resistência ao rebaixamento copernicano da Terra e de seus habitantes explicaria em parte as objeções posteriores ao darwinismo, outra teoria que destituía os seres humanos de sua singularidade, tornando-os um produto natural da evolução.

Apesar de tudo isso, no entanto, a Igreja ainda poderia ter acomodado (embora com dificuldade) um sistema *hipotético* que tornaria mais fácil para os matemáticos calcular a órbita, a posição e a aparência de planetas e estrelas, contanto que esse sistema pudesse ser posto à parte, como algo que não representava uma realidade física verdadeira. O sistema copernicano poderia ser aceito como uma mera estrutura matemática: um modelo inventado a fim de "salvar as aparências" das observações astronômicas, isto é, para se adequar aos movimentos observados dos planetas.[2]

O ato decisivo que acabou realmente provocando a ira da Igreja foi o que as autoridades eclesiásticas consideraram uma invasão inaceitável e insolente de territórios exclusivos da Igreja: a teologia e a interpretação das Escrituras. Consequentemente, mesmo que a oposição às descobertas de Galileu com base apenas na astronomia e na filosofia natural estivesse começando a diminuir, o antagonismo por causa das questões teológicas estava prestes a se intensificar.

O palco do debate teológico que iria desempenhar um papel decisivo no drama que ficou conhecido como o caso Galileu havia sido montado quase um século antes, com a Reforma Protestante. Foi nesse momento que se estabeleceu um cisma no que dizia respeito à autoridade na interpretação da Bíblia. Consequentemente, a noção de que as leituras literais das Escrituras eram essenciais e incontestáveis estava sendo rapidamente aceita entre os teólogos católicos. O teólogo escolástico dominicano Domingo Bañez, por exemplo, havia expressado suas opiniões em 1584: "O Espírito Santo não apenas inspirou tudo o que está contido nas Escrituras, mas também ditou e sugeriu todas as palavras com as quais elas foram escritas." Outro teólogo dominicano, Melchior Cano, foi ainda mais longe ao declarar em 1585: "Não apenas as palavras, mas todas as vírgulas foram fornecidas pelo Espírito Santo." E quem tinha autoridade para interpretar essas palavras? A Igreja Católica já tinha em seu arsenal de recursos uma resposta empírica para isso também. O Concílio de Trento, realizado entre 1545 e 1563 como uma encarnação da luta para combater a Reforma Protestante, publicou, em 8 de abril de 1546, um decreto inequívoco: "Nos assuntos de fé e moral relativos à edificação da doutrina cristã, ninguém, com base em seu próprio julgamento e distorcendo as Sagradas Escrituras de acordo com suas próprias concepções, deve ousar interpretá-las contrariamente ao sentido que a Santa Madre Igreja, a quem cabe julgar seu verdadeiro sentido e significado, sustentou e sustenta, ou mesmo contrariamente ao consenso unânime dos Padres." A julgar por essa linguagem autoritária e intransigente, estava ficando claro que as racionalizações de Galileu em sua *Carta a Benedetto Castelli* poderiam atrair a atenção dos censores.

Em certo sentido, as declarações de Galileu sobre a impropriedade de usar textos bíblicos de forma literal a fim de contradizer os achados observacionais foram feitas no pior momento possível, quando a Igreja estava extraordinariamente sensível a qualquer tentativa de minar sua autoridade na interpretação das Escrituras. Um conflito, portanto, parecia quase inevitável. Infelizmente, como veremos no Capítulo 16, até mesmo em 1945, autoridades do Vaticano proibiram a publicação de um livro sobre Galileu encomendado pela própria Pontifícia Academia de Ciências, porque o consideraram demasiado "pró-Galileu" na descrição do caso.[3]

De qualquer forma, a situação de Galileu em 1615 estava indo de mal a pior, quando, em 7 de fevereiro, o dominicano florentino Niccolò Lorini enviou ao cardeal Paolo Camillo Sfondrati, que dirigia a Sagrada Congregação do Índice, o que chamou de "cópia verdadeira" da *Carta a Benedetto Castelli*, para que fosse examinada. A Congregação do Índice era o órgão responsável por impedir a distribuição de qualquer material impresso considerado antagônico à fé católica. Na verdade, como a *Carta a Benedetto Castelli* não foi impressa, a Congregação do Índice era o endereço errado para o qual enviá-la. Entretanto, como ainda assim dizia respeito a assuntos que se considerava que estivessem relacionados à fé, o diretor encaminhou a carta de Lorini, juntamente com a *Carta a Benedetto Castelli*, ao secretário do Santo Ofício, que imediatamente solicitou a opinião de um consultor. Provavelmente ciente de que a carta, que escreveu a Castelli às pressas, poderia lhe trazer problemas, Galileu produziu uma versão ligeiramente revisada, na qual apresentava de forma mais cuidadosa e cautelosa as questões teológicas. Em seguida, enviou a carta com uma explicação para um de seus amigos, o monsenhor florentino Piero Dini. Galileu pediu a Dini que mostrasse a carta ao matemático do Colégio Romano Christoph Grienberger e, caso fosse apropriado, também ao cardeal Bellarmino, destacando que "Nicolau Copérnico era um homem não apenas católico, mas religioso e cônego, e foi chamado a Roma pelo papa Leão X quando, no Concílio de Latrão, foi abordada a correção do calendário, recorrendo-se a ele como um grande astrônomo".

Recentemente, houve uma fascinante história envolvendo a *Carta a Benedetto Castelli*.[4] Há muito se considerava que a versão original tivesse se perdido, mas em agosto de 2018 ela foi encontrada na Royal Society, em Londres, onde aparentemente permaneceu por pelo menos 250 anos, escapando ao conhecimento dos historiadores. A redescoberta foi feita por Salvatore Ricciardo, historiador da ciência que fazia pós-doutorado na Universidade de Bergamo, na Itália, e que estava navegando pelo catálogo on-line da Royal Society com outro propósito. Com base nas diferenças entre as versões existentes, podemos ver as tentativas de Galileu de moderar o tom da carta original. Por exemplo, ele originalmente se referiu a certas proposições da Bíblia como "falsas quando se considera o significado literal das palavras". Em seguida riscou a palavra *falsas* e a substituiu por "parecem diferentes da verdade". Ele também mudou sua referência às Escrituras "dissimulando" seus dogmas básicos para o menos severo "encobrindo". A razão pela qual a carta havia sido negligenciada pelos estudiosos de Galileu pode ter sido o fato de, quando foi catalogada, em 1940, estar incorretamente datada do dia 21 de dezembro de 1618, em vez de 1613.

Alguns dos amigos de Galileu reconheceram relativamente cedo os riscos potenciais que estavam ganhando força e o alertaram para que tivesse cuidado. Federico Cesi, o fundador da Academia Linceana, se deparou com os obstáculos teológicos de imediato: quando tentou publicar as *Cartas sobre as manchas solares*, fracassou em várias tentativas de incluir na publicação referências a textos bíblicos e às afirmações de Galileu de que a Bíblia era na verdade mais coerente com os pontos de vista copernicanos do que com os pontos de vista ptolomaicos. Os censores insistiram, por exemplo, em eliminar a declaração na segunda carta de Galileu a Markus Welser (provavelmente baseada na resposta que Galileu havia recebido do cardeal Carlo Conti) na qual ele dizia que a imutabilidade dos céus era "não apenas falsa, mas errônea e incompatível com as verdades das Sagradas Escrituras, sobre as quais não poderia haver dúvida". Ao se dar conta de que não havia como esses comentários serem aprovados pelos censores, Cesi eliminou todas as alusões à Bíblia da publicação. Galileu, no entanto, pode não ter dado importância suficiente à intervenção dos censores no que dizia respeito à teologia naquele estágio.

Ao passo que todos os simpatizantes de Galileu o aconselhavam a ser discreto em se tratando de questões teológicas, seus opositores estavam começando a se tornar cada vez mais ruidosos. Um pregador impetuoso e agressivo em particular, chamado Tommaso Caccini, integrava um dos grupos que causou mais danos. Esse episódio específico também começou com o inimigo de Galileu, Lodovico delle Colombe, que alguns anos antes havia protagonizado com Galileu a disputa em torno da nova de 1604 e que em 1611 escreveu a dissertação *Contra o movimento da Terra*, na qual, para consternação de Galileu, levou as Escrituras para a discussão. Lodovico, seu irmão dominicano Raffaello e alguns outros dominicanos florentinos (um grupo conhecido desdenhosamente entre os amigos de Galileu como os "Colombi", que quer dizer "os pombos") também obtiveram uma cópia da *Carta a Benedetto Castelli* e atacaram Galileu por causa de seus pontos de vista copernicanos, opondo-se da mesma forma à discussão de Galileu sobre as manchas solares. Infelizmente, os irmãos delle Colombe tinham o apoio do arcebispo de Florença e, por intermédio dele, também de Caccini. O pregador parecia ter transformado o ato de provar que Galileu e os copernicanos eram hereges em sua missão de vida. Para atingir esse "objetivo" perturbador, proferiu um sermão fervoroso em 21 de dezembro de 1614, do púlpito da igreja de Santa Maria Novella, em Florença, no qual, citando novamente a passagem muito usada e maltratada do livro de Josué, Caccini afirmou que o sistema copernicano, com seu Sol central e imóvel "era uma proposição herética". Esse incidente em si poderia ter passado relativamente despercebido (Caccini foi repreendido tanto pelo irmão, que era o chefe da casa de Caccini, quanto por outras autoridades dominicanas), não fosse o fato de Caccini também ter ido a Roma em 20 de março de 1615, para testemunhar perante o dominicano Michelangelo Seghizzi, comissário-geral do Santo Ofício. Em seu depoimento, entre muitas outras declarações deletérias, Caccini disse enfaticamente: "É uma opinião generalizada que o já mencionado Galilei defende estas duas proposições: a Terra se move como um todo bem como com um movimento diurno; o Sol não se move." E acrescentou que essas proposições eram "incompatíveis com as Escrituras divinas".

Para piorar, sabendo que Paolo Sarpi estava na lista de vigilância da Inquisição por causa de seu papel em uma disputa entre a República Veneziana e o papa uma década antes, Caccini incluiu um comentário maldoso enfatizando a amizade de Sarpi com Galileu. Da mesma forma, mencionou de forma deliberada e perversa que Galileu estava se correspondendo com contemporâneos na Alemanha, sabendo que isso ia trazer à tona a questão do luteranismo e a culpa por associação na mente de seus ouvintes.

Por volta da mesma época, Castelli, que estava começando a sentir pessoalmente a pressão em Pisa, escreveu a Galileu externando suas preocupações e observou, com tristeza e frustração: "Fico muito aborrecido que a ignorância de algumas pessoas tenha chegado a tal ponto que, condenando a ciência a respeito da qual são totalmente ignorantes, atribuem coisas [falsas] à ciência que são incapazes de entender."[5] Infelizmente, uma atitude semelhante ainda caracteriza alguns dos atuais negadores das mudanças climáticas.[6]

O desdém e a hostilidade em relação à ciência que estamos enfrentando hoje são precisamente o tipo de atitude contra a qual Galileu estava lutando. Por meio de suas tentativas de separar a ciência da interpretação das Escrituras e de sua leitura das leis da natureza a partir de resultados experimentais, em vez de associá-las a um determinado "propósito", Galileu foi um dos primeiros a introduzir implicitamente a ideia de que a ciência nos obriga a assumir a responsabilidade por nosso próprio destino, assim como pelo destino do nosso planeta.

Depois de reconhecer a triste realidade que ele e Galileu estavam prestes a enfrentar, Castelli acrescentou em sua carta: "Mas tenhamos paciência, pois essas impertinências não são nem as primeiras nem serão as últimas." Em uma carta datada de 12 de janeiro, Cesi expressou precisamente os mesmos sentimentos, referindo-se aos que atacavam o copernicanismo como "inimigos do conhecimento". Cesi também aproveitou a oportunidade para reiterar seu conselho de que Galileu continuasse sendo discreto. Sua estratégia para lidar com os ataques foi recrutar outros matemáticos e apresentar todo o caso como um ataque à classe, em vez de tentar defender a verdade inerente ao copernicanismo.

Enquanto isso, a *Carta a Benedetto Castelli* continuava causando problemas. O consultor ao qual o Santo Ofício recorreu voltou com ressalvas relativamente pequenas, e mesmo essas diziam respeito a apenas três das declarações feitas na carta, acrescentando que "de resto, embora por vezes use palavras impróprias, não diverge dos caminhos da expressão católica".

Infelizmente, esse julgamento benigno serviu apenas para incentivar o Santo Ofício a se aprofundar nas investigações. Para isso, foi solicitado ao inquisidor de Pisa que obtivesse a carta original com o próprio Castelli.

Enquanto toda essa confusão acontecia, o monsenhor Dini estava ocupado tentando ajudar Galileu de qualquer maneira que pudesse. Ele entregou duas cópias da *Carta a Benedetto Castelli* ligeiramente revisada a Grienberger e ao cardeal Bellarmino, e trocou impressões sobre toda a situação com o jovem oficial eclesiástico e poeta Giovanni Ciampoli, que conhecia Galileu e tinha sido amigo de infância de Cosimo II de Médici. Ciampoli tinha acabado de ser ordenado sacerdote em Roma em 1614. Em resposta ao apelo de Dini, ele transmitiu diretamente a Galileu conselhos do cardeal Maffeo Barberini (que, mais tarde, se tornaria o papa Urbano VIII), dizendo que "ele [Barberini] gostaria de mais cautela em não ir além dos argumentos usados por Ptolomeu e Copérnico e, finalmente, em não exceder os limites da física e da matemática. Pois explicar as Escrituras é algo que os teólogos reivindicam como seu campo, e, se coisas novas são trazidas, embora devam ser admiradas por sua engenhosidade, nem todos têm a capacidade imparcial de aceitá-las exatamente como são ditas".[7] Em outras palavras, a recomendação inequívoca do cardeal Barberini era que Galileu ficasse longe de qualquer nova interpretação da Bíblia.

Diretrizes semelhantes vieram também do cardeal Bellarmino, também por intermédio de Dini. A avaliação do cardeal era que o livro de Copérnico, *Sobre as revoluções das esferas celestes*, não seria proibido, mas que seria acrescentada uma nota apresentando o sistema copernicano apenas como um modelo matemático. Bellarmino sugeriu ainda que Galileu adotasse a mesma postura, pois, observou ele, o texto bíblico dos Salmos 19, 5-6 estava, em sua opinião, em clara contradição com a ideia de um Sol imóvel:[8] "Nos céus ele armou uma tenda para o sol, que é como um noivo que sai de seu aposento, e se lança em sua carreira com a alegria de um herói. Sai de uma extremidade dos céus e faz o seu trajeto até a outra; nada escapa ao seu calor." O próprio Dini argumentou que esse texto poderia ser interpretado como uma maneira poética de se exprimir, mas Bellarmino replicou que isso "não era algo em relação ao que se precipitar, assim como ninguém deve se precipitar em condenar nenhuma dessas opiniões".

Não convencido, Galileu enviou uma longa resposta a Dini em 23 de março de 1615 na qual tentava rebater os comentários de Bellarmino. Ele começou apontando que, na descrição bíblica no Gênesis, a luz foi criada antes do Sol. Ele então sugeriu que essa luz "se une e se fortalece no corpo solar", que precisa estar no centro do universo, porque "difunde essa luz e esse calor prolífico que dá vida a todos os membros que estão ao seu redor". No que diz respeito à passagem dos Salmos, Galileu argumentou que o movimento implícito era da irradiação e do espírito calórico, "que, emanando do corpo solar, é rapidamente difundido por todo o mundo", e não do Sol em si. Por fim, como não tinha teoria da gravitação, Galileu usou a descoberta da rotação do Sol em torno de seu próprio eixo para sugerir um modelo bastante improvável (sabendo o que sabemos hoje) no qual essa rotação de alguma forma impulsionava as revoluções dos planetas ao redor do Sol. Como, ao escrever essa carta, Galileu basicamente ignorou todos os conselhos de precaução que lhe foram dados, Dini decidiu sabiamente (depois de consultar Cesi) não entregar essa resposta ao cardeal Bellarmino.

Vamos, entretanto, pensar por um momento sobre o que os amigos de Galileu e todas as autoridades eclesiásticas que (pelo menos ainda) não eram antipáticas a ele o estavam aconselhando a fazer. Na visão de Galileu, embora naquele momento ainda não tivesse provas diretas do movimento da Terra, suas descobertas já haviam conseguido duas coisas: primeiro, tinham demonstrado que alguns dos argumentos daqueles que alegavam ter provas de que a Terra *não* estava em movimento (por exemplo, que a Terra teria perdido sua Lua) eram falsos. Segundo, as descobertas de Galileu constituíam para ele uma "prova tão cabal" da validade do sistema copernicano que não havia dúvida de que esse modelo deveria ser considerado pelo menos potencialmente correto. E correto não apenas como uma abstração matemática que por acaso imitava a natureza, mas como uma descrição verdadeira da realidade física.

Galileu estava lutando contra opiniões cristalizadas por séculos durante os quais a ciência havia sido considerada independente das observações. O termo "salvar as aparências" havia sido cunhado para descrever modelos científicos que simplificavam convenientemente as observações, mas não tinham um significado mais profundo. Bellarmino, Grienberger, Barberini e outros estavam pedindo a Galileu que abrisse mão de convicções que tinham sido forjadas com base em observações científicas meticulosas e deduções brilhantes apenas porque *pareciam* contradizer alguns textos sagrados, antigos, vagos e poéticos — e apenas quando esses textos eram interpretados de forma literal, em vez de figurativa. Em outras palavras, não é verdade que Bellarmino e Grienberger estavam tentando apenas convencer Galileu a não se intrometer na teologia, como alguns estudiosos modernos concluíram. Isso é evidenciado, por exemplo, pelo fato de que, ao abordar os argumentos que Galileu havia apresentado em defesa do copernicanismo, Grienberger disse a Dini que estava "preocupado com outras passagens das Sagradas Escrituras", e Bellarmino mencionou especificamente que a doutrina copernicana deveria ser apresentada apenas como um recurso matemático puro. Longe de estarem incomodados apenas com o fato de Galileu bancar o teólogo e com sua incursão na exegese bíblica, esses indivíduos estavam determinados a esmagar o desafio copernicano como representação da realidade porque, do ponto de vista deles, estavam justificando a autoridade das Escrituras na determinação da verdade.

Causa alguma surpresa, então, que Galileu tenha se recusado a cooperar, pelo menos inicialmente? Deveria ele ter abandonado o que considerava serem as únicas conclusões lógicas possíveis em favor do que equivalia a uma versão seiscentista do politicamente correto? Lembremos que Galileu estava certo, no fim das contas. Ele nunca colocou em dúvida a veracidade dos textos bíblicos. Àquela altura, ainda esperava que a razão prevalecesse, e fez o possível para provar que, enquanto as interpretações das Escrituras podiam ser reformuladas a fim de concordar com o que a natureza estava apresentando, fatos eram fatos.

Apoio inesperado com consequências inesperadas

O apoio mais aberto de Galileu ao copernicanismo a partir de 1615, o que ia contra a opinião de seus amigos e os conselhos que recebeu de autoridades eclesiásticas, provavelmente foi motivado, influenciado e encorajado por um surpreendente folheto publicado pelo teólogo carmelita Paolo Antonio Foscarini.

Natural de Montalto Uffugo, na Calábria, Foscarini era conhecido por possuir amplo conhecimento sobre tópicos que iam da teologia à matemática. Cesi enviou a Galileu uma cópia do livro de Foscarini em 7 de março de 1615. A publicação curta tinha um título longo, parte do qual era *Carta do reverendo padre mestre Antonio Foscarini, carmelita, sobre a opinião dos pitagóricos e de Copérnico acerca da mobilidade da Terra, da estabilidade do Sol e do novo sistema pitagórico do mundo etc.* O título fazia referência ao fato de que o primeiro modelo não geocêntrico do cosmos foi na verdade sugerido pelos seguidores de Pitágoras (os pitagóricos) no século IV a.C. O filósofo Filolau havia proposto que a Terra, o Sol e os planetas se moviam todos em órbitas circulares em torno de um fogo central. O filósofo grego Heráclides do Ponto acrescentou, igualmente no século IV a.C., que a Terra também girava em torno do próprio eixo, enquanto Aristarco de Samos foi o primeiro a propor um modelo heliocêntrico, no século III a.C.

No que dizia respeito à exposição lógica, o livro de Foscarini era excepcional. Ele explicou que não havia dúvida de que as descobertas de Galileu tornavam o sistema copernicano comprovadamente muito mais plausível do que o ptolomaico. Presumindo que a cosmologia copernicana estivesse correta e considerando que as Escrituras sempre representavam a verdade, Foscarini argumentou que claramente não poderia haver conflito entre elas, já que existia apenas uma verdade. Concluiu, portanto, que tinha que ser possível conciliar as passagens bíblicas aparentemente problemáticas com o copernicanismo. Era exatamente isso que Galileu vinha afirmando o tempo todo. Ao examinar muitos dos parágrafos bíblicos controversos, agrupando-os em seis categorias, Foscarini foi capaz de oferecer princípios exegéticos específicos que ele achava que poderiam ser usados para eliminar todas as aparentes contradições. A motivação de Foscarini para escrever o livro também foi notável: se no futuro fosse comprovado que o copernicanismo estava correto, argumentou ele, a Igreja poderia usar suas novas interpretações dos textos controversos para escapar do veredicto inadmissível de que a Bíblia estava equivocada.

Por fim, Foscarini fez duas observações importantes. Primeiro, com relação à interpretação da linguagem bíblica:

> As Escrituras nos servem ao falar de maneira vulgar e comum; pois, do nosso ponto de vista, de fato parece que a Terra está firmemente no centro e que o Sol gira em torno dela, e não o contrário. O mesmo acontece quando pessoas são transportadas em um pequeno barco no mar perto da costa; para eles, parece que o litoral se move e é transportado para trás, em vez de serem eles que se movem para a frente, o que é a verdade.[9]

O segundo argumento importante de Foscarini foi bastante surpreendente por sua ousadia: "A Igreja", disse ele, "não pode se equivocar, mas apenas em questões de fé e da nossa salvação. A Igreja pode, entretanto, se equivocar em julgamentos práticos, em especulações filosóficas e em outras doutrinas que não envolvem nem dizem respeito à salvação."

Cesi achava que o livro de Foscarini "não poderia ter surgido em um momento melhor, a menos que aumentar a fúria de nossos adversários seja prejudicial, algo em que não acredito".[10] As ações subsequentes de Galileu indicam que ele pensava o mesmo, ao menos de início. Infelizmente, ambos estavam errados. O clérigo Giovanni Ciampoli, mais tarde secretário de correspondência do papa Urbano VIII e membro da Academia Linceana, previu em uma carta que escreveu a Galileu em 21 de março de 1615 que a obra de Foscarini seria condenada pelo Santo Ofício. (É possível que Ciampoli tivesse informações privilegiadas.)

A primeira reação ao livro de Foscarini veio na forma da opinião de um teólogo não identificado. No primeiro parágrafo, ele rotulou as opiniões de Foscarini sobre o copernicanismo de "irrefletidas". Em sua *Defesa* documentada, Foscarini rejeitou veementemente essa caracterização, afirmando com veemência mais uma vez que existia uma clara distinção entre as questões de fé e moral e aquelas relacionadas à filosofia e às ciências naturais. No que diz respeito às últimas, Foscarini reiterou sua posição de que "as Sagradas Escrituras não deveriam ser interpretadas senão de acordo com o que a própria razão humana estabeleceu com base na experiência natural e de acordo com o que é evidenciado por inúmeros dados".

Foscarini enviou uma cópia do livro e de sua *Defesa* ao cardeal Bellarmino, para que os comentasse, e Bellarmino respondeu em 12 de abril de 1615, enfatizando três pontos:

> Primeiro, parece-me que Vossa Paternidade e o sr. Galileu estão procedendo com prudência ao limitar-se a falar de forma supositiva e não arbitrária, como sempre acreditei que Copérnico falava. Pois não há perigo em dizer que, supondo que a Terra se move e o Sol permanece imóvel [modelo copernicano], mantêm-se melhor todas as aparências do que postulando excêntricos e epiciclos [modelo ptolomaico]; e isso é suficiente para matemáticos.[11]

Essa linguagem claramente implicava mais um conselho do que um elogio, tanto para Foscarini quanto para Galileu — embora a carta de Bellarmino nem sequer fosse endereçada a Galileu.

"Contudo", o cardeal se apressou em acrescentar, "é diferente querer afirmar que, *na realidade* [grifo nosso], o Sol está no centro do mundo e apenas gira em torno de si mesmo, sem se mover do leste para o oeste, e a Terra está no terceiro céu [o que significa a terceira órbita em termos de distância do Sol] e gira com grande velocidade ao redor do Sol." Bellarmino então explicou por que, em sua opinião, afirmar que o cenário copernicano representava a realidade era "algo muito perigoso".

Uma vez que, disse ele, era "provável que irritasse não apenas todos os filósofos e teólogos escolásticos, mas que também prejudicasse a Santa Fé, tornando falsas as Escrituras Sagradas".

O segundo ponto de Bellarmino tinha a ver com interpretações dos textos bíblicos. Ele começou com algo que considerava óbvio: "Como sabem, o Concílio [de Trento] proíbe que as Escrituras sejam interpretadas de forma contrária ao consenso comum dos Santos Padres." Em seguida, entretanto, ele jogou uma bomba exegética. Em resposta à alegação de Foscarini de que a autoridade dos Santos Padres na interpretação da Bíblia se aplicava apenas a questões de fé e moral, mas não a tópicos como o movimento da Terra, Bellarmino ofereceu uma ampliação surpreendente do que deveria ser chamado de "questões de fé":

> Tampouco se pode responder que isso [o movimento do Sol ou da Terra] não é uma questão de fé por causa da temática; *ainda é uma questão de fé por causa do orador* [grifo nosso]. Assim, qualquer um que dissesse que Abraão não teve dois filhos e Jacó doze seria tão herege quanto alguém que dissesse que Cristo não nasceu de uma virgem, pois o Espírito Santo disse todas essas coisas pela boca dos profetas e apóstolos.[12]

Simplificando, Bellarmino argumentou que não apenas tudo que é dito nas Escrituras é verdadeiro, mas que *tudo*, incluindo os detalhes factuais mais banais (desde que seu significado seja claro) também é uma "questão de fé"! Claramente, de acordo com essa definição muito mais ampla de "questões de fé" dada pelo cardeal mais influente da época, até o movimento da Terra se tornou uma questão de fé.

Em terceiro lugar, Bellarmino admitiu que "se houvesse uma verdadeira demonstração de que o Sol está no centro do mundo e a Terra no terceiro céu, e que o Sol não circunda a Terra, mas a Terra circunda o Sol, então seria preciso proceder com muito cuidado ao explicar as Escrituras que parecem afirmar o contrário, e dizer que não as compreendemos, em vez de que aquilo que é demonstrado é falso". No entanto, Bellarmino também proclamou: "Mas não acreditarei que exista tal demonstração até que me seja mostrada", enfatizando que definitivamente não seria suficiente "demonstrar que, presumindo que o Sol está no centro e a Terra no céu, seja possível salvar as aparências". Para dar ainda mais peso a essa última afirmação, o cardeal continuou dizendo que foi o rei Salomão, "que não apenas falou inspirado por Deus, mas era um homem mais sábio e conhecedor das ciências humanas do que qualquer outro", quem escreveu em Eclesiastes 1,5: "Nasce o sol, e o sol se põe, e apressa-se e volta ao lugar de onde nasceu." Consequentemente, concluiu Bellarmino, era muito improvável que o Sol, na verdade, não se movesse, especialmente porque todo cientista "vivencia que a Terra está imóvel" e vê "que o Sol se move".

A resposta de Bellarmino a Foscarini foi esquadrinhada, analisada e interpretada por numerosos estudiosos de Galileu, e suas opiniões vão desde que se tratava de um grande elogio, alegando que Bellarmino havia demonstrado ter a mente aberta de um cientista visionário que antecipou o relativismo de séculos posteriores, até que se tratava de uma rejeição completa, argumentando que ele exibia uma estreiteza de visão conservadora.[13] Voltaremos às questões teológicas adiante, mas, por enquanto, vamos nos concentrar de maneira mais crítica na argumentação científica de Bellarmino.

Sua declaração inicial parecia bastante promissora: "Se houvesse uma demonstração verdadeira de que o Sol está no centro (...) seria necessário proceder com muito cuidado ao explicar as Escrituras." Na verdade, se tivesse terminado com essa frase, teria demonstrado um conhecimento intuitivo daquilo que se tornaria uma das principais diretrizes da ciência: quando novas observações contradizem as teorias existentes, as teorias precisam ser reexaminadas. O problema foi que, imediatamente depois desse parágrafo, a continuação de seu texto indicava que ele acreditava que essa demonstração era eternamente inatingível. Bellarmino deu algumas razões para essa convicção equivocada, todas claramente não científicas. Primeiro, afirmou que "salvar as aparências" na astronomia não constituía prova do movimento da Terra. Mesmo esse argumento aparentemente convincente ia contra o verdadeiro raciocínio científico. Se duas teorias diferentes explicam *todos* os fatos observados igualmente bem, os cientistas preferem adotar, mesmo que provisoriamente, a mais simples. Depois das descobertas de Galileu, esse processo teria definitivamente favorecido o sistema copernicano em vez do ptolomaico, o que Galileu vinha defendendo desde o início. A condição de simplicidade também daria vantagem ao copernicanismo em relação ao modelo geocêntrico-heliocêntrico híbrido de Tycho Brahe. Obviamente, o teste final teria sido encontrar provas diretas do movimento da Terra ou que as duas teorias fizessem previsões que pudessem ser testadas por observações ou experimentos subsequentes. Bellarmino, entretanto, optou por se ater à teoria preferida pela ortodoxia da Igreja.

O segundo argumento do cardeal não tinha, na verdade, nada a ver com ciência. Ele defendia uma aceitação cega da autoridade: por um lado, adotando a interpretação dos Santos Padres, e, por outro, contando com a presumida sabedoria infinita do rei Salomão, que supostamente havia escrito o livro de Eclesiastes. Ambos os argumentos eram manifestações de uma atitude completamente estranha ao espírito da ciência e totalmente contrária ao que Galileu defendia. Em outras palavras, longe de ser um cientista visionário, no mundo de Bellarmino a fé estava acima da ciência.

Por fim, a terceira observação de Bellarmino representava um equívoco associado a um pensamento provinciano. Ele declarou que todos nós sentimos que a Terra não se move, em vez de reconhecer que tudo o que podemos dizer é que ela *parece* não se mover. Para provar seu argumento, e referindo-se ao exemplo dado por Foscarini em seu livro, ele afirmou que "quando uma pessoa se afasta da costa, embora lhe pareça que a costa está se afastando dela, mesmo assim ela sabe que isso é um erro e o corrige, vendo claramente que é a embarcação que se move e não a costa".

Seguindo as ideias que havia herdado de Copérnico, Galileu não podia aceitar essa linha de raciocínio. Do mesmo modo que não se podia dizer se era o Sol ou a Terra que estava se movendo, apenas que havia movimento relativo entre eles, ele insistiu que nenhum experimento realizado dentro de uma sala selada, movendo-se a uma velocidade constante ao longo de uma linha reta, poderia demonstrar se você está parado ou em movimento. Essa compreensão é familiar a quem observa pela janela de um trem outro trem se movendo em trilhos paralelos. Mais tarde, isso se tornou um pilar essencial da teoria da relatividade especial de Einstein, na qual ele demonstrou que as leis da física são as mesmas para todos os observadores que se movem a uma velocidade relativa constante. Pode-se, é claro, argumentar que Bellarmino não poderia ter previsto, no século XVII, o que Einstein iria descobrir e provar séculos depois, mas a posição de Bellarmino era extremamente rígida. Ele *não acreditava* que uma prova do copernicanismo *pudesse um dia ser encontrada*. Isso contrastava fortemente com o que até mesmo Foscarini, que também era teólogo, explicou de forma perspicaz: "Como sempre há algo novo sendo acrescentado às ciências humanas, e como, com o passar do tempo, se percebe que muitas coisas que antes se pensava serem verdades são falsas, pode acontecer que, quando a falsidade de uma opinião filosófica for detectada, a autoridade das Escrituras seja destruída." Ou seja, enquanto Foscarini sabia que novas descobertas e o conhecimento adquirido por meio da ciência poderiam tornar falsos os modelos predominantes na época (e, portanto, as interpretações bíblicas), Bellarmino se escondeu atrás de uma garantia dogmática.

Galileu abordou algumas das questões teológicas em detalhes em sua *Carta à senhora Cristina de Lorena, grã-duquesa de Toscana*, mas vale ressaltar que a carta de Bellarmino a Foscarini continha *ab initio* um argumento surpreendentemente fraco, mesmo em se tratando de teologia. Isso o forçou a adotar algo a que nos referiríamos hoje como a "opção nuclear". Bellarmino tomou como base o "consenso comum dos Santos Padres" e o decreto do Concílio de Trento. No entanto, como tanto Galileu quanto Foscarini observaram perceptivamente, a declaração do conselho falava especificamente sobre "questões de fé e moral relativas à edificação da Doutrina Cristã", ao passo que o movimento da Terra nada tinha que ver com fé ou moral, tampouco os Santos Padres tinham discutido ou chegado a um consenso sobre esse assunto. Aparentemente, até o próprio Bellarmino estava ciente dessa falha em seu raciocínio, já que, caso contrário, não haveria explicação convincente para sua ampliação da definição de "questões de fé" muito além das questões religiosas usuais, a fim de incluir essencialmente tudo na Bíblia.

Galileu conseguiu ver a carta de Bellarmino a Foscarini e, a certa altura, chegou a elaborar uma resposta em uma série de observações que pretendia enviar a Foscarini. Mas essas observações sem data nunca foram publicadas. O argumento principal de Galileu abordava a nova e abrangente definição de "questões de fé" de Bellarmino com uma lógica precisa:

> A resposta então é que tudo o que está nas Escrituras é uma "questão de fé por causa de quem o disse" e, portanto, nesse sentido deve ser incluído nos regulamentos do Concílio [de Trento]. Mas esse claramente não é o caso, porque se fosse o Concílio deveria ter dito: "As interpretações dos Padres devem ser seguidas para cada palavra das Escrituras", e não em "questões de fé e moral". Assim, tendo dito "em questões de fé", parece que a intenção do Conselho era dizer "em questões de fé em virtude do tema". Seria muito mais "uma questão de fé" sustentar que Abraão teve filhos e que Tobias teve um cachorro, porque as Escrituras assim disseram, do que sustentar que a Terra não se move, reconhecendo que essa última afirmação é encontrada nas Escrituras. A razão pela qual a negação da primeira, mas não da última, seria uma heresia é a seguinte. Como sempre há homens no mundo que têm dois, quatro, seis ou mesmo nenhum filho, da mesma forma que alguém pode ou não ter cães, seria igualmente crível que alguém tenha filhos ou cães e que outra pessoa não os tenha. Portanto, não haveria razão ou causa para o Espírito Santo declarar nessas afirmações nada além da verdade, uma vez que a afirmativa e a negativa seriam igualmente críveis para todos os homens. Mas esse não é o caso no que diz respeito à mobilidade da Terra e à estabilidade do Sol, proposições muito distantes da apreensão do homem comum.

Como resultado, o Espírito Santo ficou satisfeito em adequar as palavras das Sagradas Escrituras às capacidades do homem comum em assuntos que não dizem respeito à sua salvação, mesmo que na natureza os fatos sejam diferentes.[14]

Simplificando, Galileu argumentou — ainda que apenas no âmbito privado — que o significado no caso dos filhos de Abraão ou do cachorro de Tobias é obviamente literal e, portanto, acreditar nessas informações (ou não) poderia ser considerado uma questão de fé, ao passo que a estabilidade da Terra é apenas figurativa e, portanto, não é uma questão de fé. Restam poucas dúvidas de que Galileu escolheu o exemplo do cão insignificante de Tobias por ser algo totalmente irrelevante em termos religiosos.

Mais tarde Galileu responderia a tentativas de proibir quaisquer revisões das interpretações das Escrituras com uma citação do renomado historiador eclesiástico cardeal Cesare Baronio, que morreu em 1606: "A intenção do Espírito Santo é nos ensinar como alguém vai para o céu e não como o céu se move." Com um golpe não tão sutil desferido contra a carta de Bellarmino a Foscarini, Galileu acrescentou que tinha dúvidas "se é verdade que a Igreja nos obriga a manter como artigos de fé tais conclusões sobre os fenômenos naturais" e que acreditava que "pode ser que aqueles que pensam dessa maneira *queiram ampliar o decreto dos Concílios em favor de sua própria opinião*" [grifo nosso]. De fato, algumas das eventuais ações de Bellarmino, ou melhor, a falta delas, quando o decreto da Congregação do Índice contra o copernicanismo foi publicado, em 5 de março de 1616, mostraram que ele estava de acordo com essa decisão.

Essa comoção não foi encorajadora. Apesar dos motivos honestos e argumentos ponderados de Foscarini, seu livro atraiu mais atenção para a questão copernicana, e isso, combinado com os atos danosos de Caccini, delle Colombe e Lorini, gerou uma atmosfera na qual o fantasma de uma condenação do copernicanismo pela Igreja estava rapidamente se tornando uma realidade. Para combater essa tendência preocupante, Galileu escreveu sua *Carta à senhora Cristina de Lorena, grã-duquesa de Toscana*, um poderoso documento em defesa da autonomia da pesquisa científica. No entanto, provavelmente percebendo o perigo de sua situação, Galileu absteve-se prudentemente de fazer circular mais uma polêmica. Em vez disso, decidiu ir a Roma apresentar seu caso em pessoa, contrariando os conselhos de seus amigos que viviam lá, todos os quais sugeriram que adiasse a visita e "ficasse quieto". O embaixador da Toscana em Roma, Piero Guicciardini, ficou especialmente descontente com o plano de Galileu, observando que "este não é o lugar adequado para discutir sobre a Lua nem, ainda mais nestes tempos, para tentar apresentar novas ideias". Desnecessário dizer que essa tentativa de dissuadir Galileu, que sempre acreditou em seu poder de persuasão, entrou por um ouvido e saiu pelo outro, e ele chegou a Roma em 11 de dezembro de 1615.

7

Essa proposição é tola e absurda

Em Roma, Galileu começou a perceber a magnitude da oposição que ia enfrentar. Logo ficou óbvio que era extremamente necessária uma demonstração ou prova clara do movimento da Terra. Percebendo isso, ele formulou em janeiro de 1616 uma teoria das marés oceânicas, que pode ter se baseado em ideias anteriores de seu amigo Paolo Sarpi. Galileu esboçou a teoria em uma carta intitulada *Discurso sobre as marés*, que enviou em 8 de janeiro ao jovem cardeal Alessandro Orsini, que viria a se tornar seu apoiador.

A teoria das marés de Galileu deve ter nascido, pelo menos em algum nível, das observações feitas por ele ou por Sarpi da água batendo, para a frente e para trás, no fundo de uma barca em suas viagens de Pádua a Veneza. Ele notou que, quando a barca estava acelerando, a água se acumulava na parte de trás e, quando ela desacelerava, a água se acumulava na frente. Esse movimento de vaivém, pensou Galileu, lembrava as marés. Ocorreu-lhe então que, no caso da Terra, a aceleração poderia resultar do fato de o movimento de rotação diurna ser na mesma direção e combinar com a velocidade da Terra em sua revolução em torno do Sol, o que acontece uma vez por dia em um dado ponto da superfície da Terra, como no ponto A da Figura 3, a seguir. A desaceleração, nessa figura, ocorre (novamente, uma vez por dia) quando as velocidades associadas ao movimento orbital e à rotação estão em direções opostas (como no ponto B na Figura 3). Presumia-se que os continentes não se deslocassem com a combinação desses dois movimentos, mas que os oceanos deviam responder com o vaivém. Galileu estava, portanto, convencido de que, na ausência de um desses dois movimentos, "o fluxo e refluxo dos oceanos não poderia acontecer".

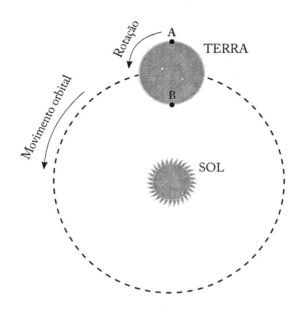

Figura 3: Esquema demonstrativo da teoria das marés de Galileu.
— *Ilustração de Paul Dippolito* —

Infelizmente, apesar do fato de Galileu achar que havia associado de modo elegante o movimento da Terra às marés, "tomando o primeiro como a causa das segundas e as segundas como evidência e argumento para a primeira",[1] sua teoria das marés não era correta nem convincente. A revolução da Terra em torno do Sol tinha um papel bastante secundário nela e certamente não era capaz de explicar observações reais das marés no mar Adriático, onde as condições locais e causas secundárias produziam efeitos significativos. A teoria estava de acordo com a tendência geral de Galileu de excluir a ação de forças invisíveis que atuavam através de grandes distâncias, como a atração gravitacional da Lua, mesmo que ideias nesse sentido existissem desde a Antiguidade, e o matemático flamengo Simon Stevin, assim como Kepler, tivessem sugerido especificamente a atração da Lua como a causa das marés em 1608 e 1609, respectivamente. Embora estivesse equivocada, a aposta de Galileu em uma causa mecanicamente fácil de compreender tornava sua teoria das marés ao menos plausível. Newton acabou usando sua teoria da gravitação para explicar em detalhes como a ação combinada da gravidade da Lua e do Sol fornece as forças geradoras das marés.

Em uma tentativa de convencer alguns de seus adversários, Galileu se encontrou com Caccini no início de fevereiro de 1616, mas não conseguiu aplacá-lo nem convencê-lo a mudar de opinião. Ele também descobriu um novo oponente, o monsenhor Francesco Ingoli, que em janeiro de 1616 escreveu um ensaio intitulado "Discussão a respeito da localização e da imobilidade da Terra contra o sistema de Copérnico" e que viria a se tornar um anticopernicano atuante.

As coisas pioraram quando, em 19 de fevereiro, os consultores teológicos do Santo Ofício foram solicitados a dar sua opinião sobre duas proposições: (1) que o Sol é o centro do universo e completamente desprovido de movimento local, e (2) que a Terra não é o centro do universo e não é imóvel; ela se move como um todo por si mesma e também com um movimento rotacional diurno. Ironicamente, o mesmo ofício que havia se oposto com veemência à intromissão de cientistas na teologia estava agora pedindo a teólogos que julgassem duas questões puramente científicas: dois dos princípios centrais do modelo copernicano.

Os consultores incluíam o arcebispo de Armagh, na Irlanda, o mestre do Palácio Apostólico Sagrado, o comissário do Santo Ofício e outros oito representantes religiosos, a maioria dominicanos. Nenhum deles era astrônomo profissional ou mesmo um cientista notável em nenhuma disciplina. Levaram apenas quatro dias para dar sua opinião coletiva. Sobre o Sol estar no centro do Sistema Solar, imóvel, concluíram que "essa proposição é filosoficamente tola e absurda, e formalmente herética, pois contradiz de forma explícita em muitos pontos o sentido das Sagradas Escrituras".[2] Foram um pouco menos severos e mais hesitantes em relação à segunda proposição, já que a Bíblia não diz explicitamente que a Terra não se move. Portanto, concluíram que "a proposição recebe o mesmo julgamento em termos filosóficos e, no que diz respeito à verdade teológica, é no mínimo errônea na fé". Ou seja, eles substituíram o categórico "formalmente herética" por "no mínimo errônea na fé".

Em seguida, as coisas aconteceram em rápida sucessão.[3] O papa Paulo V se reuniu com seus cardeais em 24 de fevereiro. O recém-nomeado cardeal Alessandro Orsini, que era parente dos Médici por parte de mãe, tentou argumentar em defesa de Galileu e apresentar a teoria do cientista sobre as marés. Orsini havia ficado bastante impressionado com os argumentos de Galileu em uma longa conversa que os dois mantiveram cerca de dois meses antes. Infelizmente, ele foi interrompido e prontamente instruído pelo papa a convencer Galileu a abandonar suas visões copernicanas. No dia 25, o papa ordenou que o cardeal Bellarmino convocasse Galileu e fizesse um alerta para que ele renunciasse à opinião de que o Sol ficava parado e a Terra estava em movimento. Ele acrescentou que a recusa em obedecer à ordem resultaria em prisão. Bellarmino e Galileu se encontraram em 26 de fevereiro nos aposentos de Bellarmino, na presença de Michelangelo Seghizzi, o comissário-geral do Santo Ofício, e dois outros funcionários da igreja, agregados familiares do cardeal. O documento redigido por um funcionário resumindo o que aconteceu naquela reunião tornou-se a peça-chave das provas no julgamento de Galileu, dezessete anos depois:

> No palácio que é residência habitual do referido Ilustríssimo cardeal Bellarmino, nos aposentos de Sua Ilustríssima Senhoria, na presença do reverendo padre Michelangelo Seghizzi de Lodi, O.P., e do comissário-geral do Santo Ofício, tendo convocado o acima mencionado Galileu à sua presença, o mesmo Ilustríssimo cardeal

advertiu Galileu de que a opinião acima mencionada era errônea e que ele deveria abandoná-la; e em seguida, na verdade imediatamente, diante de mim e de testemunhas, com o Ilustríssimo cardeal ainda presente, o supracitado Padre Comissário, em nome de Sua Santidade o papa e de toda a Congregação do Santo Ofício, ordenou e intimou o referido Galileu, que ainda estava presente, a abandonar completamente a opinião acima mencionada de que o Sol fica parado no centro do universo e a Terra se move e, dali em diante, não sustentá-la, ensiná-la ou defendê-la de nenhuma maneira, seja oralmente seja por escrito; caso contrário, o Santo Ofício iniciaria um processo contra ele. O mesmo Galileu aceitou essa ordem e prometeu obedecê-la.[4]

Um segundo documento descrevendo o que aconteceu consta das atas da reunião do Santo Ofício realizada no dia 3 de março. O relato diz: "O Ilustríssimo cardeal Bellarmino relatou que o matemático Galileu Galilei havia aquiescido ao ser advertido sobre a ordem da Santa Congregação de abandonar a opinião que mantinha até então no sentido de que o Sol permanece imóvel no centro das esferas, mas a Terra está em movimento."

O fato de os dois documentos, escritos em diferentes datas, conterem algumas pequenas, mas significativas diferenças, já gerou muita especulação entre os estudiosos de Galileu. Em particular, o significado do trecho "e em seguida, na verdade imediatamente", no primeiro documento, não é claro. Foi permitido a Galileu reagir à advertência inicial de Bellarmino? Se não, então não havia motivo para a ordem do comissário-geral. Se, como o segundo relato parece sugerir, Galileu prometeu obedecer logo em seguida à advertência de Bellarmino, então mais uma vez não havia razão para Seghizzi intervir e impor uma ordem muito mais severa (incluindo não "ensiná-la ou defendê-la de nenhuma maneira"). Quando se adota uma interpretação menos conspiratória, a impressão que se tem é de que talvez, ao ouvir o aviso inesperado de Bellarmino, Galileu tenha hesitado um pouco em sua reação inicial e isso tenha precipitado uma intervenção injustificada do impaciente comissário-geral, que apresentou a ordem em termos mais intransigentes. A essa altura, Galileu teve que ceder, ou seria preso.

A Congregação do Índice também teve que tomar uma decisão sobre quais providências deveriam ser tomadas no que dizia respeito às publicações relacionadas coma a doutrina copernicana. A questão foi novamente apresentada por Bellarmino, em reuniões que ocorreram no início de março de 1616. Em 5 de março, a Congregação publicou seu decreto devastador:

> Também chegou ao conhecimento desta Santa Congregação a disseminação e aceitação por muitos das falsas doutrinas pitagóricas, completamente contrárias às Sagradas Escrituras, de que a Terra se move e o Sol permanece imóvel, o que também é ensinado por Nicolau Copérnico em *Sobre as revoluções das esferas celestes* e por Diego de Zúñiga em *Comentário sobre Jó*. [O último, um comentário do eremita agostiniano do século XVI, concluía que o sistema copernicano estava em melhor concordância com o Livro de Jó do que o ptolomaico e que "a mobilidade da Terra não é contrária às Escrituras".] Isso pode ser visto em uma certa carta publicada por um certo padre carmelita, cujo título é *Carta do reverendo padre mestre Paolo Antonio Foscarini, carmelita, sobre a opinião dos pitagóricos e de Copérnico acerca da mobilidade da Terra, da estabilidade do Sol e do novo sistema pitagórico do mundo etc.*, no qual o referido padre tentou mostrar que a doutrina acima mencionada sobre a imobilidade do Sol no centro do universo e o movimento da Terra é consoante com a verdade e não contradiz as Escrituras Sagradas. Portanto, a fim de que essa opinião não avance ainda mais, para prejuízo da verdade católica, a Congregação decidiu que os livros de Nicolau Copérnico (*Sobre as revoluções das esferas celestes*) e de Diego de Zúñiga (*Comentário sobre Jó*) sejam suspensos até serem corrigidos; que o livro do padre

carmelita Paolo Antonio Foscarini seja completamente proibido e condenado, e que todos os outros livros que ensinam o mesmo sejam igualmente proibidos, conforme o presente decreto proíbe, condena e suspende, respectivamente.[5]

Em algum nível, a "boa" notícia, do ponto de vista de Galileu, era que ele não havia sido mencionado pelo nome, nem suas publicações foram criticadas no decreto. No entanto, apenas um dia antes da publicação do decreto, o embaixador da Toscana, Guicciardini (que anteriormente havia desaconselhado a visita de Galileu a Roma), enviou uma carta ao grão-duque com um veemente tom de "eu avisei": "Ele [Galileu] defende com entusiasmo suas opiniões e deposita grande paixão nelas, mas não tem força e prudência suficientes para controlá-las; de forma que o clima em Roma está ficando muito perigoso para ele, especialmente neste século, pois o atual Papa, que abomina as artes liberais e esse tipo de pensamento, não tolera essas novidades e sutilezas; e todos aqui tentam ajustar seu pensamento e sua natureza aos do governante."[6] Em resumo, Galileu recebeu seu primeiro alerta sério na época do extremamente anti-intelectual papa Paulo V.

É difícil não notar a semelhança entre a descrição de Guicciardini sobre o clima predominante na Roma de 1616 e o clima atual, substituindo a palavra *papa* pelo *governante* atual apropriado que "abomina as artes liberais" e "não tolera essas novidades e sutilezas". Isso levanta a questão crucial de saber se a liberdade de pensamento e a tomada de decisões com base em argumentos informados e fundamentados em evidências são suficientemente fortes atualmente para impedir que consequências catastróficas e versões modernas do caso Galileu se repitam. Infelizmente, a história mostrou que a prática de negar a ciência por causa de crenças pessoais se repetiu muitas vezes, mesmo no mundo secular.

Galileu estava tentando tirar o melhor de uma situação péssima ao apontar, em uma carta ao secretário de Estado do grão-duque, que acreditava que as mudanças no livro de Copérnico seriam mínimas.

Na realidade, as modificações introduzidas pelo cardeal Luigi Caetani e mais tarde pelo cardeal Francesco Ingoli foram de fato pequenas, e a publicação da versão revisada foi aprovada em 1620. No entanto, essa nova edição nunca chegou a ser impressa e, como resultado, o livro de Copérnico permaneceu no *Índice de Livros Proibidos* até 1835! Ainda assim, Galileu estava aparentemente correto em sua avaliação de que, relativamente falando, o decreto não o afetaria de forma muito adversa, pelo menos não no início. De fato, ele teve uma audiência com o papa apenas uma semana após a publicação do decreto, e o pontífice prometeu que Galileu poderia se sentir seguro enquanto o papa vivesse. Ainda mais importante, na esteira dos rumores de que a Igreja impusera a Galileu severas expiações, auto-humilhações e abjuração de suas ideias copernicanas, o cardeal Bellarmino publicou uma carta bastante admirável em 26 de maio de 1616, na qual afirmava o seguinte:

> Eu, cardeal Roberto Bellarmino, fui informado de que o sr. Galileu Galilei está sendo caluniado e que se está afirmando que ele abjurou diante de nós e também recebeu penitências salutares por isso. Tendo sido procurado para atestar a verdade dessas afirmações, digo que o acima mencionado Galileu não abjurou diante de nós, nem diante de ninguém mais em Roma, ou em qualquer outro lugar do qual tenhamos conhecimento, nenhuma de suas opiniões ou doutrinas; nem recebeu penitências, salutares ou não. Pelo contrário, ele apenas foi notificado sobre a declaração feita pelo Santo Padre e publicada pela Sagrada Congregação do Índice, cujo conteúdo é que a doutrina atribuída a Copérnico (de que a Terra se move ao redor do Sol e o Sol fica no centro do universo sem se mover de leste a oeste) é contrária às Sagradas Escrituras e, portanto, não pode ser defendida nem sustentada.[7]

Obviamente, Galileu ficou satisfeito com esse documento e, dezessete anos depois, se apoiou fortemente nele em sua defesa quando foi levado a julgamento pela Inquisição. No entanto, não devemos nos precipitar em apreciar Bellarmino por escrever essa carta favorável. Embora o cardeal decerto não tenha sido a pessoa que decidiu qual seria a visão da Igreja sobre o copernicanismo, a verdade é que ele não se opôs ao decreto. Além disso, apesar de seu tom aparentemente moderado na resposta a Foscarini, ele não argumentou (ou pelo menos não fez o suficiente para convencer a Congregação) no sentido de postergar ou adiar o decreto até que mais evidências observacionais pudessem ser reunidas, para evitar um julgamento prematuro. O resultado final dessa falta de ação por parte de Bellarmino e de todos os matemáticos do Colégio Romano (que haviam confirmado todas as descobertas de Galileu) foi uma decisão equivocada e irrefletida. A sentença foi dada por oficiais da Igreja para os quais a manutenção do poder autoritário sobre assuntos totalmente fora de suas áreas de conhecimento tinha prioridade sobre o pensamento crítico tolerante, baseado em evidências científicas. Infelizmente, não nos faltam equivalentes modernos.

Por que os matemáticos jesuítas permaneceram em silêncio?[8] Provavelmente nunca saberemos ao certo, mas sua atitude passiva pode ter sido reflexo de uma forma equivocada de cautela científica. Não há dúvida de que os astrônomos jesuítas perceberam, como o próprio Clávio havia admitido, que a doutrina aristotélica não era mais sustentável. Na ausência de provas diretas e convincentes do movimento da Terra, no entanto, podem ter optado por ficar em cima do muro em relação a essa questão científica, fiando-se no fato de que uma teoria que era um meio-termo (o modelo geocêntrico-heliocêntrico de Tycho Brahe) ainda não havia sido descartada de forma definitiva, e não estava em conflito com as Escrituras. Nas questões teológicas em si, os jesuítas não podiam competir nem reivindicar superioridade sobre os dominicanos. Seja como for, o resultado foi deplorável, e a situação iria se tornar ainda mais sombria e trágica com o julgamento de Galileu em 1633. O fato é que, mesmo nas preleções que davam início ao ano acadêmico no Colégio Romano em 1623, os professores jesuítas ainda discursavam contra "descobridores de novidades nas ciências".

Nos últimos quatro séculos, houve várias tentativas, em especial nos escritos apologéticos católicos, de argumentar que parte da responsabilidade pela proibição do copernicanismo recai sobre o próprio Galileu, porque ele não manteve a boca fechada. Essas alegações são absurdas. Como é mostrado claramente em sua *Carta a Benedetto Castelli*, em suas cartas ao cardeal Dini e em sua *Carta à senhora Cristina de Lorena, grã-duquesa de Toscana*, Galileu pretendia que as autoridades eclesiásticas reconhecessem o copernicanismo (em favor do qual ele via evidências científicas convincentes) como uma teoria potencialmente viável e que adiassem seu julgamento sobre a teoria em vez de condená-la de forma autoritária e definitiva. Em sua *Carta à senhora Cristina de Lorena, grã-duquesa de Toscana*, Galileu reafirmou sua crença na verdade das Escrituras, mas enfatizou a importância da interpretação: "As Sagradas Escrituras jamais podem propor uma inverdade, sempre com a condição de que se penetre em seu verdadeiro significado, que (acho que ninguém pode negar) é muitas vezes oculto e muito diferente daquele que o simples significado das palavras parece indicar." Mesmo que sua declarada religiosidade fosse em parte para fins táticos, apenas para se defender, a lógica do argumento de Galileu precisa ser admitida. Além disso, independentemente de Galileu, Foscarini tinha um objetivo semelhante, mas Ciampoli acertou ao prever que o livro dele seria condenado.

O ponto principal continua sendo que, ao contrário da história da arte ou mesmo da história das ideias religiosas, na história da ciência, no fim das contas, podemos saber quem estava certo. Galileu estava certo, e a Igreja, nesse caso, abusou de seu poder disciplinar. Como o papa João Paulo II admitiu em 1992: "Isso os levou [os teólogos que condenaram Galileu] a transpor indevidamente para o domínio da doutrina da fé uma questão que na verdade era da competência da investigação científica." Esse reconhecimento, no entanto, demorou quase quatro séculos. Em 1619, a já complexa relação de Galileu com os astrônomos jesuítas estava prestes a se deteriorar gravemente.

8

Uma batalha de pseudônimos

Os cometas fascinavam as pessoas desde a Antiguidade. Quando três deles apareceram em sucessão no fim de 1618, foi uma grande sensação. O terceiro, em particular, foi avistado pela primeira vez no dia 27 de novembro e, em meados de dezembro, tornou-se excepcionalmente impressionante, com uma longa e espetacular cauda. Historicamente, muitos consideravam os cometas maus presságios, supostamente advertindo sobre a morte de reis ou sobre guerras terríveis. Quis o destino que o aparecimento dos cometas coincidisse aproximadamente com o início da devastadora Guerra dos Trinta Anos na Europa Central, que resultou em nada menos do que 8 milhões de mortes.

Embora Galileu possa ter pretendido manter a discrição depois dos perturbadores acontecimentos contra o copernicanismo em 1616, ficou claro que o advento dos cometas não permitiria que ele ficasse em silêncio por muito mais tempo. A princípio, Galileu não pôde fazer comentários diretos sobre os cometas, já que ficou acamado por causa de dores durante todo o período em que estavam visíveis e, portanto, não pôde observá-los com os próprios olhos. A situação ficou ainda mais penosa quando um matemático jesuíta do Colégio Romano, Orazio Grassi, publicou em 1619 o conteúdo de sua palestra pública sobre o tema, intitulada *Uma discussão astronômica sobre os três cometas de 1618*.

Grassi, que era um cientista altamente qualificado, cenógrafo de ópera e arquiteto, havia substituído Grienberger como catedrático de matemática em 1617. Como Scheiner antes dele, Grassi publicou seu tratado anonimamente — mais uma vez, por temor de um potencial constrangimento para os jesuítas, caso suas ideias estivessem incorretas. A teoria dos cometas de Grassi divergia corajosamente da visão aristotélica, que os colocava mais ou menos à mesma distância da Lua. Em vez disso, seguindo Tycho Brahe, Grassi propôs que os cometas estivessem consideravelmente mais longe, em algum lugar entre a Lua e o Sol. Ele baseou essa conclusão em "uma lei estabelecida de acordo com a qual quanto mais lentamente eles se movem, mais alto estão, e, como o movimento do nosso cometa fica a meio caminho entre a velocidade do Sol e a da Lua, ele deve estar entre os dois". Grassi ainda seguia um esquema no qual os cometas, a Lua e o Sol orbitavam a Terra. A ideia original de Brahe sobre a distância dos cometas, aliás, se baseava na não detecção de uma paralaxe (mudança em relação às estrelas ao fundo) apreciável nas observações do cometa de 1577.

Quanto à natureza dos cometas, muitos astrônomos da época ainda adotavam a teoria aristotélica, que afirmava que eles representavam exalações da Terra que ficavam visíveis acima de uma determinada altura devido à combustão, desaparecendo de vista assim que o material inflamável se esgotava. Grassi, no entanto, mais uma vez seguiu Brahe, sugerindo que os cometas eram uma espécie de "imitação de planetas". Nesse aspecto, como se viu, Grassi estava mais correto do que Galileu, que mais tarde defendeu uma visão na qual os cometas representavam efeitos ópticos em vez de objetos reais.

Galileu foi alertado sobre a publicação de Grassi na primeira parte de 1619. Embora seu nome não fosse mencionado no tratado, tampouco houvesse nada remotamente ofensivo a sua pessoa nele, Galileu também foi informado de que tanto os jesuítas do Colégio Romano quanto um influente grupo de intelectuais romanos que incluía Francesco Ingoli (o indivíduo que elaborou as modificações da Igreja à obra de Copérnico) estavam usando o tratado para argumentar contra o copernicanismo. Ingoli estava empregando o antigo argumento de Brahe de que, se a Terra estivesse realmente se movendo em torno do Sol, observações feitas com seis meses de intervalo deveriam revelar uma paralaxe na posição de qualquer objeto celeste, resultante do movimento da Terra. Na ausência da detecção de tal paralaxe, Ingoli concluiu: "Pelo movimento do cometa, parece possível não apenas refutar a teoria copernicana, mas também apresentar argumentos, cuja eficácia não deve ser desprezada, a favor da estabilidade da Terra."

Confrontado com esse ataque aberto ao copernicanismo em várias frentes, em um momento em que ainda estava extremamente ressentido com os matemáticos jesuítas que o haviam abandonado, mas ao mesmo tempo incentivado a intervir por alguns de seus correspondentes em Roma, Galileu decidiu responder. Entretanto, sabendo dos riscos envolvidos, apresentou seus comentários não em seu próprio nome; em vez disso, pediu que Mario Guiducci, um ex-aluno recém-nomeado cônsul da Academia Florentina, falasse em seu lugar. Assim, Guiducci proferiu uma série de três palestras sobre os cometas em Florença, publicadas como um ensaio intitulado *Discurso sobre os cometas de Guiducci*, no fim de junho de 1619.

Até mesmo um exame superficial desse manuscrito, realizado no fim do século XIX por Antonio Favaro, organizador da *National Edition of Galileo's Works*, revelou que grande parte dele havia sido escrita (e o restante revisado) pelo próprio Galileu. Embora ele não tenha usado sua linguagem mais ofensiva no *Discurso* em si, a cópia anotada de Galileu das palestras de Grassi contém muitos insultos mal-humorados, como *"pezzo d'asinaccio"* ("pedaço de estupidez"), *"bufolaccio"* ("bufão"), *"elefantissimo"* ("obtuso") e *"baldordone"* ("parvo atrapalhado"). Passando-se por Guiducci no *Discurso*, Galileu aborda várias questões em específico. Primeiro, questiona se é realmente possível usar paralaxes para cometas, já que não era óbvio na época que os cometas na verdade representam corpos sólidos, em vez de fenômenos ópticos causados pela luz refletida pelos vapores (semelhantes ao arco-íris, às auroras e aos halos). Galileu observa:

> Há dois tipos de objetos visíveis, os primeiros são verdadeiros, reais, individuais e imutáveis, enquanto os outros são meras aparências,

reflexos de luz, imagens e simulacros errantes. Estes dependem tanto da visão do observador para existir que não apenas mudam de posição quando ele o faz, mas acredito que desapareceriam por completo se sua visão fosse removida.[1]

Outro argumento na publicação de Grassi atraiu o opróbrio de Galileu. Grassi escreveu:

> Foi descoberto após longa experiência e comprovado por razões ópticas que todas as coisas observadas com esse instrumento [o telescópio] parecem maiores do que a olho nu, mas, de acordo com a lei que determina que o aumento fica cada vez menos evidente quanto mais distantes eles estão dos olhos, resulta que as estrelas fixas, as mais remotas de todas, não sofrem ampliação perceptível do telescópio. Portanto, como o cometa parecia ter sido pouco aumentado, deve-se concluir que está mais distante de nós do que a Lua.

Grassi parecia citar aqui uma "lei" segundo a qual a capacidade de ampliação do telescópio dependia da distância do objeto.

Infelizmente, essa lei não existe. Galileu, que levava tudo para o lado pessoal, parece ter achado que essa observação estava questionando sua própria compreensão do telescópio. Naturalmente, não ia deixar que isso passasse sem resposta. O astrônomo que tinha o melhor conhecimento sobre a óptica do telescópio na época era Kepler. A ampliação de um telescópio é determinada apenas pelas distâncias focais (a distância por trás da lente ao longo da qual os raios de luz que a atingem paralelamente ao seu eixo central são focados) da lente objetiva e da ocular. O fato de Grassi, que mais tarde escreveu exaustivamente sobre óptica e que havia lido o livro de Kepler, ter feito tal afirmação é um tanto desconcertante e indica que talvez ele tenha apenas cometido um engano.

Mesmo que o conhecimento de Galileu sobre óptica não fosse do mais alto calibre — por exemplo, confundiu um aumento no tamanho da imagem com a formação de uma imagem fora de foco —, ele atacou corretamente a lei de Grassi. Galileu observou que, se a lei fosse verdadeira, seria possível determinar a distância de objetos na Terra apenas verificando quanto os objetos eram ampliados quando vistos através do telescópio, o que obviamente estava errado. Dois telescópios de potência distinta, por exemplo, teriam mostrado ampliações diferentes do mesmo objeto.

Galileu também discordava da sugestão original de Tycho de que os cometas se moviam em órbitas circulares, propondo, em vez disso, que um movimento ao longo de uma linha reta se distanciando da Terra se ajustava melhor às observações do terceiro cometa de 1618. Sabemos agora que os cometas de fato se movem ao longo de órbitas elípticas alongadas, que localmente se assemelham mais ao movimento ao longo de uma linha reta do que em círculo.

Galileu nunca apresentou uma teoria genuína sobre a natureza dos cometas.[2] Em sua pesquisa de ideias anteriores, Guiducci/Galileu mencionou de forma favorável a sugestão de que os cometas poderiam representar meros reflexos da luz solar por vapores, em vez de objetos reais, mas acrescentou: "Não digo categoricamente que um cometa seja formado dessa maneira, mas digo que, assim como há dúvidas a esse respeito, também há dúvidas sobre os outros esquemas empregados por outros autores." Como, no entanto, Guiducci/Galileu questionou a ideia de que os cometas representavam objetos sólidos, a conclusão de Grassi — de que Galileu acreditava que eles fossem reflexos da luz solar no vapor, com esses vapores sendo exalações da Terra que subiam aos céus — era justificável. Embora esse modelo hipotético estivesse muito próximo das ideias de Aristóteles, devemos observar que Galileu divergia de Aristóteles em dois aspectos importantes: primeiro, a fonte de luz do cometa era a luz solar refletida em vez da sugestão de Aristóteles de uma grande combustão. Segundo, Galileu alegou especificamente que os cometas estavam muito além da Lua e, portanto, bem na região "celestial" de Aristóteles, que supostamente era inacessível aos vapores "terrestres".

O "Discurso sobre os cometas" não foi um dos melhores trabalhos científicos de Galileu. Não apenas era incapaz de produzir até mesmo uma teoria provisória e viável dos cometas, mas também continha uma inconsistência inexplicável, ou uma contradição interna. A discrepância envolvia o tratamento dado por Galileu à questão da paralaxe. Por um lado, ele queria refutar a alegação de Grassi de que a não detecção de uma paralaxe semestral nos cometas provava que a Terra não estava se movendo ao redor do Sol. Nesse sentido, argumentou que na realidade não era possível aplicar paralaxes aos cometas, pois eles não pareciam ser corpos sólidos, como evidenciado pelo fato de que era possível observar estrelas através de sua cauda. Por outro lado, Galileu não hesitou em usar "a pequenez da paralaxe observada com o máximo cuidado por tantos excelentes astrônomos" para inferir as distâncias supralunares dos cometas. O fato de esses argumentos incompatíveis terem escapado à atenção de Galileu é surpreendente, e Grassi se concentrou nisso em sua resposta ao tratado de Guiducci.

Havia outro problema sério nas ideias de Galileu a respeito dos cometas, que ele percebeu e comentou (via Guiducci):

> Não pretendo ignorar que, se o material a partir do qual o cometa toma forma tivesse apenas um movimento reto perpendicular à superfície da Terra, o cometa deveria parecer estar direcionado precisamente na direção do zênite, enquanto, na verdade, não parecia estar indo nessa direção, mas sim declinando em direção ao norte. Isso nos obriga a alterar o que foi afirmado, embora corresponda às aparências em muitos casos, ou a manter o que foi dito, acrescentando alguma outra causa para o desvio aparente.[3]

A última frase fazia alusão ao fato de que, devido à proibição de discutir o copernicanismo, Galileu não se sentia à vontade para expressar sua opinião. Galileu/Guiducci acrescentou que "devemos nos contentar com o pouco que podemos conjecturar *em meio às sombras*, até que nos digam a verdadeira constituição das partes do mundo, porque o que Tycho havia prometido permaneceu imperfeito". Em outras palavras, Galileu reconhecia que mesmo seu cenário hipotético não estava de acordo com as observações, mas achava que a teoria de Brahe era prejudicada por seu próprio conjunto de problemas. Por exemplo, Brahe sugeriu que os cometas se moviam em direção oposta à dos outros planetas. Ao mesmo tempo, Galileu se sentia formalmente proibido de discutir quaisquer potenciais soluções para o modelo que havia examinado e que talvez pudessem ser fornecidas pelo cenário copernicano. Na verdade, em dois trabalhos publicados em 1604 e 1619, Kepler sugeriu que os cometas se moviam em linha reta, com o aparente desvio em sua trajetória sendo causado pelo movimento da Terra. Embora tenha quase certamente se inspirado nas ideias de Kepler, Galileu não disse uma palavra sobre elas.

Hoje sabemos que os cometas são corpos menores do sistema solar que orbitam o Sol em trajetórias elípticas muito alongadas (altamente excêntricas) ou hiperbólicas. Eles consistem em um núcleo que varia em tamanho de algumas centenas de metros a dezenas de quilômetros de diâmetro e são compostos principalmente de gelo, rocha e poeira (são "bolas de neve sujas"), além de dióxido de carbono congelado, metano e amônia. Quando passam mais perto do Sol, a radiação solar vaporiza o material volátil, que começa a ser ejetado do núcleo dos cometas, formando uma extensa atmosfera, ou coma, e duas caudas, uma de poeira e outra de gás. A cauda de poeira reflete a luz solar diretamente, enquanto a de gás brilha enquanto é ionizada. A cauda de íons pode ser tão longa quanto a distância entre a Terra e o Sol.

No Sistema Solar, existem dois reservatórios de cometas. Um deles é o cinturão de Kuiper, um disco de cometas logo depois de Plutão que fornece a maioria dos cometas que orbitam o Sol em períodos orbitais inferiores a um século. A segunda fonte, a nuvem de Oort, circunda o Sistema Solar externo e sua borda externa alcança quase um quarto da distância até a estrela mais próxima. A nuvem de Oort pode conter até um trilhão de cometas e fornece os cometas de longo período. O cometa

Halley, sem dúvida o mais famoso deles, retorna à vizinhança da Terra a cada 75 anos. Foi visto pela última vez em 1986.

Galileu estava certo ao associar os cometas ao processo de liberação de gás, e sua luz aos efeitos desencadeados por sua proximidade do Sol, mas estava errado ao supor que os gases fossem liberados pela Terra. Devemos lembrar, porém, que a ideia de Galileu não era formular uma teoria definitiva dos cometas, mas principalmente desacreditar e suscitar dúvidas sobre o modelo de Tycho Brahe, cujo cenário para o Sistema Solar ele sempre havia considerado um meio-termo tolo e irritante.

O objetivo final de Galileu era, é claro, refutar a alegação jesuíta de que os cometas provavam que Copérnico estava errado. Ao tentar realizar isso, porém, ele atraiu para si mesmo (ninguém duvidava de que a publicação de Guiducci fosse obra de Galileu) a fúria de Orazio Grassi, que reclamou que Galileu "conspurcava o bom nome do Colégio Romano", dos jesuítas em geral ("Os jesuítas estão muito ofendidos", informou a ele Giovanni Ciampoli), e até de Scheiner, cujo trabalho sobre manchas solares foi mencionado de maneira desfavorável e desnecessária no tratado. A arena estava montada para o segundo round.

O contra-ataque de Grassi

O tratado de Guiducci foi publicado no início do verão de 1619, e Grassi levou apenas cerca de seis semanas para responder. Seu contundente e duro ensaio, intitulado *O equilíbrio astronômico e filosófico*, foi publicado no outono do mesmo ano. No entanto, continuou sendo uma batalha entre dois homens mascarados. Assim como a *Discussão astronômica* original de Grassi foi publicada com a declaração de que era de autoria de "um dos Padres do Colégio Romano", e a resposta de Galileu surgiu como se fosse obra de Guiducci, o *Equilíbrio* foi publicado sob o pseudônimo um tanto fraco (e bastante transparente) de Lothario Sarsio Sigensano, em vez de Oratio Grassi Salonensi, com "Sarsi" fingindo ser um aluno

UMA BATALHA DE PSEUDÔNIMOS

de Grassi. O título continha a palavra *Equilíbrio* porque pretendia pesar cuidadosamente as opiniões de Galileu.

Inicialmente, Galileu se recusou a acreditar que o *Equilíbrio* tivesse sido escrito por Grassi, especialmente por causa de seu sarcasmo afiado, direcionado diretamente a ele. Ignorando suas próprias deficiências no que dizia respeito às boas maneiras e à forma de tratar os outros, Galileu considerou esse ataque injustificado, pois Guiducci nunca havia mencionado Grassi pelo nome. Suas dúvidas foram rapidamente afastadas, no entanto, por uma carta que ele recebeu no início de dezembro de seu amigo linceano Ciampoli: "Vejo que não consegue acreditar que o padre Grassi é o autor de *O equilíbrio astronômico*", escreveu ele, "mas repito para garantir mais uma vez que Sua Reverência e os Padres Jesuítas querem que você saiba que o trabalho é deles, e que eles estão tão distantes do julgamento que você faz a respeito que se regozijam dele como um triunfo." Ciampoli acrescentou que o próprio Grassi costumava falar sobre Galileu de maneira muito mais reservada do que os outros jesuítas e, portanto, ele [Ciampoli] ficou surpreso ao vê-lo fazer uso de "tantas piadas mordazes". Como veremos adiante, a julgar pelo comportamento subsequente de Grassi, é difícil evitar a impressão de que a "maneira mais reservada" de Grassi talvez não tenha passado de uma encenação para ocultar intenções mais sinistras.

O *Equilíbrio* de Grassi continha algumas críticas válidas. Por exemplo, ele apontou a incoerência em relação à ausência de uma paralaxe detectada, que Galileu usou para inferir as distâncias dos cometas, ao mesmo tempo que argumentou separadamente por meio de seu avatar Guiducci que paralaxes não podiam ser aplicadas a cometas. Grassi também observou que algumas das ideias apresentadas por Galileu no *Discurso* de Guiducci na verdade não eram originais, mas pareciam muito com as formuladas pelo polímata quinhentista Gerolamo Cardano e pelo filósofo Bernardino Telesio. Em geral, Grassi demonstrou um excelente domínio da óptica e uma familiaridade atualizada com todas as publicações científicas relevantes. Isso não causava nenhuma surpresa, já que, mesmo pelo pouco que se sabe sobre ele, Grassi era excepcionalmente instruído. Não apenas realizava experimentos e escrevia sobre óptica e visão, sobre a física da luz e a pressão atmosférica, mas também era um grande arquiteto, responsável pelo projeto da igreja de Santo Inácio, no Colégio Romano, bem como de uma igreja em Terni e de um colégio jesuíta em Gênova. Ele chegou até mesmo a encenar uma ópera, além de suas realizações como matemático.

Por outro lado, o ensaio de Grassi tinha seus próprios problemas. Primeiro, incluía uma confiança surpreendentemente ingênua em contos imaginários antigos. Segundo, continha uma inconsistência interna e, terceiro, dirigia alguns ataques dissimulados a Galileu. Por exemplo, ao tentar provar a afirmação de Aristóteles de que o atrito com o ar poderia aquecer os corpos até ficarem incandescentes (o que é verdade no caso de meteoros e satélites artificiais que reentram na atmosfera terrestre), Grassi parecia acreditar em histórias bizarras da Antiguidade, como uma que descrevia como os babilônios cozinhavam seus ovos rodando-os em eslingas. Surpreendentemente, a inconsistência no *Equilíbrio* estava associada ao propósito declarado do próprio ensaio. Grassi escreveu: "Gostaria de dizer que meu único desejo aqui é nada menos do que defender as conclusões de Aristóteles." Essa era uma afirmação estranha, dado que sua própria teoria localizava os cometas muito além da Lua, contrariando a noção de Aristóteles de céus imutáveis. Pode ser que a inclusão dessa declaração, endossando Aristóteles de maneira inequívoca, refletisse conselhos dos círculos jesuítas superiores, em vez das intenções do próprio Grassi. Por fim, havia as "piadas mordazes", a mais maliciosa das quais mudou a frase de Guiducci "outra *causa* para o aparente desvio" [da trajetória do cometa do zênite em direção ao norte] para "outro *movimento*". Grassi então escreveu este parágrafo cruelmente astuto:

> O que é esse medo súbito, em um espírito aberto e nada tímido, que o impede de proferir a palavra que tem em mente? Não consigo saber. Seria esse outro movimento que poderia explicar tudo

> e que ele não ousa discutir — seria do cometa ou de outra coisa? Não pode ser o movimento dos círculos, pois para Galileu não há círculos ptolomaicos. Acho que ouço uma vozinha sussurrando discretamente em meu ouvido: o movimento da Terra. Para longe de mim, palavra maligna, ofensiva à verdade e aos ouvidos devotos! Foi certamente prudente dizê-la contendo a respiração. Pois, se fosse realmente assim, não restaria nada de uma opinião que não pode se basear em nenhum outro senão nesse falso fundamento.[4]

Então, em um derradeiro golpe, Grassi acrescentou uma frase muito semelhante à declaração sarcástica e recorrente de Marco Antônio: "E Brutus é um homem honrado", no *Júlio César*, de William Shakespeare: "Mas certamente Galileu não teve essa ideia, pois sempre soube que é devoto e religioso."

Como podemos conciliar essas observações insidiosas com a afirmação de Ciampoli de que Grassi sempre havia se referido a Galileu com respeito? Alguns estudiosos sugeriram que talvez essas passagens fossem obra de Scheiner, cuja conhecida animosidade em relação a Galileu não parava de crescer. De qualquer forma, Galileu teve que pensar em como reagir sem piorar suas relações com os matemáticos do Colégio Romano. Por sua vez, Mario Guiducci, cujo nome tinha sido, afinal, listado como autor do *Discurso*, respondeu ao *Equilíbrio* de Grassi enviando uma carta a seu ex-professor de retórica no Colégio Romano, Tarquinio Galluzzi. Ele não tentou responder aos argumentos físicos, declarando apenas que, embora tivesse opiniões diferentes das do "reverendo matemático" sobre os cometas, não tivera intenção de ofender o padre Grassi nem nenhum outro matemático jesuíta.

Quanto ao próprio Galileu, depois de consultar seus amigos romanos Cesi, Ciampoli, o primo de Cesi (e membro da Academia Linceana) Virginio Cesarini e outro membro fundador da academia, Francesco Stelluti, ficou decidido que ele deveria enviar sua resposta a Cesarini. Além de não querer complicar ainda mais a situação, os amigos de Galileu julgaram que seria impróprio que ele respondesse diretamente a Grassi, já que ele optara por se esconder atrás do discípulo fictício Sarsi.

Virginio Cesarini foi uma excelente escolha para receber o manuscrito de Galileu, já que era conhecido por ser um fiel genuíno (mais tarde foi camareiro de dois papas) e também um intelectual informado e poeta, servindo de veículo entre cientistas que trabalhavam em diferentes cidades. Sua mente aberta e seu intelecto foram perfeitamente demonstrados em uma carta que ele enviou a Galileu em 1618, na qual instou o mestre a criar e difundir uma nova lógica "baseada em experimentos naturais e demonstrações matemáticas", pois acreditava que "uma lógica mais certa (...) abre imediatamente o intelecto à consciência da verdade e cala a boca de alguns filósofos vaidosos e obstinados cuja ciência era a opinião e, o que é pior, a de outras pessoas e não a deles próprios".

Esse mesmo pensamento foi ecoado em um pronunciamento do filósofo e matemático Bertrand Russell mais de trezentos anos depois: "A filosofia deve ser estudada não a fim de se obter uma resposta definitiva para suas perguntas (...) mas pelas perguntas em si; porque elas ampliam nossa concepção do que é possível, enriquecem nossa imaginação intelectual e diminuem a segurança dogmática que fecha a mente para a especulação."[5]

Como se viu, as doenças recorrentes, a preocupação com seus interesses literários e uma série de eventos historicamente significativos atrasaram a resposta de Galileu até outubro de 1622, quando ele finalmente enviou um manuscrito a Cesarini. No âmbito literário, Galileu voltou ao seu fascínio permanente, quase obsessivo, por comparar os poetas Ariosto e Tasso. Os acontecimentos históricos importantes incluíram a morte do papa Paulo V, a do cardeal Roberto Bellarmino e, ainda mais impactante para Galileu, a de seu maior defensor, o grão-duque Cosimo II, todas em 1621. Como o filho de Cosimo, Ferdinando, tinha apenas 10 anos na época da morte do pai, a grã-duquesa Cristina e sua nora, Maria Madalena de Áustria, ambas mulheres particularmente religiosas, foram nomeadas regentes do ducado.

1. A *Tribuna di Galileo*, no Museu de História Natural La Specola, em Florença. A estátua de Galileu é de autoria de Aristodemo Costoli. Os afrescos foram pintados por Luigi Sabatelli (1772-1850). Da esquerda para a direita, eles retratam Galileu observando o lustre na Catedral de Pisa, Galileu apresentando seu telescópio ao Senado veneziano, e um Galileu já velho e cego falando com seus discípulos.

2. O primeiro retrato de Galileu de que se tem conhecimento, da última década do século XVI. Pintado por um artista toscano desconhecido. A pintura pertence ao colecionador de arte florentino Alessandro Bruschi.

3. Dois dos telescópios originais de Galileu. Ele os desenhou e construiu em sua própria oficina.

4. Lente objetiva de um dos telescópios de Galileu (no centro), produzida por ele entre o fim de 1609 e o início de 1610 e utilizada para fazer muitas observações. A armação foi feita por Vittorio Crosten em 1677. Exposta no Museo Galileo, em Florença.

5. Detalhe do afresco na Capela Paulina da Basílica de Santa Maria Maggiore, em Roma. Pintado por Cigoli (Lodovico Cardi, 1559-1613). A Lua sobre a qual a Virgem está é marcada por crateras, como tinha sido revelado pelas observações de Galileu.

6. "Nascer da Terra", uma fotografia da Terra e de uma parte da superfície lunar, foi tirada em 24 de dezembro de 1968 pelo astronauta Bill Anders, que estava a bordo da *Apollo 8* na órbita lunar. Galileu foi o primeiro a mostrar que a superfície da Lua era acidentada, assim como a superfície da Terra, e também o primeiro a compreender que a luz refletida da Terra ilumina a noite lunar.

7. Rascunho de uma carta de Galileu para Leonardo Donato, doge de Veneza, com observações sobre os satélites de Júpiter. Esse é o registro mais antigo das observações de Galileu sobre o planeta.

8. Galileu, na velhice, com Vincenzo Viviani, seu discípulo e biógrafo. Viviani foi assistente de Galileu de 1639 até a morte do astrônomo, em 1642, enquanto estava em prisão domiciliar em sua casa de campo em Arcetri, perto de Florença. Pintura de Tito Lessi (1858-1917).

9. Busto de Galileu, de autoria de Giovanni Battista Fog___i (1652-1725) na fachada da casa de Viviani em Florença. Duas longas inscrições glorificando a vida de Galileu flanqueiam a entrada principal e dão à casa seu nome atual: Palazzo dei Cartelloni. *Cartelloni* quer dizer "anúncios". Viviani transformou a fachada de sua casa em um monumento em homenagem a Galileu.

10. Dedo indicador, polegar da mão direita e um dente de Galileu, que foram separados do corpo quando seus restos mortais foram transportados em 1737. Estão em exibição no Museo Galileo.

11. O autor Mario Livio diante do túmulo de Galileu na Basilica di Santa Croce, em Florença. O túmulo fica situado bem em frente ao de Michelangelo. Foi projetado por Giulio Foggini.

12. Busto de Galileu, de autoria de Carlo Marcellini (1644-1713), Museo Galileo, Florença.

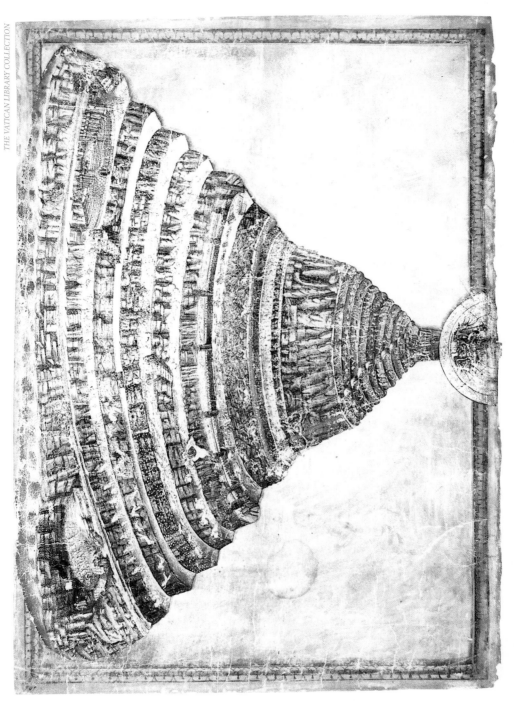

13. *Mapa do Inferno*, de Sandro Botticelli, baseado no *Inferno*, de Dante.

SIDEREVS NVNCIVS

MAGNA, LONGEQVE ADMIRABILIA
Spectacula pandens, suspiciendaque proponens
vnicuique, præsertim verò
PHILOSOPHIS, atq ASTRONOMIS, quæ à
GALILEO GALILEO
PATRITIO FLORENTINO
Patauini Gymnasij Publico Mathematico
PERSPICILLI
*Nuper à se reperti beneficio sunt obseruata in LVNÆ FACIE, FIXIS IN-
NVMERIS, LACTEO CIRCVLO, STELLIS NEBVLOSIS,
Apprime verò in*
QVATVOR PLANETIS
Circa IOVIS Stellam disparibus interuallis, atque periodis, celeri-
tate mirabili circumuolutis; quos, nemini in hanc vsque
diem cognitos, nouissimè Author depræ-
hendit primus; atque
MEDICEA SIDERA
NVNCVPANDOS DECREVIT.

VENETIIS, Apud Thomam Baglionum. M DC X.
Superiorum Permissu, & Priuilegio.

M VIIII 22. 14.

14. Folha de rosto de *O mensageiro sideral*.

15. Aquarelas de Galileu retratando a Lua vista de seu telescópio.

16. Águas-fortes da Lua feitas por Galileu.

ISTORIA
E DIMOSTRAZIONI
INTORNO ALLE MACCHIE SOLARI
E LORO ACCIDENTI
COMPRESE IN TRE LETTERE SCRITTE
ALL' ILLVSTRISSIMO SIGNOR
MARCO VELSERI LINCEO
DVVMVIRO D'AVGVSTA
CONSIGLIERO DI SVA MAESTA CESAREA
DAL SIGNOR
GALILEO GALILEI LINCEO
Nobil Fiorentino, Filosofo, e Matematico Primario del Sereniss.
D. COSIMO II. GRAN DVCA DI TOSCANA.
Si aggiungono nel fine le Lettere, e Disquisizioni del finto Apelle.

IN ROMA, Appresso Giacomo Mascardi. MDCXIII.
CON LICENZA DE' SVPERIORI.

17. Folha de rosto do livro de Galileu sobre manchas solares.

18. Folha de rosto de *O ensaiador*.

DIALOGO
DI
GALILEO GALILEI LINCEO
MATEMATICO SOPRAORDINARIO
DELLO STVDIO DI PISA.

E Filosofo, e Matematico primario del
SERENISSIMO
GR. DVCA DI TOSCANA.

Doue ne i congressi di quattro giornate si discorre
sopra i due
MASSIMI SISTEMI DEL MONDO
TOLEMAICO, E COPERNICANO;

*Proponendo indeterminatamente le ragioni Filosofiche, e Naturali
tanto per l'vna, quanto per l'altra parte.*

CON PRI   VILEGI.

IN FIORENZA, Per Gio: Batista Landini MDCXXXII.
CON LICENZA DE' SVPERIORI.

19. Folha de rosto do *Diálogo*.

20. Frontispício do *Diálogo*.

DISCORSI
E
DIMOSTRAZIONI
MATEMATICHE,

intorno à due nuoue scienze

Attenenti alla

MECANICA & i MOVIMENTI LOCALI

del Signor

GALILEO GALILEI LINCEO,

Filosofo e Matematico primario del Serenissimo
Grand Duca di Toscana.

Con vna Appendice del centro di grauità d'alcuni Solidi.

IN LEIDA,
Appresso gli Elsevirii. M. D. C. XXXVIII.

21. Folha de rosto de *Discorsi*.

UMA BATALHA DE PSEUDÔNIMOS

O manuscrito de Galileu, quando finalmente concluído, foi intitulado *O ensaiador*, em referência a uma escala extremamente precisa que os ourives usavam e em contraste desdenhoso com o *Equilíbrio* de Grassi, que fazia alusão a um dispositivo de pesagem mais grosseiro. Assim que recebeu o manuscrito, Cesarini enviou cópias a Ciampoli, Cesi e alguns outros amigos, para que tecessem suas considerações. Também informou Galileu de que os matemáticos jesuítas, que tinham ouvido falar da chegada do manuscrito, estavam "ansiosos e inquietos, e até ousaram pedi-lo a mim; mas eu recusei, porque eles poderiam obstruir sua publicação de maneira mais eficaz".

Apesar dessas garantias, Cesarini não resistiu à tentação de ler partes de *O ensaiador* para alguns de seus conhecidos. De uma forma ou de outra, os jesuítas também ouviram falar dessas passagens (na Roma do século XVII, elas eram o equivalente do Grande Irmão) e, segundo Cesarini, "sondaram tudo". Havia ainda o difícil obstáculo de conseguir permissão para imprimir o panfleto. Na época, era prática comum que uma "aprovação de impressão", ou *imprimatur*, tivesse que ser obtida junto às autoridades eclesiásticas para que qualquer manuscrito fosse publicado. Cesarini conseguiu que o livro fosse examinado pelo dominicano Niccolò Riccardi, que era um seguidor genovês de Galileu. Riccardi não decepcionou, expressando uma admiração efusiva pelo livro: "Graças à especulação sutil e sólida do autor em cujos dias me considero feliz por ter nascido, quando, não mais com a balança romana [um instrumento de pesagem] e de forma rudimentar, mas com delicados ensaiadores, o ouro da verdade é pesado."[6] Esse não era o *imprimatur* usual que a burocracia da Inquisição esperava. Soava mais como os elogios atuais que aparecem nas capas dos livros recém-publicados. Cesarini o aceitou de bom grado. Acrescentou rapidamente as revisões sugeridas por cerca de meia dúzia de membros da Academia Linceana e se apressou em enviar o trabalho para impressão.

Todavia, circunstâncias externas inesperadas atrasaram ainda mais a publicação. Em 8 de julho de 1623, o papa Gregório XV morreu após apenas dois anos de papado. Depois de exaustivas negociações entre os cardeais, o cardeal Maffeo Barberini foi eleito em 6 de agosto como papa Urbano VIII. Após anos do não erudito (embora surpreendentemente não dogmático em matéria doutrinária) papa Paulo V, a eleição de um papa intelectual relativamente jovem, brilhante, presumivelmente de mente aberta e refinada, foi recebida com esperança por Galileu, seus amigos e, na verdade, todos os católicos progressistas. Como cardeal, Barberini havia demonstrado grande admiração por Galileu, a ponto de lhe enviar uma ode, "Adulatio Perniciosa", na qual expressava sua estima pelas descobertas astronômicas dele.[7] Aparentemente, Barberini também havia desempenhado um papel em impedir que o copernicanismo fosse declarado totalmente herético em 1616. Talvez o mais importante, pouco antes de Barberini ser eleito papa, Galileu o parabenizou quando seu sobrinho, Francesco Barberini, concluiu os estudos. Em sua resposta, Barberini escreveu: "assegurando que encontra em mim uma pronta disposição de servi-lo, por respeito a seu grande mérito e pela gratidão que lhe devo."[8]

Considerando esses sentimentos e o fato de o papa Urbano VIII ter nomeado os amigos de Galileu, Cesarini, Ciampoli e Stelluti, como mestre de câmara, secretário pessoal e camareiro particular, respectivamente, não deveria surpreender que a Academia Linceana tivesse dedicado *O ensaiador* ao papa. Em outubro de 1623, o livro estava pronto, enfim. Infelizmente, ainda continha muitos erros tipográficos, mas incluía uma maravilhosa dedicatória, escrita pelo próprio Cesarini e assinada por todos os membros da Academia dos Linces. A dedicatória dizia, em parte: "Dedicamos e oferecemos esta obra a Vossa Santidade como aquele que encheu sua alma de verdadeiros ornamentos e esplendores e voltou sua mente heroica para as maiores realizações. (...) Ao mesmo tempo, curvamo-nos humildemente a seus pés, suplicamos que continue a favorecer nossos estudos com os graciosos raios e o calor vigoroso de sua proteção mais benévola."

Cesi, o fundador da academia, entregou um esplêndido exemplar encadernado ao papa em 27 de outubro. (A imagem 18 do encarte mostra a folha de rosto.) Exemplares do livro também foram entregues aos cardeais. Isso marcou a aprovação oficial de *O ensaiador*, um livro cuja verve literária e cuja paixão intelectual foram saudadas por um dos biógrafos de Galileu no século XX como "uma obra-prima estupenda da literatura polêmica".[9] A opinião de Grassi, é claro, foi muito diferente.

9

O ensaiador

Embora *O ensaiador* tenha sido formalmente escrito como uma resposta ao *Equilíbrio* de Orazio Grassi (Sarsi), a questão dos cometas se tornou bastante periférica na polêmica obra-prima de Galileu, funcionando, em certo sentido, apenas como um pretexto para uma exposição dos pensamentos de Galileu sobre vários aspectos da ciência e uma plataforma para que ele atacasse o sistema de Tycho Brahe.

Logo de início, Galileu apresenta dois de seus principais pontos de vista: primeiro, seu desdém pela confiança cega na autoridade e, segundo, sua filosofia sobre a natureza do cosmos. A passagem a seguir se tornou um dos manifestos galileanos mais memoráveis:

> Em Sarsi, pareço discernir a firme crença de que, ao filosofar, devemos nos apoiar na opinião de algum autor célebre, como se nossa mente devesse permanecer completamente estéril e árida, a menos que se alie ao raciocínio de outra pessoa. É possível que ele pense que a filosofia é obra de ficção de algum escritor, como a *Ilíada* ou *Orlando Furioso*, produções nas quais o menos importante é se o que está escrito é verdadeiro. Bem, Sarsi, não é assim que as coisas funcionam. A filosofia está escrita em um grande livro, o universo, continuamente aberto ao nosso olhar. Mas o livro não pode ser compreendido a menos que se aprenda a compreender o idioma e a ler as letras com as quais ele é com-

posto. Ele é escrito na linguagem da matemática, e seus caracteres são triângulos, círculos e outras figuras geométricas sem as quais é humanamente impossível compreender uma única palavra dele; sem eles, vagamos por um labirinto escuro.[1]

A declaração de Galileu sobre a natureza matemática da realidade é particularmente impressionante. Devemos lembrar que ele fez essa afirmação em uma época em que poucas "leis matemáticas da natureza" tinham sido formuladas (a maioria por ele!). No entanto, Galileu de certa forma antecipou o que o ganhador do prêmio Nobel Eugene Wigner chamaria em 1960 de "a eficácia irracional da matemática": o fato de as leis da física, a que todo o universo parece obedecer, serem todas expressas na forma de equações matemáticas. Ainda mais cedo, em 1940, Einstein transformou esse fato na definição da física: "O que chamamos de física compreende o grupo de ciências naturais que baseia seus conceitos na medição e cujos conceitos e proposições se prestam a formulações matemáticas." Mas o que dá à matemática esses poderes?

Com pouquíssimas evidências nas quais basear essa opinião, Galileu pensava, em 1623, saber a resposta: o universo "está escrito na linguagem da matemática". Era essa dedicação à matemática que o elevava acima de Grassi e dos outros cientistas de sua época, mesmo quando seus argumentos específicos não eram convincentes — e mesmo que ele tenha atribuído à geometria um papel mais importante do que ela parecia merecer na época. Seus adversários, escreveu Galileu, "não perceberam que ir contra a geometria é negar a verdade em plena luz do dia".

De maneira impressionante, em conformidade com sua convicção de que a natureza era estruturada geometricamente, Galileu também compreendeu que todas as teorias científicas são experimentais e provisórias. Ou seja, a ciência tem que ser reavaliada a todo momento, à medida que se apresentam novas evidências observacionais. Ao admitir que tudo o que disse havia sido "apresentado provisoriamente como uma conjectura (...) aberto à dúvida e, na melhor das hipóteses, apenas provável", Galileu propôs um afastamento revolucionário da absurda ideia medieval de que tudo que valia a pena conhecer já era conhecido. Em vez disso, ele expressou apenas uma quase certeza: que para decifrar qualquer segredo era preciso usar a linguagem da matemática.

O ensaiador deu a seu autor a oportunidade de exibir alguns de seus comentários sarcásticos mais espirituosos. Por exemplo, ele e Grassi divergiam em sua compreensão da origem do calor. Enquanto Grassi, seguindo os aristotélicos, acreditava que o calor era produzido inteiramente pelo movimento, Galileu atribuía o calor também à separação de partículas de matéria por forças de atrito e à compressão. Em termos modernos, o calor é uma forma de energia transferida, por exemplo, devido a uma diferença de temperatura entre dois sistemas, com a temperatura sendo determinada pela velocidade média do movimento aleatório de átomos ou moléculas. O problema com o conceito de Grassi era que, devido à sua confiança em autores antigos, ele cometeu o erro ingênuo de acreditar em contos lendários, como o mencionado anteriormente de acordo com o qual os babilônios cozinhavam ovos fazendo com que rodopiassem amarrados a eslingas. Galileu atacou essa falácia como um gato dando o bote em um rato lento:

> Se Sarsi deseja que eu acredite, com base na palavra de Suídas [historiador grego], que os babilônios cozinhavam ovos girando-os rapidamente em eslingas, eu acreditarei; mas direi que a causa desse efeito está muito longe de ser a que ele atribui a ele. Para descobrir a causa verdadeira, raciocino da seguinte maneira: "Se não alcançamos um efeito que outros alcançaram anteriormente, deve ser porque falta algo em nossa operação que foi a causa para esse efeito ter sido obtido, e, se nos falta apenas uma coisa, então apenas essa coisa pode ser a causa verdadeira. Ora, não nos faltam ovos, eslingas nem companheiros robustos para girá-las, e ainda assim eles não cozinham, na verdade, esfriam mais rápido se estiverem quentes. E, como não nos falta nada exceto sermos babilônios, então ser babilônio é o que causa o cozimento dos ovos."[2]

Outra discussão interessante e importante em *O ensaiador* dizia respeito à natureza da matéria e ao papel dos sentidos. Após uma distinção que remontava ao filósofo grego Demócrito, no século V a.C., Galileu identificou dois tipos de propriedades: aquelas intrínsecas aos corpos físicos, como forma, número e movimento, e aquelas que eram, em sua visão, associadas à existência de observadores conscientes e sencientes, como gosto e odor. Ele escreveu:

> Para despertar em nós gostos, odores e sons, acredito que nada seja necessário em corpos externos, exceto formas, números e movimentos lentos ou rápidos. Penso que, se ouvidos, língua e nariz fossem removidos, as formas, os números e os movimentos permaneceriam, mas não odores, gostos e sons. Os últimos, acredito, não passam de nomes quando separados dos seres vivos.[3]

A reintrodução de Galileu desses conceitos da Antiguidade na conversa filosófica do início do século XVII pode posteriormente ter inspirado e influenciado ideias semelhantes de Descartes e, especialmente, do filósofo empirista John Locke. Em seu influente texto de 1689 *Ensaio sobre o entendimento humano*, Locke fez uma distinção específica entre o que considerava propriedades independentes de qualquer observador (chamadas de "qualidades primárias"), como número, movimento, solidez e forma, e "qualidades secundárias", aquelas que produzem sensações nos observadores, como cor, sabor, odor e som. Como veremos adiante, mesmo essa discussão aparentemente inócua das qualidades, que Galileu considerava subjetivas e que representavam meros nomes do objeto externo, estava prestes a contribuir, em certa medida pelo menos, para seus problemas subsequentes com a Igreja.[4]

Em última análise, o principal objetivo de Galileu em *O ensaiador* era, desde o início, destruir o cenário de Tycho, que ele considerava o único obstáculo restante para convencer a todos da verdade do modelo heliocêntrico. De fato, em seu *Equilíbrio*, Grassi (falando como Sarsi) defendeu seu uso do argumento da paralaxe de Tycho:

Que fique claro que meu mestre seguia Tycho. Isso é um crime? Quem deveria seguir no lugar dele? Ptolomeu? Cujos seguidores têm a garganta ameaçada pela espada empunhada de Marte, agora mais próxima. Copérnico? Mas aquele que é devoto preferirá afastar todos de si e desprezar e rejeitar sua hipótese recentemente condenada. Portanto, Tycho permanece como o único que podemos aprovar como nosso guia no percurso desconhecido das estrelas.[5]

A observação sobre Copérnico era um argumento lastimável para se levar a um debate científico, uma declaração que demonstrava precisamente como convicções de todo irrelevantes para o assunto em questão podiam falsear e distorcer opiniões. Grassi se baseou no decreto não científico de 1616 contra o copernicanismo para argumentar que não se podia nem sequer *considerar* o modelo copernicano do Sistema Solar. Infelizmente, atitudes semelhantes continuam a dominar pensamentos até hoje. Nos dias atuais, uma política que incentiva o ensino do criacionismo como um "desenho inteligente" mal disfarçado, por exemplo, de modo a desviar a mente dos estudantes da teoria da evolução de Darwin, equivale exatamente à mesma prática.

Isso não quer dizer que Galileu estivesse sempre certo. Na verdade, como observei anteriormente, seus argumentos específicos sobre os cometas continham duas inconsistências flagrantes: uma, ao afirmar que as paralaxes não se aplicavam aos cometas — apenas para em seguida mudar de ideia e usá-las para determinar a distância dos cometas; e a outra, ao sugerir que os cometas se movem em linha reta — apenas para admitir mais tarde que, na verdade, não o fazem. Foram erros científicos que Grassi apontou e criticou corretamente. A ciência não é infalível. Pelo contrário, o próprio Galileu reconhecia que toda teoria científica está sujeita a confirmação. O que apenas a ciência pode prometer, no entanto, é uma autocorreção de rumo contínua à medida que novas evidências experimentais e observacionais se acumulam, e novas ideias teóricas (todas baseadas na matemática, Galileu acreditava) emergem. Mesmo com toda a sua cautela compreensível para evitar ser acusado de copernicanismo,

Galileu não podia abandonar sua confiança no método científico em desenvolvimento, insistindo que os filósofos também deveriam usar a "razão natural, quando possível" para demonstrar a "falsidade daquelas proposições que são declaradas contrárias às Sagradas Escrituras".

Como era de esperar, *O ensaiador* foi recebido pelos amigos romanos de Galileu de maneira muito diferente de Grassi. O último teria supostamente corrido para a Libreria del Sole, onde o primeiro exemplar estava em exibição, saindo com uma "cor alterada" e o livro debaixo do braço.[6] O papa Urbano VIII, por outro lado, aparentemente apreciou a sátira agressiva e o sarcasmo aguçado de *O ensaiador*, já que era lido à sua mesa como forma de entretenimento.

Grassi, ávido por publicar uma resposta, escreveu um novo livro de forma relativamente rápida (ainda usando o pseudônimo Sarsi), intitulado *Comparação do peso do Equilíbrio e de O ensaiador*. Ciente do apoio do papa ao livro de Galileu, no entanto, publicou seu livro em Paris, o que causou uma demora considerável para que ele ficasse disponível. Galileu leu a *Comparação*, mas chegou à conclusão de que seria uma perda de tempo responder mais uma vez, ainda que o livro contivesse uma alusão indireta preocupante. A insinuação dizia respeito às observações de Galileu sobre a natureza subjetiva de qualidades como sabor, cheiro e cor. Grassi afirmou que essa descrição era contrária à doutrina católica do milagre da Eucaristia, que exigia a preservação do sabor e do cheiro do pão e do vinho, mesmo que sua substância fosse transformada, de um modo que ultrapassa a compreensão humana, no corpo, no sangue e na alma de Cristo.

O estudioso italiano Pietro Redondi descobriu e publicou em 1983 um documento anteriormente ignorado nos arquivos do Santo Ofício.[7] Esse documento, que Redondi atribuiu a Grassi, denunciava Galileu como herege. Nessa nova reviravolta, a acusação se baseava no fato de que Galileu "se declara abertamente seguidor da escola de Demócrito e Epicuro [filósofos da Grécia Antiga]", o que quer dizer que ele acredita em átomos, uma crença considerada incompatível com a transubstanciação subjacente ao dogma da Eucaristia. Com base nessa carta,

Redondi elaborou uma criativa teoria da conspiração defendendo que a verdadeira heresia pela qual Galileu acabaria sendo condenado não foi o copernicanismo, mas sim o atomismo. Embora a maioria dos colegas historiadores não concorde com a especulação de Redondi, não há dúvida de que o acréscimo de mais um item à crescente lista de problemas de Galileu certamente não ajudou.

A verdade era que, apesar do aparente apoio do papa e de algumas garantias do padre Niccolò Riccardi de que as opiniões dele "não eram contrárias à Fé", Galileu achava que ainda tinha sérios motivos para se preocupar. No que diz respeito ao atomismo, hoje acreditamos que toda matéria comum é composta de algumas partículas elementares que não são compostas de outras partículas. No extremamente bem-sucedido modelo padrão da física de partículas, essas partículas elementares incluem quarks (dos quais os prótons e os nêutrons são feitos), léptons (elétrons, múons e neutrinos), bósons de calibre (mediadores de força) e o bóson de Higgs (que é uma excitação de um determinado campo). A matéria ordinária é de fato composta de átomos, que antes se supunha serem elementares, mas que hoje se sabe que contêm essas partículas elementares subatômicas.

Apesar de todas as preocupações, ansiedades e temores associados aos ataques de Grassi, o relativo sucesso de *O ensaiador* deve ter dado alguma satisfação a Galileu. Sua convicção na correção do modelo copernicano era forte demais para ele desistir àquela altura.

10

O *Diálogo*

O ensaiador não apresentou o melhor de Galileu como cientista. Em vez disso, mostrou-o mais como um mágico das palavras e da lógica intrincada, e demonstrou seu brilhantismo e sua articulação como debatedor. A eleição de Maffeo Barberini como papa Urbano VIII, no entanto, ressuscitou as esperanças de Galileu de que ele talvez pudesse mudar a posição da Igreja em relação ao copernicanismo. Com esse objetivo em mente, desejava se encontrar com o papa o mais cedo possível, mas seus problemas de saúde o impediram de viajar para Roma até a primavera de 1624. O papa Urbano concedeu gentilmente a Galileu nada menos do que meia dúzia de audiências e o tratou com grande respeito e generosidade, mas os resultados práticos ficaram aquém das expectativas de Galileu. Ele saiu das reuniões se dando conta de que, apesar da mente aberta do novo pontífice, Urbano VIII estava convencido de que os humanos nunca seriam capazes de compreender os mistérios do cosmos. Para o papa, independentemente de qual teoria dos movimentos planetários os cientistas adotassem, "não podemos limitar o poder e a sabedoria divinos dessa maneira".[1] As opiniões de Galileu eram, é claro, muito diferentes. Ainda assim, ele ficou com a impressão de que tinha permissão para apresentar o modelo copernicano como uma *hipótese* e mostrar que, em termos científicos, pelo menos, essa conjectura explicava melhor as observações do que os sistemas aristotélico-ptolomaicos. Como ele estava prestes a descobrir, até mesmo essa impressão estava equivocada.

Ao retornar a Florença, Galileu decidiu avançar passo a passo, primeiro respondendo ao ensaio de Francesco Ingoli contra o copernicanismo publicado oito anos antes.[2] Ingoli foi a pessoa que "corrigiu" o livro de Copérnico para a Congregação do Índice. A tática de Galileu era se apresentar como alguém que escolhera não ser um copernicano "por motivos mais elevados" [isto é, por ser um católico devoto] em vez de por razões científicas, embora a ciência fosse a área na qual expôs os argumentos de Ingoli como muito frágeis, quando não totalmente falsos. Foi uma jogada arriscada e, a conselho de Federico Cesi, a carta a Ingoli nunca foi entregue porque "a opinião de Copérnico é defendida de maneira explícita e, embora seja claramente declarado que essa opinião se revela falsa por intermédio de uma luz superior", Cesi avaliava que haveria aqueles que "não acreditarão nisso e vão se insurgir novamente". O amigo próximo de Galileu sem dúvida tinha razão, pois outros acontecimentos desfavoráveis a Galileu estavam se acumulando nessa mesma época. Talvez o mais significativo tenha sido a morte prematura de seu grande defensor, Virginio Cesarini, e o fato de o cardeal Alessandro Orsini, antes um admirador entusiasmado, ter se juntado à ordem jesuíta e ter sido bastante influenciado pelo inimigo declarado de Galileu, Christoph Scheiner. Além disso, Mario Guiducci informou Galileu de que o Santo Ofício havia recebido uma proposta de uma pessoa não identificada para que *O ensaiador* fosse acrescentado à lista de livros proibidos por causa de seu conteúdo pró-Copérnico.

Tudo isso não impediu Galileu de começar, por volta de 1626, a escrever seu próximo grande livro, *Diálogo*, que originalmente deveria descrever em detalhes sua teoria das marés, fenômeno que ele ainda considerava a prova mais convincente do movimento da Terra. O trabalho, no entanto, progrediu muito lentamente nos três anos seguintes e com interrupções prolongadas, causadas às vezes pela saúde em declínio de Galileu, às vezes por necessidade de mais dados sobre as marés. Em um movimento algo surpreendente, talvez, Galileu decidiu não reagir de maneira significativa (exceto por uma carta descontente ao príncipe

Paolo Orsini) ao gigantesco trabalho de Scheiner sobre as manchas solares, *Rosa Ursina*, publicado em 1630.

Quando Galileu estava dando os toques finais no *Diálogo*, a sorte pareceu sorrir um pouco para ele: o padre Niccolò Riccardi, que havia elogiado entusiasticamente *O ensaiador* alguns anos antes, foi nomeado mestre do Palácio Apostólico Sagrado em junho de 1629. Com esse título, Riccardi se tornou a pessoa que dava a autorização final para impressão. Em consequência, os amigos de Galileu ficaram cautelosamente otimistas com a possibilidade de imprimir o livro em Roma. Castelli, que havia sido nomeado professor de matemática na Universidade de Roma, escreveu a Galileu que Ciampoli "considera seguro" que, se Galileu fosse a Roma com o trabalho em mãos, "superaria qualquer dificuldade" que pudesse encontrar.

Galileu chegou a Roma em 3 de maio de 1630 e foi recebido como convidado de honra pelo embaixador da Toscana, Francesco Niccolini, que havia sido nomeado para o cargo em 1621. Cerca de duas semanas depois, ele conseguiu uma audiência com Urbano VIII. Sem dúvida, o papa reiterou suas opiniões anteriores sobre a necessidade de tratar o copernicanismo apenas como uma hipótese e sua crença de que o universo sempre permaneceria além da compreensão humana. No entanto, com base na cordialidade e no comportamento geral do pontífice, Galileu aparentemente se convenceu de que ele não se oporia à publicação do que viria a ser o *Diálogo*.

Galileu, porém, não levou em consideração dois fatos cruciais. O primeiro tinha a ver com a delicada situação política e o estado psicológico do papa. Urbano VIII, que era um amante genuíno e patrono das artes, havia gastado dinheiro em excesso durante seu papado, uma ostentação que culminou no suntuoso Palazzo Barberini, um palácio seiscentista em Roma. Ao mesmo tempo, ele financiou a construção de uma variedade de fortalezas e outros empreendimentos militares, debilitando financeiramente um pontificado já considerado nepotista e consumido pelo desejo por prazeres terrenos. Além disso, a Guerra dos Trinta Anos já se arrastava havia mais de uma década, sem um fim à vista, e até as relações de Roma com a França, um país que Urbano VIII geralmente apoiava, haviam sido um tanto desgastadas pelas posições intransigentes adotadas pelo influente cardeal francês Armand Jean du Plessis Richelieu. Todas essas dificuldades haviam transformado o papa Urbano VIII em um homem mal-humorado, caprichoso e desconfiado, que exigia obediência absoluta em todas as frentes de todos os que o cercavam.

A segunda realidade que Galileu não conseguiu identificar por completo foi o nível de ódio que alguns de seus inimigos cultivavam em relação a ele e a novas ideias científicas em geral, e as cruéis medidas que estavam dispostos a tomar para causar sua ruína. Essa animosidade ficou clara em um incidente terrível durante a estada de Galileu em Roma. As coisas transcorreram assim: o abade da Basílica de Santa Prassede, em Roma, aparentemente publicou um horóscopo prevendo a morte iminente do papa e de seu sobrinho. Alguns dos adversários de Galileu tentaram culpá-lo, anunciando:

> Aqui está Galileu, famoso matemático e astrólogo, e está tentando imprimir um livro no qual refuta muitas das opiniões dos jesuítas. Ele deixou claro (...) que no fim de junho teremos paz na Itália e que pouco depois Sir Taddeo e o papa morrerão. A última afirmação é corroborada pelo napolitano Caracioli, pelo padre Campanella e por muitos discursos escritos que tratam da eleição de um novo pontífice, como se a Sé estivesse vazia.[3]

Galileu, que sabia como o papa Urbano VIII era supersticioso, precisou reagir imediatamente e enviar uma mensagem ao papa negando qualquer envolvimento no caso. Por sorte, essa trama particularmente cruel não obteve êxito, e o papa garantiu a Galileu que ele estava livre de qualquer suspeita.

O padre Riccardi, encarregado de aprovar o *Diálogo*, estava perfeitamente ciente da delicada situação de Roma na época. Depois da primeira leitura do manuscrito, ele percebeu de imediato que, apesar do que Galileu pudesse ter pensado, e embora o resultado final da discussão tenha permanecido inconclusivo, aquele era, pelo menos em grande parte, um texto inconfundivelmente pró-copernicano, que poderia suscitar problemas sérios se publicado sem edições. Sugeriu, portanto, que, além de algumas revisões necessárias, fosse acrescentada uma nota introdutória ou prefácio e um capítulo final enfatizando a natureza hipotética do modelo copernicano. Consequentemente, ficou decidido que o próprio Riccardi e o dominicano Raffaele Visconti fariam uma revisão minuciosa do livro antes de discuti-lo com o papa. Essa conversa com o pontífice acabou ocorrendo em meados de junho de 1630 e, com base no que lhe fora apresentado (que era tendencioso, na melhor das hipóteses), o papa expressou sua satisfação geral. Insistiu, no entanto, que o título não se concentrasse nas marés — já que isso implicaria que o tópico principal era provar o movimento da Terra —, mas nos "Principais Sistemas do Mundo". Com essas garantias e uma despedida amigável do papa e de seu sobrinho, o cardeal Francesco Barberini, Galileu finalmente partiu para Florença em 26 de junho de 1630.

Infelizmente, esse não foi o fim das provações e tribulações que Galileu teve de enfrentar para publicar o *Diálogo*.[4] A mais significativa delas foi a morte súbita, em 1º de agosto de 1630, de Federico Cesi, fundador e única fonte de financiamento da Academia Linceana. Como resultado, a impressão teve que ser feita em Florença, fora da jurisdição de Riccardi, em vez de Roma. Após algumas negociações, ficou acordado que o padre Jacinto Stefani, consultor da Inquisição em Florença, ficaria encarregado, mas somente depois que Riccardi aprovasse a introdução e a conclusão. Toda a operação foi dolorosamente lenta. Galileu, que a essa altura havia perdido a paciência, concordou com uma reunião com todas as autoridades florentinas envolvidas e declarou, irritado:

> Concordo em atribuir o rótulo de sonhos, quimeras, mal-entendidos, paralogismos e opiniões a todas as razões e todos os argumentos que as autoridades veem como favoráveis a opiniões que consideram falsas; eles também entenderiam quão verdadeira é

minha afirmação de que, sobre esse assunto, nunca tive nenhuma opinião ou intenção que não fosse aquela dos Padres e Doutores mais santos e veneráveis da Santa Igreja.[5]

Para encurtar a história, a impressão do *Diálogo* só foi concluída em 21 de fevereiro de 1632. O livro listava as permissões (*imprimatur*) de Riccardi e do inquisidor em Florença, Clemente Egidi, mesmo que Riccardi não tivesse examinado a versão final, mas enviado as instruções sobre a introdução e a conclusão para Egidi. Respeitando o pedido do Papa, o título dizia (sem incluir várias atribuições) *Diálogo sobre os dois principais sistemas do mundo, ptolomaico e copernicano, expondo de maneira inconclusiva as razões filosóficas tanto para um quanto para o outro* (a imagem 19 do encarte mostra a folha de rosto).[6] Havia um certo truque no título. Mesmo que se ignorasse o fato de que os sistemas aristotélico e ptolomaico não eram idênticos, havia pelo menos um outro sistema de mundo que, em termos de concordância com as observações, era superior ao ptolomaico: o sistema híbrido de Tycho Brahe no qual os planetas giravam em torno do Sol, mas o próprio Sol girava em torno da Terra. Galileu sempre considerou esse sistema desnecessariamente complexo e pouco natural, e também achava que tivesse encontrado a prova do movimento da Terra por meio do fenômeno das marés; então, na tentativa de dar ao copernicanismo uma clara vitória (embora formalmente o livro fosse inconclusivo), ele provavelmente não quis confundir a questão com qualificações supérfluas.

No importante prefácio (acrescentado a pedido do padre Riccardi para ajudar na obtenção de permissão para imprimir), Galileu fez o possível para dar a impressão de que concordava com o decreto anticopernicano de 1616. Os leitores de hoje talvez percebam que ele mal conseguiu disfarçar o sarcasmo e o desprezo pelo decreto e pelas restrições anti-intelectuais impostas a ele pessoalmente:

> Houve quem afirmasse insolentemente que esse decreto teve origem não em investigações criteriosas, mas na paixão não muito

bem informada. Ouvir-se-iam reclamações de que conselheiros totalmente não qualificados em observações astronômicas não deveriam cortar as asas de intelectos reflexivos por meio de proibições irrefletidas.

Ao ouvir tal pérfida insolência, meu fervor não pôde ser contido. Estando bem informado sobre essa prudente determinação, decidi me apresentar abertamente no teatro do mundo como testemunha da verdade sensata. Eu estava naquele tempo em Roma; fui não apenas recebido pelos prelados mais eminentes da Corte, mas também recebi seus aplausos; de fato, esse decreto não foi publicado sem que eu recebesse um aviso prévio [do cardeal Bellarmino].[7]

Para agradar ainda mais o papa, Galileu foi contra suas convicções científicas pessoais e declarou que, com o *Diálogo*, havia "assumido o lado copernicano no discurso, procedendo como faria com uma pura hipótese matemática". Ou seja, ele fingiu aceitar a abordagem "salvar as aparências" da ciência. Por fim, também acrescentou uma referência direta à visão do papa de que, mesmo que o sistema copernicano explicasse os movimentos dos planetas, ele talvez não representasse a realidade, uma vez que Deus é todo-poderoso e poderia ter criado a mesma aparência por meios inteiramente diferentes, além da compreensão humana. Nesse sentido, Galileu escreveu:

> Não é por deixar de levar em conta o que os outros pensaram que nos rendemos a afirmar que a Terra está imóvel (...) mas (acima de tudo) pelas razões fornecidas pela devoção, pela religião, pelo conhecimento da Onipotência Divina e por uma consciência das limitações da mente humana.[8]

Ingenuamente, Galileu achou que essas ressalvas seriam suficientes.

Salviati, Simplicio, Sagredo

O *Diálogo* é um dos textos científicos mais interessantes já escritos. Há conflito e drama, sim, mas também filosofia, humor, cinismo e uso poético da linguagem, de modo que a soma é muito mais do que suas partes.

Tendo como modelo os diálogos de Platão,[9] o *Diálogo* foi apresentado como uma discussão imaginária entre três interlocutores, que acontece em um palácio veneziano durante um período de quatro dias. Salviati, cujo nome é uma homenagem ao amigo florentino de Galileu Filippo Salviati, é um representante das opiniões copernicanas de Galileu. Sagredo, que tem o nome do amigo veneziano de Galileu (também falecido) Gianfrancesco Sagredo, desempenha o papel do indivíduo instruído, mas não especialista, que julga sabiamente as visões copernicana e aristotélica expressas pelos outros dois. Por fim, Simplicio é um aristotélico ávido, que defende obstinadamente a visão de mundo geocêntrica. Seu nome é supostamente uma alusão a Simplício da Cilícia, um comentarista das obras de Aristóteles nascido no século V, com o nome tendo um duplo sentido e sugerindo também uma mente simplista. Simplicio foi inspirado em parte no conservador Cesare Cremonini e em parte no arqui-inimigo de Galileu, Lodovico delle Colombe.

Durante os primeiros três dias, o *alter ego* de Galileu, Salviati, destrói metodicamente Simplicio. Usando exemplos que vão desde gatos mortos caindo de janelas até a ilusão de que a Lua nos segue enquanto andamos por um caminho, Galileu rejeita todas as autoridades antigas (como Aristóteles), "pois nossas disputas são sobre o mundo sensível, e não sobre um mundo de papel".

No primeiro dia, ele demonstra que não há diferença entre as propriedades terrestres e celestes. No segundo, declara que todos os movimentos observados nos céus são explicados mais facilmente quando se assume que é a Terra que se move, e não o Sol e o restante do mundo.

Salviati dedica o terceiro dia a refutar todas as objeções levantadas contra a revolução da Terra em torno do Sol e a fornecer evidências de que ela realmente se move. Talvez o mais interessante nessa discussão seja a nova afirmação de Galileu de que ele pode *provar* a realidade do movimento anual da Terra a partir da observação da trajetória das manchas solares na superfície solar. As observações detalhadas de Galileu e mais ainda de Scheiner sobre as manchas solares haviam revelado que a trajetória projetada das manchas não segue uma linha reta paralela à eclíptica. Em vez disso, durante um quarto do ano, elas parecem ascender em uma linha reta inclinada para a eclíptica. No trimestre seguinte, se movem em uma trajetória curvada para cima; no seguinte, em uma linha reta descendente; e, no último trimestre, percorrem uma trajetória curvada para baixo (como mostrado esquematicamente na Figura 4, a seguir). Galileu demonstrou que a principal causa da curva traçada por esses movimentos aparentes era uma rotação do Sol em torno de seu eixo, com uma inclinação de cerca de 7 graus do eixo de rotação solar em relação a uma linha perpendicular ao plano eclíptico. Baseando-se então na navalha de Occam, de acordo com a qual de duas explicações para um dado fenômeno, a que exige menos suposições em geral é a correta (nas palavras de Galileu: "aquilo que pode ser realizado por meio de poucas coisas é feito em vão por meio de mais"), ele foi além e afirmou a clara superioridade do sistema copernicano (sobre o ptolomaico) na explicação dessas observações. Como Galileu aparentemente se deparou com essa prova específica apenas alguns meses antes de enviar o *Diálogo* para impressão, suas explicações são bastante vagas e certamente insuficientes, o que fez com que muitos estudiosos de Galileu se mostrassem céticos em relação à validade da prova. (O autor húngaro britânico Arthur Koestler chegou a ponto de criticá-lo por estupidez e desonestidade.)[10]

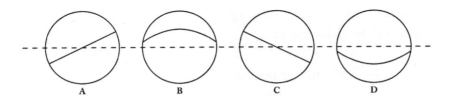

Figura 4: Esquema mostrando as direções das trajetórias observadas do movimento anual das manchas solares, em quatro trimestres.
— *Ilustração de Paul Dippolito* —

Análises mais recentes e completas da prova, no entanto, mostraram que, embora Galileu não tenha incluído todos os movimentos relevantes, a trajetória das manchas solares de fato poderia ser usada como uma evidência convincente a favor do sistema copernicano.[11] Mais importante, talvez, mesmo que Galileu não tivesse se dado conta, sua prova militava tão decisivamente contra o sistema de Tycho quanto contra o cenário ptolomaico. Certamente era muito mais forte do que a prova do fluxo e refluxo das marés à qual ele dedicou o quarto dia do *Diálogo*. O curioso é que Galileu estava plenamente ciente das explicações para as marés que se baseavam na influência da Lua, mas, na ausência de uma teoria da gravitação, encarava ideias como as de Kepler — que falavam especificamente sobre "forças atraentes" entre a Lua e a Terra — como se se fiassem em "propriedades ocultas", mesmo que o conceito de Kepler tenha sido um precursor genuíno da teoria de Newton.

Em seu resumo da maratona de quatro dias de discussões, Sagredo conclui:

> Nas conversas durante esses quatro dias, temos, então, fortes evidências a favor do sistema copernicano, dentre as quais três se mostraram muito convincentes — aquelas obtidas das paradas e dos movimentos retrógrados dos planetas, e de suas aproximações e retrações da Terra; segundo, da revolução do Sol em torno de si mesmo e do que se observa nas manchas solares; e terceiro, do fluxo e refluxo das marés.

Como vimos, a terceira evidência alegada (as marés) era, na verdade, incorreta, e a segunda (a trajetória das manchas solares) poderia ser uma prova ainda mais forte do que Galileu se dava conta ou era capaz de articular. Com uma clarividência incrível, Galileu acrescentou um quarto teste: "A quarta, enfim, pode vir das estrelas fixas, uma vez que, por meio de observações extremamente precisas, pode ser que sejam descobertas as mudanças mínimas que Copérnico imaginou serem imperceptíveis." Galileu previu aqui que a pequena mudança de paralaxe em relação às estrelas ao fundo devido ao movimento da Terra ao redor do Sol acabaria se tornando mensurável, como de fato aconteceu.

Mas você pode se perguntar: como Galileu poderia terminar seu livro com uma defesa de Copérnico? Afinal, a injunção imposta a ele em 1616 por Seghizzi ordenava explicitamente que não o fizesse. De fato, ele não podia fazê-lo. O risco de suscitar uma punição severa da Igreja era alto demais. Em vez disso, ele foi forçado a terminar com restrições e reservas, essencialmente negando todo o conteúdo do livro! O espírito de sacrifício foi expresso mais claramente por Simplicio:

> Sei que se perguntado se Deus, em Seu infinito poder e em Sua infinita sabedoria, poderia conferir ao elemento aquoso seu movimento de vaivém observado [as marés] usando outros meios que não mover seus recipientes, vocês dois responderiam que sim, e que Ele saberia fazer isso de muitas maneiras inconcebíveis para nossa mente. Com base nisso, concluo sem demora que, sendo assim, seria ousadia demais da parte de qualquer indivíduo limitar e restringir o poder e a sabedoria divinos a alguma fantasia particular de sua autoria.[12]

Essas foram, quase na íntegra, as palavras do papa Urbano VIII. Para completar essa admissão involuntária e não científica, Galileu fez com que Salviati concordasse completamente com Simplicio, aceitando que "não nos cabe descobrir o trabalho de Suas mãos" e que "podemos nos descobrir muito menos aptos a penetrar as profundezas de Sua infinita sabedoria".

Galileu pode ter acreditado que, ao repetir as opiniões do papa sobre a incapacidade humana de realmente compreender o cosmos, ele teria pago suas dívidas com a filosofia anticopernicana — e o padre Riccardi pode ter concordado, pelo menos até certo ponto. Ao fazer isso, no entanto,

Galileu subestimou o fervor de seus inimigos, que não deixariam de notar que a admissão da incompreensibilidade do universo foi atribuída a Simplicio, que havia sido ridicularizado ao longo de todo o *Diálogo*.

Ainda mais importante: o ato de remover os seres humanos de seu lugar central no cosmos era brutal demais para ser remediado por gracejos filosóficos ao final de um longo debate com um tom muito diferente.

Alguns historiadores da ciência da atualidade levantaram uma questão diferente em relação à conclusão do *Diálogo*. Eles consideraram os "esclarecimentos" corretivos de Galileu como um sinal de desonestidade e covardia. Discordo completamente. O *Diálogo* expressou com coragem a opinião genuína de Galileu sobre um tópico que ele havia sido advertido a não discutir. Restam poucas dúvidas de que o malabarismo delicado no prefácio e a conclusão foram impostos a ele por seus amigos e por aqueles que desejam garantir que o livro fosse aprovado para publicação. Galileu poderia ter evitado todos os infortúnios, mágoas e sofrimentos que estava prestes a enfrentar simplesmente sendo menos combativo e não publicando o *Diálogo*. Mas, afinal, ele era humano, e seu senso de orgulho pessoal por suas descobertas e uma paixão incontrolável pelo que considerava ser a verdade eram fortes demais para que simplesmente abrisse mão deles. Para Galileu, a tarefa de convencer a todos da correção do copernicanismo deve ter assumido a forma de um dever histórico. Foi por isso que ele escreveu o *Diálogo* (como fez com a maioria de seus outros livros) em italiano e não em latim, para que pudesse ser lido por qualquer italiano alfabetizado e interessado. Galileu fez o possível para transmitir a beleza e a coerência racional do universo, mas deixou o julgamento final para o leitor, como Salviati expressa muito claramente no fim do terceiro dia:

> Não dou a esses argumentos o status de conclusivos ou inconclusivos, pois (como disse) minha intenção não era resolver nada a respeito dessa importante questão, mas apenas expor as razões físicas e astronômicas que os dois lados podem me dar para expor.

Deixo para outros a decisão, que em última análise não deve ser ambígua, uma vez que um dos sistemas deve ser verdadeiro e o outro, falso.[13]

A história provou que Galileu estava certo, mas estar certo às vezes não basta. Certamente não poupou Galileu das dificuldades e angústias que estavam reservadas para ele no ano seguinte.

11

Tempestade no horizonte

Como era de esperar, os admiradores de Galileu saudaram a publicação do *Diálogo* com grande entusiasmo, talvez ninguém mais do que Benedetto Castelli, que era não apenas um bom matemático e um copernicano convicto, mas também um eterno apoiador de seu ex-professor. No entanto, menos de quatro meses haviam se passado desde a publicação, quando notícias perturbadoras começaram a chegar.

Tudo começou com uma carta do padre Riccardi ao inquisidor de Florença, Clemente Egidi, pedindo a ele que interrompesse imediatamente a distribuição do livro até que algumas correções fossem enviadas de Roma. Esse ato nefasto foi em si consequência de uma série de acontecimentos que se acumularam para alimentar, na mente do papa, suspeita e hostilidade em relação a Galileu.

O primeiro incidente envolveu Giovanni Ciampoli, amigo de Galileu. Ao escolher apoiar cardeais de inclinação espanhola, Ciampoli havia se colocado em oposição à estratégia geralmente francófila do papa, perdendo assim a simpatia e a confiança de Urbano VIII. Além disso, Ciampoli escreveu uma carta na qual criticava o estilo do papa, acrescentando um elemento pessoal à desaprovação do pontífice em relação a ele. Segundo, o papa estava começando a receber notícias, especialmente dos opositores jesuítas de Galileu, de que o conteúdo do *Diálogo* era diferente do que ele esperava. Em particular, foi informado de que seu próprio argumento principal sobre a incompreensibilidade do universo e a incapacidade dos seres humanos de um dia provar a realidade de qualquer sistema teórico do mundo haviam sido tratados de forma desrespeitosa no texto. Ele não apenas foi apresentado de maneira um tanto marginal e muito breve, mas, para piorar as coisas, foi colocado na boca de Simplicio, que havia sido ridicularizado ao longo de todo o livro. Por fim, devido a seu estado mental habitualmente paranoico à época, Urbano VIII interpretou de maneira equivocada a marca do impressor na primeira página do livro — composta por três peixes, cada um segurando o rabo do outro na boca (veja a parte de baixo da imagem 19 no encarte) — como uma alusão a seu próprio nepotismo com seus sobrinhos. O resultado de todos esses acontecimentos desconcertantes foi que, em agosto de 1632, as conversas nos círculos eclesiásticos em Roma já incluíam opções que iam de um atraso na distribuição do livro até sua completa proibição. Em particular, foi relatado que os padres jesuítas estavam tentando ativamente banir o livro e "julgá-lo [Galileu] de forma implacável". Enquanto isso, o padre Riccardi tentava diligentemente obter informações sobre quantos exemplares do *Diálogo* haviam sido impressos e para quem haviam sido enviados, a fim de recolher todos eles.

O que Galileu fez em resposta a todos esses desdobramentos negativos? Apenas o pouco que podia fazer: pediu ao embaixador florentino em Roma, Niccolini, e ao grão-duque Ferdinando II que protestassem contra as restrições impostas a um livro que já havia recebido todas as permissões e licenças necessárias. Niccolini realmente se encontrou várias vezes com o sobrinho do papa, o cardeal Francesco Barberini, e, ao ficar sabendo que uma comissão composta inteiramente de pessoas hostis a Galileu havia sido nomeada para examinar o livro, pediu que "algumas pessoas neutras" fossem incorporadas à comissão. O embaixador não recebeu garantias.

No início de setembro, Filippo Magalotti, parente da família Barberini e amigo de Galileu e Mario Guiducci, finalmente ouviu do padre Riccardi as principais queixas contra o *Diálogo*.[1] Além do papel reduzido dado às opiniões do papa no livro, a alegação era de que o prefácio era insuficiente em fornecer o equilíbrio necessário às opiniões copernicanas expressas no corpo principal — em especial porque o prefácio parecia ser, e de fato era, uma reflexão tardia. Àquela altura, Magalotti ainda expressava um otimismo cauteloso de que "com algumas coisas menores removidas ou acrescentadas por cautela (...) o livro continuará livre". Seu conselho era não tentar forçar a situação, mas esperar que os ânimos se acalmassem. Por uma infeliz reviravolta, no entanto, aconteceu exatamente o contrário.

O embaixador Niccolini se encontrou com o papa para discutir outro assunto, mas o encontro se deteriorou a tal ponto que as consequências foram desastrosas, como o frustrado Niccolini descreveu mais tarde: "Enquanto discutíamos as questões delicadas do Santo Ofício, Sua Santidade explodiu em um acesso de raiva e, de repente, me disse que até nosso Galileu havia ousado se meter onde não devia, no assunto mais sério e perigoso que poderia ser suscitado nesse momento."[2] Pego de surpresa pelo rompante — e sem saber que àquela altura Ciampoli havia caído em desgraça com o papa —, Niccolini cometeu o erro adicional de tentar argumentar que o *Diálogo* havia sido publicado com a aprovação de Riccardi e Ciampoli. Isso irritou o papa Urbano VIII, que passou a gritar furioso que "ele havia sido enganado por Galileu e Ciampoli" e que, "em particular, Ciampoli ousara dizer a ele que o sr. Galilei estava disposto a fazer tudo que Sua Santidade ordenasse e que tudo estava bem". Todas as tentativas de Niccolini de convencer o pontífice a dar a Galileu uma chance de explicar suas ações foram em vão. O papa gritou com raiva que "esse não é o costume" e que "ele [Galileu] sabe muito bem onde estão as dificuldades, se quiser conhecê-las, já que nós [usando aqui o plural majestático] as discutimos com ele, e ele as ouviu diretamente de nós".

Os outros esforços de Niccolini de pelo menos amenizar as coisas não tiveram resultado. O papa revelou que havia nomeado uma comissão para examinar o livro "palavra por palavra, uma vez que se trata do assunto mais perverso com o qual alguém poderia se deparar". Por fim, repetindo sua queixa de que tinha sido enganado por Galileu, Urbano VIII acrescentou que havia, na verdade, feito um favor a ele ao nomear uma comissão especial em vez de enviar o caso diretamente à Inquisição.

Diante desse fiasco, Niccolini decidiu, também seguindo um conselho de Riccardi, abster-se de tomar medidas adicionais para tentar apaziguar o papa e confiar apenas nos esforços de Riccardi de introduzir algumas correções no livro a fim de torná-lo mais palatável. Riccardi parecia menos preocupado com a composição da comissão (da qual fazia parte), estimando que pelo menos outros dois integrantes tratariam Galileu de forma justa. Nessa suposição, ele estava errado, já que o jesuíta Melchior Inchofer (muito provavelmente também um integrante da comissão) era um anticopernicano devoto.

De qualquer forma, essa era a situação no início de setembro de 1632 e, embora as coisas parecessem estar longe de ser encorajadoras, havia pelo menos alguns motivos para um otimismo moderado. No entanto, foi então que uma nova informação caiu como uma bomba.

Um fantasma do passado

Como você deve se lembrar, dezesseis anos antes, Galileu havia sido convocado ao palácio de Roberto Bellarmino, onde, após uma advertência de Bellarmino, o comissário-geral do Santo Ofício, Michelangelo Seghizzi, emitiu desnecessariamente uma determinação ainda mais severa, proibindo Galileu de sustentar ou defender o sistema copernicano em qualquer publicação ou ensinamento. O documento que registrava essa determinação — e a sujeição de Galileu a ela — foi de alguma forma recuperado dos arquivos do Santo Ofício por volta de meados de setembro e levado a conhecimento da comissão do papa. Com essa nova evidência em mãos, todas as esperanças de que o caso fosse resolvido com algumas correções no *Diálogo* estavam rapidamente começando a se extinguir. Na verdade, em uma reunião da Congregação do Santo Ofício em 23 de setembro, foi relatado que Galileu havia se mantido "enganosamente em silêncio a respeito da ordem dada a ele pelo Santo Ofício no ano de 1616, que era a seguinte: 'Renunciar por completo à referida opinião de que o Sol é o centro do universo e imóvel e de que a Terra se move, e doravante não a sustentar, ensinar ou defender de nenhuma maneira, verbalmente ou por escrito, caso contrário, medidas seriam tomadas contra ele pelo

Santo Ofício, cuja determinação o referido Galileu aceitou e prometeu obedecer."'[3] A mão de Seghizzi estava tentando apertar o pescoço de Galileu mesmo do túmulo. Ele havia morrido em 1625.

Diante dessa nova evidência, a reação do papa foi rápida. Ele enviou uma mensagem instruindo o inquisidor de Florença a ordenar que Galileu fosse a Roma, onde deveria passar todo o mês de outubro e comparecer diante do comissário-geral do Santo Ofício para interrogatório. Chocado ao receber essa ordem perturbadora, Galileu entendeu que tinha que demonstrar, pelo menos formalmente, obediência. Ao mesmo tempo, estava determinado a fazer tudo o que estivesse ao seu alcance (ou de seus amigos) para evitar ter que ir a Roma, pois sabia muito bem que nada de bom poderia resultar dessa viagem. Como parte desses esforços e das táticas de postergação (mas também devido à sua saúde verdadeiramente delicada), em 13 de outubro ele enviou uma carta ao cardeal Francesco Barberini na qual reclamava que os frutos de seus estudos e de seu trabalho "se transformaram em acusações sérias contra minha reputação", o que, como ele descreveu, havia lhe rendido inúmeras noites insones. Galileu fez um apelo emocional a Barberini, pedindo que a Igreja lhe permitisse enviar explicações detalhadas de todos os seus escritos ou comparecer perante o inquisidor e sua equipe em Florença, e não em Roma.

O embaixador Niccolini, que deveria entregar a carta de Galileu ao cardeal, hesitou a princípio, por medo de que pudesse causar mais dano do que ajudar, mas depois de consultar Castelli, ex-aluno de Galileu, acabou por entregá-la. Ao mesmo tempo, Niccolini e Castelli se reuniram com várias autoridades eclesiásticas (Niccolini chegou a se encontrar com o próprio papa Urbano VIII) em uma tentativa desesperada de evitar que o homem de 68 anos tivesse que viajar para Roma. Todas as intervenções em nome de Galileu, no entanto, foram infrutíferas. O papa insistiu que tanto Ciampoli quanto Riccardi "haviam agido mal" e o haviam enganado com relação ao *Diálogo*. Em retaliação, em 23 de novembro, Ciampoli foi efetivamente exilado, tornando-se governador de uma pequena cidade. Ele nunca retornou a Roma.

Quanto a Galileu, o pontífice instruiu o inquisidor florentino a obrigá-lo a ir a Roma, ainda que tenha sido concedido a ele um mês de adiamento para fazer a viagem. Em um último esforço desesperado, em 17 de dezembro, Galileu enviou um relatório, redigido por três médicos, atestando que a viagem pioraria seu estado, que já era grave. Àquela altura, o impaciente Urbano VIII não estava disposto a fazer mais concessões. Com a clara intenção de intimidar Galileu, sugeriu enviar seus próprios médicos para examinar o astrônomo (à custa de Galileu!) e, se ele fosse considerado apto a viajar, seria levado a Roma "preso e acorrentado". Diante dessa ameaça, até o grão-duque e seu secretário de Estado informaram Galileu que, "como é apropriado, no fim das contas, obedecer aos tribunais superiores, desagrada a Sua Alteza [o duque] que ele não possa poupá-lo de ir". O máximo que o grão-duque podia oferecer àquela altura era ajuda na organização da viagem e acomodações em Roma, na casa do embaixador.

Percebendo que não tinha mais opção e seriamente preocupado com o que a viagem a Roma poderia implicar, Galileu escreveu um testamento. Nomeou o filho Vincenzo como herdeiro. Ele também escreveu para seu amigo Elia Diodati, que vivia em Paris e havia ajudado a publicar o trabalho de Galileu fora da Itália, dizendo: "Tenho certeza de que [o *Diálogo*] será proibido, apesar do fato de que, a fim de obter a licença, fui pessoalmente a Roma e o entreguei nas mãos do senhor do Palácio Sagrado."[4]

Galileu partiu para Roma em 20 de janeiro de 1633, mas, por causa da peste que assolava a Itália, teve que ficar em quarentena antes de passar da Toscana aos territórios conhecidos como Estados Papais, uma parada que se revelou penosa, longa e desagradável. Como resultado, chegou a Roma somente em 12 de fevereiro, felizmente recebido com conforto e calorosa hospitalidade na casa do embaixador Niccolini e de sua esposa. Depois de se reunir com algumas autoridades eclesiásticas para aconselhamento nos primeiros dias, nas semanas seguintes Galileu mal saiu de casa, uma vez que o cardeal Francesco Barberini o aconselhou a não socializar, por medo de que "pudesse causar danos e prejuízo".

Conforme o tempo ia passando, com poucas ações claras e detectáveis ou qualquer outra forma de comunicação, as esperanças de Galileu de uma resolução benigna e pacífica se reacenderam. Ele também se sentiu encorajado pelo fato de ter sido autorizado a ficar na casa do embaixador da Toscana, em vez de nos alojamentos do Santo Ofício. Em sua ingenuidade, Galileu não compreendeu que, depois de ter tido todo o trabalho de levá-lo até Roma, a Igreja não podia permitir que o caso se dissipasse. Os esforços de Niccolini de chegar a uma rápida resolução ao se reunir novamente com o papa tampouco tiveram resultado. O pontífice repetiu sua posição, desejando que "Deus perdoe o *signor* Galilei por ter se intrometido nesses assuntos", uma vez que, como Urbano VIII afirmava, "Deus é onipotente e pode fazer qualquer coisa; mas, se Ele é onipotente, por que queremos restringi-lo?".[5] A visão intransigente do Papa continuava sendo a de que nenhuma compreensão teórica do universo jamais seria possível.

O estado de incerteza e ansiedade se prolongou por cerca de dois meses. No início de abril, no entanto, Galileu foi convocado ao Santo Ofício, apresentando-se perante o comissário-geral em 12 de abril. As únicas boas notícias que Niccolini pôde dar ao secretário de Estado florentino foram que Galileu estava alojado nos aposentos do promotor em vez de nas celas geralmente destinadas aos criminosos. O promotor também permitiu que o criado de Galileu o servisse, e a comida lhe era trazida da embaixada da Toscana.

O palco estava armado para um dos mais famosos — ou melhor, infames — julgamentos da história.

12

O julgamento

O julgamento de Galileu começou em 12 de abril e terminou em 22 de junho de 1633. O interrogatório em si se deu em três sessões, em 12 de abril, 30 de abril e 10 de maio. O papa chegou a uma decisão em 16 de junho, e a sentença foi proferida seis dias depois. Embora as acusações principais dissessem respeito à desobediência às ordens da Igreja, nenhum outro evento isolado representou de maneira tão clara o embate entre o raciocínio científico e a autoridade religiosa, e suas reverberações são sentidas até hoje.

A Inquisição ou, mais formalmente, a Congregação do Santo Ofício, era composta por dez cardeais nomeados pelo papa. O responsável pelos interrogatórios era o comissário-geral, cardeal Vincenzo Maculano (que também era engenheiro), auxiliado pelo promotor de justiça Carlo Sinceri. Como veremos, embora tenhamos uma descrição bastante detalhada do que aconteceu dentro do tribunal durante cada sessão, infelizmente não temos acesso a informações potencialmente cruciais dos bastidores.

Sessão 1: As sombras de 1616

Depois de algumas perguntas preliminares, em cujas respostas Galileu reconheceu que supunha ter sido convocado ao Santo Ofício por causa de seu último livro, o *Diálogo*, o promotor passou rapidamente ao que considerava seu trunfo.[1] Com uma série de perguntas, Maculano concentrou toda a atenção no embargo de 1616, o documento que havia sido descoberto nos arquivos alguns meses antes.

Como esse documento desempenhou um papel dramático no julgamento, vale lembrar a sequência de acontecimentos que levaram a sua elaboração. Em uma reunião da Inquisição em 25 de fevereiro de 1616, o papa Paulo V ordenou que o cardeal Bellarmino convocasse Galileu e o advertisse a abandonar a doutrina copernicana. *Somente no caso de Galileu se recusar*, o comissário-geral Michelangelo Seghizzi deveria emitir um embargo formal proibindo Galileu de defender, discutir ou ensinar o copernicanismo de qualquer maneira que fosse. Se o astrônomo ainda assim desobedecesse o embargo, a ordem era prendê-lo e processá-lo. Na reunião da Inquisição do dia 3 de março, Bellarmino informou que Galileu já havia aquiescido quando ele emitiu a advertência para que parasse de apoiar o copernicanismo.

O novo documento apresentado no julgamento, datado de 26 de fevereiro de 1616, descrevia uma sequência de acontecimentos que diferia dessa em um aspecto importante. Ele atestava que, *imediatamente depois* do aviso de Bellarmino, Seghizzi interveio e ordenou que Galileu abandonasse o copernicanismo e não o sustentasse, defendesse ou ensinasse de nenhuma maneira, e que Galileu prometeu obedecer. Esse documento parecia descrever uma intervenção bastante prematura do comissário-geral, talvez motivada por uma breve hesitação da parte de Galileu depois de ouvir a advertência de Bellarmino. O documento também estava em contradição com o relatório de Bellarmino à Inquisição e com a carta de Bellarmino a Galileu, datada de 26 de maio de 1616. Essas discrepâncias deram origem a toda uma série de teorias da conspiração sugerindo que o documento de embargo pudesse ter sido forjado, em 1616 ou 1632. Uma análise caligráfica do documento realizada em 2009, no entanto, confirmou que Andrea Pettini, o notário do Santo Ofício, registrou todos os documentos de 1616, refutando assim qualquer sugestão de falsificação às vésperas do julgamento.[2]

Quando perguntado especificamente sobre o que lhe fora comunicado em fevereiro de 1616, Galileu respondeu sem hesitação: "No mês de fevereiro de 1616, o cardeal Bellarmino me disse que, uma vez que a opinião de Copérnico, tomada de forma absoluta, era contrária às Sagradas Escrituras, não poderia ser sustentada nem defendida, mas poderia ser estudada e usada *hipoteticamente* [grifo nosso]. Em conformidade com isso, mantenho uma declaração do próprio cardeal Bellarmino, datada de 26 de maio de 1616, na qual ele diz que a opinião de Copérnico não pode ser sustentada nem defendida, uma vez que é contrária às Sagradas Escrituras. Tenho em mãos uma cópia dessa declaração, e aqui está ela." Nesse momento, Galileu apresentou uma cópia da carta de Bellarmino, que Maculano não fazia ideia de que existia. Isso claramente tinha o potencial de configurar um momento crítico do ponto de vista jurídico, uma vez que, ao passo que o embargo determinado pelo comissário-geral Seghizzi (na presença de Bellarmino) falava em não "sustentar, ensinar ou defender de nenhuma maneira, verbalmente ou por escrito", a carta de Bellarmino usava a linguagem muito mais branda "não sustentar ou defender o copernicanismo". Evidentemente pego de surpresa, Maculano tentou pressionar Galileu para saber se havia outras pessoas presentes à reunião, e Galileu respondeu que havia alguns padres dominicanos presentes que ele não conhecia, nem vira desde então. Ainda insistindo na questão, Maculano perguntou a Galileu especificamente sobre a redação do embargo. A resposta de Galileu, que parece sincera, não foi formulada da maneira mais vantajosa para ajudar em sua defesa:

> Não me lembro de esse embargo ter sido dirigido a mim de outra maneira que não seja oralmente pelo lorde cardeal Bellarmino. Lembro-me de que o embargo determinava que eu não poderia sustentar ou defender, e talvez até que eu não pudesse ensinar. Não recordo, além disso, que houvesse a expressão "de nenhuma maneira", mas talvez houvesse; na verdade, não pensei nisso nem mantive isso em mente, tendo recebido alguns meses depois a declaração do lorde cardeal Bellarmino, datada de 26 de maio, que apresentei e na qual é explicada a ordem que me foi dada de não sustentar ou defender a referida opinião. No que diz respeito às

outras duas expressões no embargo agora mencionado, a saber, de "não ensinar" e "de nenhuma maneira", não as guardei na memória, acho que porque não estão contidas na referida declaração, na qual me baseei e que guardei como um lembrete.[3]

Infelizmente, ao admitir a possibilidade de que o embargo fosse mais restritivo que a carta de Bellarmino, Galileu inadvertidamente enfraqueceu a proteção que a formulação mais suave de Bellarmino lhe oferecia. Sem essa admissão aparentemente sincera, embora hesitante, haveria a questão jurídica ambígua de os dois documentos — a carta de Bellarmino, de um lado, e o documento de embargo, do outro — serem incompatíveis entre si. É difícil saber por que Galileu escolheu reconhecer de forma hesitante algo que havia acontecido tantos anos antes e de que ele legitimamente não se lembrava com precisão. Pode ser que ele tenha julgado de maneira equivocada que isso não era tão importante, em especial considerando a linha de defesa que estava prestes a adotar. De fato, o conjunto seguinte de perguntas dizia respeito ao *imprimatur*, a permissão para escrever e publicar o *Diálogo*.

A primeira pergunta talvez tenha sido a mais problemática. Galileu foi perguntado se havia solicitado permissão para escrever o livro. A resposta simples seria, é claro, não. No entanto, o fato de ele reconhecer isso sem nenhuma explicação, combinado à percepção predominante de que o livro defendia o copernicanismo, seria equivalente a uma admissão imediata de culpa. Galileu, portanto, decidiu confiar no fato de que o prefácio adicionado, em particular, e o resumo final do livro tornavam sua opinião sobre o copernicanismo inconclusiva e seu apoio a ele nem explícito nem absoluto. Consequentemente, alegou que não achava que precisasse de permissão, uma vez que seu objetivo não era apoiar o copernicanismo, mas refutá-lo. Qualquer advogado hoje teria dito a Galileu que a escolha dessa palavra (*refutar*) não era particularmente crível considerando o conteúdo do *Diálogo*, e a declaração de Galileu deve ter causado alguma surpresa no tribunal.

Por que Galileu fez essa afirmação? É difícil julgar o que passava pela mente de um homem já idoso que temia ser preso. Galileu provavelmente

O JULGAMENTO

estava tentando dar mais peso à afirmação que havia feito no prefácio, no qual aparentemente expressava seu apoio ao decreto de 1616 contra o copernicanismo. Também é possível que na verdade ele tenha escolhido uma palavra menos forte e "refutar" tenha sido usada pelos oficiais eclesiásticos que registraram o processo, em sua tentativa de retratar Galileu como alguém traiçoeiro e manipulador.

Em vez de tentar contradizer Galileu, Maculano passou para a próxima pergunta, sobre se Galileu havia solicitado permissão para imprimir o livro. A esse respeito, Galileu tinha uma resposta que, à primeira vista, parecia convincente: ele tinha não apenas um, mas dois *imprimatur*. Um era do mestre do Sagrado Palácio, Niccolò Riccardi, de Roma, e o segundo do inquisidor de Florença, Clemente Egidi. Isso, em princípio, poderia ter sido um argumento extremamente forte a favor do Galileu. A Igreja poderia mesmo condenar um livro que havia sido aprovado para publicação duas vezes pelas próprias autoridades eclesiásticas encarregadas da censura?

Percebendo com clareza o problema que a promotoria tinha diante de si, Maculano tentou provar que, na verdade, Galileu tinha sido dissimulado em seu pedido de permissão. Por isso, perguntou se ele havia revelado a Riccardi a existência do embargo de 1616. Galileu respondeu que não, argumentando novamente que havia considerado essa notificação desnecessária, uma vez que seu objetivo não era defender o copernicanismo, mas demonstrar que nenhum modelo de universo poderia ser conclusivo — precisamente de acordo com a visão do papa. Aqui Galileu pode ter cometido outro erro tático. Para ser consistente com suas declarações anteriores, ele poderia ter alegado que não havia informado Riccardi do embargo de 1616 simplesmente porque não se lembrou. As diversas oportunidades de explorar brechas legais para fortalecer seu caso perdidas por Galileu nos deixam com a impressão de que suas respostas podem ter sido sinceras, pelo menos de seu próprio ponto de vista, ou que foram deturpadas no documento escrito.

Depois dessa discussão pouco conclusiva, a primeira sessão chegou ao fim. Na sequência dos trabalhos, Galileu foi solicitado, como exigia o protocolo, a assinar um depoimento, em seguida foi encaminhado para detenção nas instalações do convento dominicano de Santa Maria Sopra Minerva, local onde o Santo Ofício realizava as audiências.

Do ponto de vista de uma audiência objetiva, pode-se argumentar que a primeira sessão do julgamento terminou em um empate jurídico. Enquanto Maculano certamente surpreendeu e assustou Galileu com a apresentação do documento de embargo de Seghizzi, Galileu produziu sua própria surpresa na forma da carta de Bellarmino. Como o *Diálogo* consistia em uma análise crítica dos argumentos tanto a favor quanto contra o copernicanismo, ele poderia ser considerado uma violação da proibição de "ensino" contida no embargo de Seghizzi. Ao mesmo tempo, Galileu podia alegar que havia respeitado integralmente a carta de Bellarmino, que tinha proibido apenas o apoio explícito ao copernicanismo. Como tanto Bellarmino quanto Seghizzi já estavam mortos na época do julgamento, os dois documentos conflitantes criaram um impasse virtual para o qual parecia não existir uma solução fácil. As duas permissões para imprimir o livro — uma supostamente concedida por Riccardi em Roma (embora um tanto problemática, já que o livro na verdade foi impresso em Florença) e a outra por Egidi em Florença — complicavam ainda mais a questão e devem ter dado a Maculano a forte sensação de um impasse iminente.

Podemos nos perguntar por que Egidi e Riccardi deram o *imprimatur* em primeiro lugar, tendo em vista o conteúdo do livro, que outras autoridades eclesiásticas claramente consideravam censurável. Podemos apenas especular que, sabendo da amizade íntima entre Urbano VIII e Galileu até 1630, ambos devem ter presumido que o texto havia sido completamente aprovado, pelo menos de maneira implícita, pelo papa, em especial se considerarmos que as opiniões do pontífice tinham sido explicitamente incluídas (ainda que proferidas por Simplicio). Infelizmente, em 1633, toda a cena pessoal e política havia mudado. A decisão de Egidi foi quase certamente influenciada também pelo fato de Galileu sempre ter sido um dos favoritos do grão-duque.

Desastrosamente para Galileu, os três membros da nova comissão especial designada para examinar de forma minuciosa o *Diálogo* a fim de determinar se ele sustentava, ensinava ou defendia de alguma maneira as proposições de que o Sol está em repouso e a Terra está em movimento emitiram seus pareceres individuais em 17 de abril. Todos concluíram de maneira definitiva que o livro violava o embargo de Seghizzi de 1616, embora dois deles não tenham declarado explicitamente que Galileu *sustentava* o copernicanismo condenado.

O relatório do jesuíta Melchior Inchofer, forte opositor do copernicanismo e apoiador de Christoph Scheiner, foi particularmente longo, extremamente detalhado e devastadoramente prejudicial.[4] Começava com uma grave acusação: "Sou da opinião de que Galileu não apenas ensina e defende a imobilidade ou o repouso do Sol ou do centro do universo, ao redor do qual os planetas e a Terra giram com movimento próprio, mas também que ele é veementemente suspeito de aderir firmemente a essa opinião e, na verdade, a *sustenta*" [grifo nosso]. Inchofer também conjecturou que um dos objetivos de Galileu era especificamente atacar Scheiner, que havia escrito contra o copernicanismo. Como esperado, a Congregação do Índice aprovou prontamente os relatórios da comissão especial no dia 21 de abril.

Uma carta descoberta nos arquivos da Congregação para a Doutrina da Fé apenas em 1998 (e publicada em 2001) deu origem a especulações sobre o que teria acontecido em seguida no julgamento. A carta, escrita por Maculano e endereçada ao cardeal Francesco Barberini, é datada de 22 de abril, apenas um dia depois de a Congregação aprovar a sentença contra o *Diálogo*. Maculano descreveu com compaixão a situação:

> Ontem à noite, Galileu foi atormentado por dores que o acometeram e gritou novamente esta manhã. Eu o visitei duas vezes e ele recebeu mais remédios. Isso me faz pensar que seu caso deve ser resolvido muito rapidamente, e realmente acho que isso deve se dar à luz da grave condição desse homem. Já ontem a Congregação chegou a uma decisão sobre seu livro, e foi determinado que nele ele defende e ensina a opinião que é rejeitada e condenada pela Igreja, e que o autor também é suspeito de sustentá-la. Sendo assim, o caso

poderia ser imediatamente levado a uma rápida resolução, que eu espero seja seu sentimento em obediência ao papa.[5]

Em outras palavras, Maculano começou a pensar em maneiras de encerrar o julgamento o mais rápido possível, percebendo que um certo nível de culpa já havia sido estabelecido. No século XVII, assim como hoje, um método claro e simples de encurtar os processos legais era por meio de um acordo.

Um estudioso de Galileu, portanto, sugeriu que era exatamente isso que Maculano estava tentando conseguir: Galileu se declararia culpado de algum delito relativamente menor, como ser "imprudente" ao escrever o *Diálogo*, e a promotoria imputaria a ele uma pena mais leve.[6] Uma carta escrita por Maculano ao cardeal Francesco Barberini em 28 de abril parece corroborar essa interpretação. Nela, Maculano descreve primeiro como conseguiu convencer os cardeais da Congregação do Santo Ofício "a lidar com Galileu extrajudicialmente".[7] Em seguida, acrescenta que, em uma reunião que teve com Galileu, este também "reconheceu claramente que havia errado e ido longe demais em seu livro" e que "estava pronto para uma confissão judicial". Maculano conclui dizendo que acredita que dessa maneira o julgamento poderia ser "encerrado sem dificuldade", com o tribunal mantendo sua reputação e Galileu ciente de que tinham lhe feito um favor. Tudo parecia acertado, portanto, para um encerramento rápido e relativamente benigno do processo, com uma decisão afirmando que, nas palavras de Maculano, "ele [Galileu] pode cumprir pena de prisão em sua própria casa, como mencionou Vossa Eminência [o cardeal Barberini]".

Sessões 2 e 3: Um acordo?

Se Maculano e Galileu realmente tivessem chegado a esse acordo, então pelo menos o formato das próximas duas sessões teria ficado determinado: Galileu teria confessado na sessão 2 e, em seguida, teria permissão para apresentar uma defesa na sessão seguinte. O julgamento de fato pareceu prosseguir nesse sentido. Na segunda sessão, Galileu pediu permissão para fazer uma declaração e, quando a permissão lhe foi concedida, explicou que havia passado o tempo que transcorrera desde a primeira sessão revisando o *Diálogo* para verificar se havia desobedecido inadvertidamente ao embargo de 1616. Por meio desse exame minucioso, afirmou, tinha descoberto que "vários trechos haviam sido escritos de tal maneira que um leitor, sem conhecer minha intenção, teria motivos para formar a opinião de que os argumentos em defesa do lado falso [copernicanismo], que eu pretendia refutar, foram de tal maneira formulados que eram capazes de convencer, por causa de sua força". Galileu repetiu aqui mais uma vez a afirmação questionável de que sua intenção no *Diálogo* era refutar o copernicanismo. Considerando que ele tivera tempo de refletir sobre o assunto, pode ser que estivesse usando deliberadamente a mesma linguagem que havia empregado na primeira sessão, para tornar sua confissão mais convincente. "Meu erro então foi, e confesso, uma ambição vã, pura ignorância e imprevidência", acrescentou. Por fim, e melancolicamente, Galileu chegou a propor o prolongamento por um dia ou dois da discussão do *Diálogo* em um novo livro, a fim de esclarecer a falsidade da visão copernicana. O tribunal ignorou essa sugestão.

A proposta disparatada de Galileu poderia, ao que parece, ser justificada apenas de duas maneiras. Ou, a despeito do comportamento de modo geral amigável de Maculano, o astrônomo ainda tinha um medo mortal de ser torturado, ou ele achava que dessa forma talvez ainda pudesse salvar o *Diálogo* de ser condenado. De qualquer maneira, a reação de Galileu foi uma clara demonstração do que a intimidação é capaz de fazer mesmo com os pensadores mais independentes, evocando assim lembranças terríveis de regimes totalitários do passado e do presente.[8] Casos como o do jornalista saudita dissidente e autoexilado Jamal Khashoggi e do desertor russo Alexander Litvinenko, ambos assassinados pelo governo de seu país de origem, vêm imediatamente à mente. Encerrada a segunda sessão, Galileu foi autorizado, após assinar o depoimento, a retornar à casa do embaixador da Toscana, "levando em consideração sua saúde precária e idade avançada".

O plano de Maculano de encerrar o julgamento de maneira rápida e relativamente benevolente também é sugerido por um memorando do embaixador Niccolini datado de 1º de maio, no qual ele escreveu: "O próprio padre comissário [Maculano] também manifesta a intenção de tomar providências para que o caso seja arquivado e que seja imposto silêncio a esse respeito; e, se isso for alcançado, encurtará tudo e livrará muitos de sofrimentos e riscos."

Se um acordo foi ou não estabelecido de fato, a terceira sessão foi certamente consistente com seus termos. Galileu apresentou o original da carta de Bellarmino, bem como uma declaração pessoal de defesa na qual explicava que havia usado aquele documento como seu único guia. Consequentemente, esclareceu, sentia que estava "razoavelmente dispensado" de ter que informar o padre Riccardi e, se violara as restrições mais rigorosas impostas pelo embargo, das quais havia se esquecido por completo, isso "não se deu pela astúcia de uma intenção insincera, mas sim pela vã ambição e pela satisfação de parecer muito mais inteligente do que a média dos escritores populares".[9] Concluindo, Galileu expressou sua disposição de fazer quaisquer reparações ordenadas pelo tribunal e pediu clemência, com base em sua idade e enfermidade. Este último pedido suscita dúvidas sobre um acordo ter sido aceito, pois, se ele de fato existiu, presumivelmente a penalidade também já havia sido discutida. Pode ser, no entanto, que essa fosse uma formalidade necessária para justificar uma punição menos severa.

O único ato processual que restava era um resumo jurídico do processo ser redigido e entregue à Inquisição e ao papa. O embaixador Niccolini teve uma audiência com Urbano VIII em 21 de maio e recebeu a garantia dele e do cardeal Francesco Barberini de que uma conclusão indolor do julgamento era iminente. O fato de Galileu ter sido autorizado a sair de casa para pequenas caminhadas nessa fase também sugeria uma resolução compreensiva. O próprio Galileu escreveu uma carta otimista para a filha, irmã Maria Celeste, agradecendo pelas orações em seu nome.

13

Eu abjuro, amaldiçoo e abomino

Para ajudar os inquisidores a chegar a um veredicto, o protocolo exigia que o assessor da equipe do Santo Ofício, Pietro Paolo Febei, escrevesse um resumo dos autos do julgamento. Esse documento interno, inacessível a Galileu, deveria ser distribuído apenas à Congregação e ao papa.

No fim das contas, o resumo revelou uma clara intenção de apresentar Galileu da pior maneira possível. Incluía material enganoso, irrelevante e até mesmo completamente falso, que poderia ser considerado incriminador, enquanto omitia de forma deliberada detalhes que poderiam ter ajudado a defesa de Galileu.[1]

Em vez de tratar diretamente do *Diálogo*, o resumo começava com uma sinopse das antigas queixas feitas contra Galileu em 1615 pelo dominicano Niccolò Lorini e pelo pregador Tommaso Caccini, que se baseava amplamente em testemunhos indiretos vagos. Algumas dessas acusações ridículas e falsas alegavam que Galileu teria sido ouvido afirmando que Deus era um acidente ou que os milagres realizados pelos santos não eram milagres de fato. Até referências à famosa *Carta a Benedetto Castelli* e à *Carta à senhora Cristina de Lorena, grã-duquesa de Toscana*, acabaram indo parar no resumo, sem mencionar o fato de que a *Carta a Castelli* (ou pelo menos a versão ligeiramente moderada dela) havia sido examinada e considerada inofensiva e o caso, arquivado. Não há dúvida de que a inclusão de todos esses documentos antigos e de outros foi feita com o objetivo de acentuar a impressão de um infrator em série. Para esse fim, o resumo também continha a falaciosa afirmação de Caccini de que, em suas *Cartas sobre as manchas solares*, Galileu havia defendido explicitamente o copernicanismo. Embora Galileu sem dúvida julgasse que as observações das manchas solares corroboravam o modelo copernicano, seu livro nunca fez nenhuma declaração categórica. Até mesmo na descrição da advertência de Bellarmino e do embargo de Seghizzi, o resumo continha pequenas, mas importantes imprecisões. Em particular, o resumo nem sequer mencionava o fato de que aquele deveria ser um processo de duas etapas e que, na verdade, o embargo mais rigoroso era injustificado. Essencialmente, o resumo minimizava o fato de a carta de Bellarmino não conter as restrições adicionais de "não ensinar" e "de maneira nenhuma", afirmando que havia sido o próprio Bellarmino, e não Seghizzi, quem determinara o embargo mais específico. Dessa forma, em vez de comunicar o fato correto de que a carta de Bellarmino e o embargo de Seghizzi estavam em conflito entre si, o resumo dava a impressão de que eram complementares.

Por que o resumo era tão tendencioso contra Galileu? E talvez ainda mais intrigante: se de fato se chegou a um acordo, o que havia acontecido com ele? Provavelmente nunca saberemos as respostas exatas para essas perguntas. O resumo em si foi provavelmente escrito pelo assessor do Santo Ofício, Febei, que talvez tenha sido auxiliado pelo interrogador do cardeal Maculano no tribunal, Carlo Sinceri.[2]

Por que esses dois, talvez com a ajuda de outros, escreveriam um relatório resumido do julgamento tão incorreto, injusto e condenatório? Só nos resta especular. Presumivelmente, entre os cardeais da Congregação e entre os membros do tribunal, houve alguns (talvez até a maioria) que discordaram da tentativa de chegar a uma conclusão rápida e a uma sentença reduzida. Esse grupo "severo" pode ter incluído o próprio papa, e certamente Inchofer. Afinal, a comissão especial que havia examinado o *Diálogo* de fato concluíra por unanimidade que, naquele livro, Galileu desobedecera ao embargo de 1616. A afirmação de Galileu de que havia tentado refutar o copernicanismo no livro não podia ser levada a sério por ninguém que o lera ou pelo menos lera o relatório de Melchior Inchofer. Consequentemente, esses cardeais severos, que talvez estivessem menos inclinados a ser indulgentes com Galileu desde o início, teriam votado contra qualquer tentativa de acordo e a favor de uma punição mais rigorosa, especialmente depois de ler o resumo. Os cardeais mais rígidos talvez também quisessem, por razões políticas, manter o papa o mais distante possível (na percepção de todos os católicos) do escândalo envolvendo Galileu, ao mesmo tempo que tinham que justificar uma condenação do célebre cientista.

Embora o papa quase certamente tivesse se decidido muito antes e não estivesse envolvido nos pormenores do julgamento em si, depois que o resumo foi levado a seu conhecimento, qualquer esperança de um desfecho favorável estava arruinada. Com base nas queixas anteriores do pontífice sobre Galileu ao embaixador Niccolini, parece bastante plausível que Urbano VIII não tivesse se recuperado totalmente da impressão de que, ao escrever o *Diálogo*, Galileu o havia enganado e traído — mesmo que houvesse afirmado o contrário, em uma conversa posterior com o embaixador francês — e quisesse se vingar. Combinando-se a isso, talvez, a sua percepção política de que precisava naquele momento demonstrar firmeza nas questões religiosas e de que o livro de Galileu era, em suas palavras, "pernicioso para o cristianismo", o papa provavelmente ficou satisfeito por ter a oportunidade de impor sérias consequências punitivas a Galileu. Pode-se até especular que o resumo não poderia ter sido tão duro quanto foi se seus autores não estivessem cientes da aprovação implícita do papa.

Na primeira biografia inglesa de Galileu, *Life of Galileo*, de Thomas Salusbury (apenas um exemplar sobreviveu ao Grande Incêndio de Londres, em 1666), o autor, um escritor galês que viveu em Londres em meados do século XVII, apresentou uma tese original até mesmo para a principal motivação do julgamento de Galileu em si.[3] Segundo Salusbury, uma razão pessoal combinada a um cenário político motivaram o papa a levar Galileu a julgamento. O motivo pessoal era supostamente a fúria incontida de Urbano VIII por ter sido representado de forma caricatural como Simplicio.[4] Embora isso não seja totalmente implausível, não há evidências documentadas de que essa seja a fonte da acusação original contra o livro e, de fato, essa alegação específica surgiu pela primeira vez apenas em 1635, mais de dois anos após o julgamento. Não há dúvida de que Galileu nunca pretendeu insultar o papa dessa maneira, e, mesmo depois que os rumores começaram a circular, o embaixador francês e Castelli conseguiram convencer o pontífice de que nada daquilo procedia. A hipótese política era ainda mais intrigante. Salusbury escreveu:

> Acrescente-se a isso que ele [o papa] e seus fastidiosos sobrinhos, o cardeal Antonio e o cardeal Francisco Barberini (que haviam envolvido toda a Itália em guerras civis devido a sua péssima administração), pensavam em se vingar de seu Soberano Natural e Príncipe, o grão-duque, por meio dos golpes indiretos que desferiam nele através dos flancos de seu favorito.[5]

Em outras palavras, Salusbury sugeriu que o julgamento de Galileu era uma retaliação papal aos patronos de Galileu, os Médici, por seu apoio militar bastante tímido durante a Guerra dos Trinta Anos.

Seja como for, em 16 de junho, o Santo Ofício se reuniu e emitiu uma decisão impiedosa:

> O Sanctissimus [o Papa] "decretou que o referido Galileu seja interrogado sobre sua intenção, até mesmo com a ameaça de tortura;[6] e, isso tendo sido feito, deve abjurar, sob suspeita veemente de heresia,[7] em uma sessão plenária da Congregação do Santo Ofício; em seguida deve ser condenado à prisão segundo a vontade da Santa Congregação e ordenado a não tratar mais, seja de que maneira for, em palavras ou por escrito, da mobilidade da Terra e da imobilidade do Sol ou contra ela; caso contrário, sofrerá as penalidades da reincidência.

Além disso, o papa decidiu que o livro intitulado *Dialogo di Galileo Galilei Linceo* seria incluído no *Índice de Livros Proibidos*. A Igreja também tomou medidas para tornar essa decisão amplamente conhecida, tanto para o público quanto para outros matemáticos. Embora a tortura certamente não fosse ser aplicada a uma pessoa da idade de Galileu, a mera ameaça formal de ser torturado deve ter sido aterrorizante para ele.

Em 21 de junho, Galileu foi convocado para o interrogatório oficial sobre suas "intenções", a fim de determinar se ele havia cometido seus crimes de modo inocente ou deliberado. Como parte desse ritual, perguntaram-lhe especificamente — de três maneiras distintas — se ele acreditava no modelo copernicano. O velho àquela altura abatido e derrotado respondeu que, em concordância com o decreto de 1616, concluíra que o cenário ptolomaico e geocêntrico era o correto. Podemos apenas imaginar o quanto deve ter custado a Galileu pronunciar essas palavras. Ele insistiu ainda que, no *Diálogo*, seu objetivo era apenas demonstrar que, com base apenas na ciência, não era possível chegar a nenhuma opinião conclusiva e, portanto, era preciso confiar na "determinação de doutrinas mais sutis". Em outras palavras, a opinião da Igreja.

O que aconteceu no dia seguinte permanece um dos acontecimentos mais vergonhosos da nossa história intelectual. Diante dos inquisidores, Galileu, de joelhos, foi informado de que se tornara "veementemente suspeito de heresia, a saber, de ter sustentado e acreditado em uma doutrina falsa e contrária às divinas e Sagradas Escrituras: que o Sol é o centro do mundo e não se move de leste para oeste, que a Terra se move e não é o centro do mundo, e que alguém possa sustentar e defender como provável uma opinião depois de ela ter sido declarada e definida como contrária às Sagradas Escrituras".

Os cardeais do Santo Ofício então acrescentaram, como que misericordiosamente:

> Estamos dispostos a absolvê-lo [de todas as censuras e penalidades] desde que primeiro, com o coração sincero e uma fé genuína, diante de nós, abjure, amaldiçoe e abomine os erros e heresias acima mencionados, e todos os outros erros e heresias contrários à Igreja Católica e Apostólica, da maneira e da forma prescritas por nós.[8]

A sentença incluía "prisão formal", segundo a vontade do Santo Ofício; ter que recitar sete Salmos penitenciais uma vez por semana durante três anos; e o *Diálogo* ser banido.

Não sabemos se a ausência do cardeal Francesco Barberini (e de outros dois cardeais) na assinatura da sentença refletia sua discordância da condenação ou era apenas resultado de um conflito de datas.[9] O que sabemos é que, na época da abjuração em si, Francesco Barberini teve uma reunião com o papa Urbano VIII.

De novo de joelhos, Galileu leu o texto da abjuração que lhe foi entregue:

> Eu, Galileu, filho do falecido Vincenzo Galilei, de Florença, aos 70 anos de idade, levado pessoalmente a julgamento, ajoelhando-me diante de vós, Eminentíssimos Cardeais Inquisidores Gerais contra a depravação herética em toda a Cristandade, tendo diante de meus olhos e tocando com as mãos os Evangelhos Sagrados, juro que sempre acreditei, acredito agora, e com a ajuda de Deus acreditarei no futuro em tudo o que a Santa e Apostólica Igreja sustenta, prega e ensina.

Então, depois de se comprometer a "abandonar por completo a falsa opinião" do copernicanismo, Galileu leu a essência da abjuração:

> Portanto, desejando remover da mente de Vossas Eminências e de todo cristão fiel essa veemente suspeita, justamente concebida contra mim, com um coração sincero e uma fé genuína, abjuro, amaldiçoo e abomino os erros e heresias acima mencionados e, em geral, todo e qualquer outro erro, heresia e seita contrários à Santa Igreja, e juro que no futuro jamais voltarei a dizer ou afirmar, oralmente ou por escrito, qualquer coisa que possa suscitar uma suspeita semelhante contra mim; pelo contrário, se tomar conhecimento de algum herege ou de alguém suspeito de heresia, denunciá-lo-ei a este Santo Ofício, ou ao Inquisidor ou Superior Eclesiástico do lugar onde me encontrar.[10]

A humilhação de ter que pronunciar essas palavras, que subvertiam a maior parte do trabalho de sua vida, deve ter sido inimaginável. Aqueles historiadores da ciência que tentam argumentar que se Galileu tivesse sido de modo geral menos combativo as coisas teriam tido um desfecho melhor ignoram o fato de que ele foi forçado a abjurar suas profundas convicções sob ameaça de tortura. Os responsáveis por julgá-lo não sabiam que, nos quatro séculos seguintes, esse episódio aviltante ia se tornar em um dos atos mais deploráveis da Inquisição.

Diz a lenda que, ao deixar o local, Galileu murmurou: *"E pur si muove"* — "E ainda assim se move" —, referindo-se à Terra. A fonte mais antiga dessa história foi supostamente uma pintura de meados do século XVII (1643 ou 1645). Nessa pintura, Galileu é retratado na prisão, olhando para um diagrama da Terra orbitando o Sol entalhado por ele na parede, com essas palavras abaixo. Supondo-se que a pintura fosse realmente de 1643 ou 1645, isso foi tomado como prova de que a lenda começou a circular logo após a morte de Galileu. Uma investigação minuciosa que realizei em 2019 levantou sérias dúvidas sobre a autenticidade dessa pintura.[11]

A primeira aparição da lendária frase em um livro impresso foi no século XVIII, em *The Italian Library*, escrito por Giuseppe Baretti, um italiano que vivia em Londres.[12] Galileu não poderia ter murmurado essas palavras na frente dos inquisidores, mas não é impossível que tenha proferido uma versão dessa frase, que certamente estava em sua mente, a um de seus amigos. De qualquer forma, a amargura de Galileu em relação ao julgamento e seu desprezo pelos inquisidores continuaram ocupando sua mente pelo resto da vida.

Hoje, a frase "E ainda assim se move" se tornou um símbolo de desafio intelectual, dando a entender que "apesar do que você acredita, esses são os fatos". Infelizmente, em uma era de "fatos alternativos", parece haver cada vez mais ocasiões nas quais o uso dela se mostra apropriado.

A Igreja agiu no âmbito de sua autoridade legal no que diz respeito às acusações feitas contra Galileu? Do seu ponto de vista muito limitado, provavelmente sim, considerando a advertência de Bellarmino e o embargo determinado por Seghizzi a Galileu. Ele foi condenado essencialmente por dois fatos: primeiro, por ter violado o embargo de 1616, e, segundo, por ter obtido o *imprimatur* para publicar o *Diálogo* "de maneira astuta e ardilosa", ao não mencionar o embargo a Riccardi e Egidi. Nesse sentido, a condenação foi justificada. A abjuração também foi um passo necessário, pois sem ela a "suspeita de heresia" teria se transformado em heresia de fato, crime pelo qual, como sabemos, Giordano Bruno havia sido queimado na fogueira.

Julgando o caso de uma perspectiva mais ampla, no entanto, há uma observação mais importante a fazer. Levar Galileu a julgamento, aprisionando-o e proibindo seu livro, foi errado não apenas porque ele estava certo sobre a ciência do Sistema Solar. Essas ações contra a liberdade intelectual e, por inferência, mesmo contra crenças religiosas, teriam sido condenáveis mesmo que o modelo geocêntrico fosse o correto. A lição mais importante do caso Galileu é que nenhuma instância oficial, seja ela religiosa ou governamental, deveria ter autoridade para impor punições por opiniões científicas, religiosas ou de qualquer outro tipo (estejam elas corretas ou incorretas), desde que essas opiniões não prejudiquem nem incitem as pessoas a prejudicar alguém. É exatamente por isso que o verdadeiro "caso Galileu" ficou incutido na consciência da humanidade *depois* do veredito e da abjuração no julgamento. Nesse caso mais abrangente, os inquisidores se tornaram os culpados, e o caso em si permanece uma lembrança constante de que a liberdade de expressar verdades nunca deve ser subestimada.

14

Um velho, duas novas ciências

A sentença de Galileu incluía detenção. Ele, portanto, tinha que ser informado sobre onde ficaria detido. Felizmente, o papa converteu sua sentença em prisão domiciliar e, em 30 de junho de 1633, permitiu que iniciasse o cumprimento da pena na casa de Ascanio Piccolomini, arcebispo de Siena, onde Galileu passou cerca de meio ano. Apesar da restrição de sua liberdade pessoal, ele apreciou a estadia na casa do receptivo e instruído arcebispo, que considerava Galileu "o maior homem do mundo". Foi na casa de Piccolomini que Galileu começou a trabalhar em seu último grande livro, *Discorsi*, que resumia todo o seu trabalho experimental em Pádua e suas ideias sobre mecânica. Em uma reviravolta histórica irônica, a mecânica de Galileu foi precisamente a ferramenta da qual sir Isaac Newton lançou mão mais tarde para provar que o copernicanismo estava correto.

Durante todo o tempo que passou em Siena, no entanto, o que Galileu realmente queria mais do que qualquer outra coisa era voltar para sua casa em Arcetri, perto de Florença. Em sua ausência, a propriedade era administrada por sua filha, irmã Maria Celeste, que vivia em um convento nas proximidades. Por intermédio de suas maravilhosas cartas, Galileu ficou sabendo que os limões, os feijões e os pés de alface estavam crescendo, e que o vinho de seus barris tinha um gosto bom. Essa jovem era capaz de confortar o velho pai mesmo nas horas mais sombrias, com sua calma admirável e ao mesmo tempo afetuosa. Tendo aberto mão de outras formas de amor, dedicava seu afeto mais terno a Galileu e escreveu a ele depois de seu julgamento:

> Assim como as notícias das novas atribulações de Vossa Senhoria foram repentinas e inesperadas, minha alma foi trespassada por uma extrema tristeza ao saber da decisão que foi por fim tomada sobre o seu livro e sobre a pessoa de Vossa Senhoria (...) agora é hora de se servir mais do que nunca daquela prudência que o Senhor Deus lhe concedeu, suportando esses golpes com a força espiritual que sua religião, sua profissão e sua idade exigem.[1]

Em dezembro de 1633, o papa finalmente permitiu que Galileu retornasse a Arcetri, onde deveria permanecer em prisão domiciliar perpétua, estando estritamente proibido de transformar o local em um centro de encontro de intelectuais, cientistas e matemáticos. Embora Galileu tenha ficado muito feliz por estar de volta a sua casa e perto de sua filha amorosa, essa felicidade durou pouco. A irmã Maria Celeste morreu aos 33 anos, apenas três meses após o retorno de Galileu, que ficou devastado. "Tive duas filhas a quem muito amava, especialmente a mais velha, uma mulher de mente refinada e bondade singular e muito carinhosa comigo", escreveu ele ao amigo Elia Diodati em Paris.

Buscando conforto no trabalho, Galileu conseguiu concluir o *Discorsi* em 1635, e sua intenção original era publicar o livro em Veneza. Acabou sendo mais fácil falar do que fazer. Todos os inquisidores locais da Itália haviam recebido da Inquisição Romana o texto completo da sentença e da abjuração de Galileu. O inquisidor de Veneza informou o amigo de Galileu (e biógrafo de Paolo Sarpi) Fulgenzio Micanzio que Roma havia emitido uma ordem proibindo a publicação de *qualquer* livro dele, incluindo a reimpressão de seus livros já publicados. Assim, Galileu enviou clandestinamente cópias do *Discorsi* a amigos fora da Itália, na esperança de conseguir uma editora em algum lugar fora do círculo de domínio da Igreja Católica e dos jesuítas.

Um desses amigos, o engenheiro militar Giovanni Pieroni, tentou, sem sucesso, publicar o livro em Praga. Ele expressou sua frustração em uma carta a Galileu: "Que lugar infeliz é este no qual vivemos", reclamou, "onde vigora uma resolução determinada de exterminar todas as novidades, especialmente na ciência, como se já soubéssemos tudo que há para saber."[2] De fato, o que acabou marcando a revolução científica, na qual Galileu teve um papel fundamental, foi o reconhecimento de que os humanos não sabiam tudo, e que a exploração, a observação e a experimentação eram a melhor maneira de alcançar novas compreensões e novos conhecimentos. Por fim, Louis Elsevier, um editor competente da cidade universitária protestante de Leiden, nos Países Baixos, publicou o livro em 1638. Elsevier conseguiu obter uma cópia do *Discorsi* quando visitou Veneza. Uma segunda cópia foi contrabandeada para ele pelo embaixador francês em Roma, um admirador leal de Galileu que recebeu permissão para passar na casa dele quando estivesse retornando à França.

Discorsi

O *Discorsi* marcou o capítulo final da história científica de Galileu (a imagem 21 do encarte mostra a folha de rosto).[3] Como o *Diálogo*, envolveu novamente os personagens Salviati, Sagredo e Simplicio, dessa vez discutindo questões de mecânica, em vez de grandiosos sistemas de mundo. As "duas ciências" mencionadas no título faziam referência a uma descrição matemática da natureza da matéria e da força material e ao tópico dos princípios do movimento.

O livro incluía as importantes descobertas de Galileu na área da mecânica, como o fato de que, na ausência de resistência do ar, corpos pesados e leves caem à mesma velocidade relativa (em vez de corpos pesados caírem mais rápido, como Aristóteles havia afirmado). Para provar esse ponto, Galileu usou um belo "experimento mental". Imagine, disse ele, que você una um corpo leve e um corpo pesado. De acordo com Aristóteles, como o corpo mais leve cai mais devagar, ele deveria desacelerar o corpo mais pesado, e o corpo combinado deveria cair *mais devagar* do que o corpo pesado sozinho. Por outro lado, apontou Galileu, poderíamos considerar os dois corpos unidos como um corpo único, ainda mais pesado que o corpo pesado original; portanto, de acordo com Aristóteles, eles deveriam cair *mais rápido* que o corpo pesado sozinho — uma clara contradição.

Para justificar os resultados dos experimentos que realizou em Pádua, com bolas rolando em planos inclinados em vez de em queda livre, Galileu teve que mostrar como o movimento das bolas rolando estava relacionado a um corpo em queda livre. Para isso, observou que a velocidade que as bolas atingem depois de rolar por um plano inclinado depende apenas da distância *vertical* que elas percorreram, e não do ângulo de inclinação do plano. Nesse sentido, poderíamos pensar em um corpo em queda livre como uma bola rolando em um plano vertical.

Uma das maiores façanhas de Galileu foi calcular a trajetória percorrida por projéteis. Isso resultou de um experimento realizado em 1608 que era mais ou menos assim: um plano inclinado foi colocado sobre o tampo de uma mesa horizontal. Uma bola rolava sobre o plano inclinado, em seguida sobre a mesa horizontal e por fim caía pela borda da mesa, percorrendo uma trajetória que terminava no chão. Medindo as distâncias horizontais e verticais percorridas, e entendendo que o movimento horizontal (enquanto está no ar) se dá a uma velocidade quase uniforme (já que apenas a resistência do ar atua para desacelerá-lo ligeiramente), ao passo que o movimento vertical se dá em queda livre, ele conseguiu determinar a forma geométrica da trajetória. Basicamente, a distância vertical ao longo da qual o corpo cai é proporcional ao quadrado da distância horizontal percorrida. Isto é, uma bola que percorre uma distância duas vezes maior na horizontal cai quatro vezes mais distante na vertical. A trajetória delineia precisamente a curva conhecida desde a Antiguidade como parábola.

No geral, o "novas" no título do livro de Galileu não se aplicava muito aos assuntos discutidos no livro. Afinal, as pessoas usavam vigas de madeira para construção (e, portanto, estavam interessadas em sua força) milhares de anos antes de Galileu, e arcos e catapultas já lançavam projéteis no ar na Grécia antiga — sem mencionar a história bíblica de Davi e Golias. O que havia de novo na discussão de Galileu era a maneira como a mecânica era tratada. Por meio de uma engenhosa combinação de experimentação (por exemplo, com planos inclinados), abstração (descobrindo leis matemáticas) e generalização racional (entendendo que as mesmas leis se aplicam a todos os movimentos acelerados), Galileu estabeleceu o que desde então se tornou a abordagem moderna do estudo de todos os fenômenos naturais.

Talvez a melhor demonstração da evolução dos pensamentos de Galileu sobre mecânica tenha sido fornecida por sua lei de inércia, que mais tarde ficou conhecida como a primeira lei do movimento de Newton. Partindo das noções aristotélicas de movimentos "naturais" e "violentos", e percebendo que até o fogo se moveria para baixo se não fosse pela impulsão exercida pelo ar, Galileu começou a pensar em como um corpo se comportaria se não houvesse nenhuma força atuando sobre ele. Finalmente, no *Discorsi*, ele encontrou a resposta:

"Ao longo de um plano horizontal, o movimento é uniforme [velocidade constante], pois aí não experimenta aceleração nem frenação." Então vinha a conclusão: "Qualquer velocidade transmitida a um corpo em movimento será rigidamente mantida enquanto as causas externas de aceleração ou frenação estiverem ausentes, uma condição encontrada [experimentalmente, aproximadamente] apenas em planos horizontais." Essa velocidade, acrescentou ele, "levaria o corpo em uma velocidade uniforme até o infinito".[4]

A primeira lei do movimento de Newton de fato afirma que um objeto permanecerá em repouso ou em movimento uniforme ao longo de uma linha reta, a menos que sofra a ação de uma força externa. Formular essa lei exigiu, da parte de Galileu, imaginar um mundo sem atrito, o que é muito mais difícil do que parece. O atrito é uma característica tão comum a todas as nossas experiências cotidianas (nos permite andar e segurar objetos nas mãos e desacelera todos os movimentos que vemos) que considerar o que aconteceria sem ele exigia um poder de abstração verdadeiramente extraordinário.

Isso era Galileu em sua melhor forma. Ele estabeleceu a crença na existência do que chamamos hoje de leis da natureza, universalmente válidas e perpetuamente reproduzíveis. A natureza não pode ser traiçoeira ou, como Einstein disse vários séculos depois: "Deus é sutil, mas não é malicioso."[5] Na introdução às discussões do terceiro dia de *Discorsi*, Galileu escreveu o que poderia ser considerado seu próprio resumo de suas contribuições:

> Meu objetivo é estabelecer uma ciência muito nova que se ocupe de um assunto muito antigo (...) Descobri por meio de experimentos algumas propriedades dela que vale a pena saber e que até agora não foram observadas nem demonstradas (...) E, o que considero mais importante, foram abertos para essa vasta e excelentíssima ciência, da qual meu trabalho é apenas o começo, caminhos e meios através dos quais outras mentes mais perspicazes que a minha explorarão seus cantos remotos.[6]

15

Os anos finais

O ano de 1634 foi um dos piores da vida de Galileu. Além de estar em prisão domiciliar, não apenas sua amada filha faleceu, mas ele também se viu obrigado a ajudar os poucos membros da família de seu irmão Michelangelo que sobreviveram à praga em Munique. Tudo o que o perturbado Galileu pôde fazer foi lhes enviar algum dinheiro e convidá-los a ir para Arcetri ficar com ele.

Os olhos de Galileu também estavam começando a incomodá-lo. A princípio, ele atribuiu seus problemas de visão às leituras cansativas que teve que fazer enquanto preparava o *Diálogo*. Embora tenha continuado a trabalhar em problemas relacionados à navegação marítima — e até iniciado uma série de experiências com pêndulos —, Galileu estava rapidamente perdendo a visão, primeiro no olho direito, depois no esquerdo. A partir de suas descrições sobre a progressão da cegueira, os oftalmologistas modernos diagnosticaram sua condição como uveíte bilateral (uma inflamação na camada média do olho) ou glaucoma de ângulo fechado.[1] Ele passou os últimos quatro anos de vida completamente cego.

Não podendo mais olhar através do seu precioso telescópio, o aflito Galileu escreveu a seu amigo Diodati:

> Infelizmente, meu bom senhor, seu caro amigo e servo Galileu está irremediável e completamente cego, de tal maneira que o céu, aquele mundo e universo que, com minhas prodigiosas observações e claras demonstrações, amplifiquei cem, mil vezes em relação ao

que costumavam acreditar os eruditos de todos os séculos passados, está agora tão diminuído e reduzido para mim que não é maior do que o espaço que meu corpo ocupa.[2]

Foi durante esse período agonizante em 1638 que o poeta John Milton o visitou. Seguindo a percepção geral de que "as viagens abrem a mente", Milton estava em uma turnê europeia durante a qual tentou encontrar o maior número possível de intelectuais. Tendo conhecido o filho de Galileu, Vincenzo, na reunião de uma sociedade literária em Florença, Milton aproveitou a oportunidade para ser apresentado ao cientista mais famoso da Europa. Não se sabe muito sobre o que aconteceu durante o encontro, mas não há dúvida de que as descobertas de Galileu, seu julgamento e a condenação de seu livro tiveram uma grande influência sobre Milton. Em *Paraíso perdido*, ele se refere à "lente de Galileu" e às inúmeras estrelas descobertas por ele:

De amplitude quase imensa, com estrelas
Numerosas, e toda estrela talvez um mundo
De habitação destinada.

Em 1644, Milton publicou um panfleto intitulado *Areopagítica* (o título é inspirado no nome de uma colina na Grécia antiga onde o Conselho de Atenas costumava se reunir) no qual argumentava contra a censura de livros. Esse ensaio ainda é considerado hoje uma das defesas mais apaixonadas da liberdade de expressão, e a Suprema Corte dos Estados Unidos fez referência a ele na interpretação da Primeira Emenda à Constituição americana.

Na *Areopagítica*, Milton escreveu ardentemente:

E, para que ninguém possa persuadi-los, Lordes e Comuns, de que esses argumentos sobre o desencorajamento de homens eruditos diante dessa ordem são meros floreios carentes de veracidade, posso contar o que vi e ouvi em outros países, onde esse tipo de inquisição

tiraniza; porque me sentei entre seus homens instruídos — tive
essa honra — e me senti feliz por ter nascido em um lugar onde
há liberdade filosófica, como supunham ser a Inglaterra, enquanto
não faziam nada além de lamentar a condição servil à qual o saber
havia sido reduzido entre eles; e foi isso que sufocou a glória da
inteligência italiana, de modo que nada havia sido escrito lá naqueles anos a não ser bajulações e textos de linguagem empolada
mas sem conteúdo. Foi aí que encontrei e visitei o famoso Galileu,
já envelhecido e prisioneiro da Inquisição, por pensar, em termos
de Astronomia, de maneira diferente do que pensavam os censores
franciscanos e dominicanos.[3]

Infelizmente, Milton diagnosticou a situação de maneira correta. Por um tempo, pelo menos, o destino de Galileu exerceu um efeito aterrorizante e impeditivo sobre o progresso na compreensão do cosmos. Em novembro de 1633, o grande filósofo francês René Descartes escreveu uma carta ao amigo dele e de Galileu, o polímata Marin Mersenne, na qual lamentava:

Inquiri em Leiden e Amsterdã se o *Sistema de mundo* de Galileu
estava disponível, pois pensei ter ouvido que foi publicado na Itália
no ano passado. Disseram-me que de fato havia sido publicado, mas
que todos os exemplares haviam sido imediatamente queimados
em Roma e que Galileu havia sido condenado e multado. Fiquei
tão perplexo ao ouvir isso que quase decidi queimar todos os meus
documentos, ou pelo menos não deixar que ninguém os lesse.[4]

Felizmente, Galileu acabou vencendo. Já em 1635, uma tradução em latim do *Diálogo* foi publicada na protestante Estrasburgo, na França. Pouco a pouco, a própria Igreja começou a mudar. Em 1757, o papa Bento XIV, ao perceber que os próprios astrônomos católicos estavam usando o cenário copernicano, revogou a proibição de livros que discutissem os princípios centrais do copernicanismo: a revolução da Terra em torno do Sol e a imobilidade do Sol. Em 1820, o mestre do Sagrado Palácio se recusou a permitir a impressão de um livro que descrevia o modelo heliocêntrico, mas essa decisão foi anulada pelo papa Pio VII, que decretou que "não há obstáculos para aqueles que sustentam a afirmação de Copérnico em relação ao movimento da Terra". Em 1822, a Igreja chegou a declarar sanções a quem proibisse a publicação de livros que apresentassem a revolução da Terra ao redor do Sol como um fato científico estabelecido. Por fim, em 1835, tanto o livro de Copérnico quanto o *Diálogo* foram removidos do *Índice de Livros Proibidos*.

O declínio físico de Galileu nos últimos quatro anos de vida foi rápido. Pesquisadores médicos modernos especularam que ele talvez sofresse de uma doença reumática autoimune, artrite reativa.[5] Um inquisidor enviado para verificar se as queixas de Galileu eram justificadas constatou que ele sofria de insônia severa e que "parece mais um cadáver do que uma pessoa viva". Ainda assim, embora tenha permitido que Galileu se mudasse para a casa do filho, a fim de receber melhores cuidados médicos, o papa insistiu em proibi-lo de discutir o copernicanismo sob quaisquer circunstâncias. Galileu contraiu febre em novembro de 1641 e morreu na noite de 8 de janeiro de 1642, provavelmente de insuficiência cardíaca congestiva e pneumonia. Seu filho Vincenzo e seus alunos Vincenzo Viviani e Evangelista Torricelli, um talentoso experimentalista que inventou o barômetro, estavam ao seu lado. A imagem 8 do encarte mostra Viviani e Galileu. Viviani descreveu de forma comovente a morte de seu mestre:

> Aos 77 anos, dez meses e vinte dias, com constância filosófica e cristã, ele entregou sua alma ao Criador, enviando-a, tanto quanto podemos acreditar, para desfrutar e admirar mais de perto as maravilhas eternas e imutáveis que sua alma, por meio de dispositivos ineficazes e com tanta avidez e impaciência, havia tentado aproximar dos olhos de todos nós, mortais.[6]

Em seu testamento, Galileu pediu para ser enterrado ao lado de seu pai, Vincenzo, no túmulo da família na Basílica de Santa Croce. No entanto, por temor de despertar a ira da Igreja, ele foi enterrado em uma pequena câmara sob a torre do sino da Basílica. O grão-duque Ferdinando planejou construir um túmulo monumental para ele, bem diante do túmulo do famoso artista Michelangelo Buonarroti, mas essa proposta foi vetada pelo papa Urbano VIII, que continuava afirmando que as ideias de Galileu eram não apenas falsas, mas também perigosas para o cristianismo. Também nesse caso, Galileu acabou vencendo. Embora seus restos mortais tenham permanecido por quase um século na câmara obscura, o testamento do discípulo que mais o admirava, Viviani, garantiu que eles fossem transferidos, em 12 de março de 1737, para um impressionante túmulo sobre o qual um imponente monumento foi mais tarde erguido (imagem 11 do encarte).[7] Viviani, na verdade, dedicou grande parte de sua vida à tarefa de construir o que considerava ser um último local de descanso digno de seu grande mestre, e efetivamente transformou até a fachada de sua própria casa em um monumento a Galileu (imagem 9 do encarte). Já a jornada da Igreja para reconhecer seus erros no caso Galileu foi mais lenta e muito mais tortuosa.

16

A saga de Pio Paschini

Talvez nenhuma outra história demonstre melhor por que a luta de Galileu pela liberdade de pensamento ainda hoje precisa ser contada, examinada e compreendida do que a história do monsenhor Pio Paschini.[1]

Em 1941, a Pontifícia Academia de Ciências decidiu publicar uma nova biografia de Galileu por ocasião dos trezentos anos de sua morte. O objetivo do projeto foi descrito pelo presidente da academia, Agostino Gemelli, como a produção de "uma demonstração efetiva de que a Igreja não perseguiu Galileu, mas o ajudou consideravelmente em seus estudos". Talvez pressentindo que essa afirmação sobre o resultado esperado poderia provocar surpresa ou mesmo choque, Gemelli acrescentou que o livro "não será uma obra de apologética, porque essa não é uma tarefa dos estudiosos, mas sim um estudo histórico e acadêmico dos documentos". O monsenhor Pio Paschini, professor de história eclesiástica e reitor da Pontifícia Universidade Lateranense de Roma, foi escolhido para escrever o livro. Paschini era conhecido tanto por sua ortodoxia quanto por sua integridade.

Embora Paschini não tivesse experiência anterior na história da ciência (admitia que, para ele, as teorias do universo eram "abstrusas e chatas") tampouco fosse um estudioso de Galileu, ele trabalhou arduamente no projeto, conseguindo finalizar o livro *Vida e obra de Galileu Galilei*[2] em apenas três anos e apresentando um manuscrito em 23 de janeiro de 1945.[3] O protocolo exigia que Paschini submetesse o livro à análise das autoridades eclesiásticas. Foi então que, ironicamente, a história se repetiu. Como o julgamento sincero e imparcial de Paschini da vida de Galileu continha sérias críticas ao comportamento da Igreja, o livro desagradou tanto Gemelli quanto o Santo Ofício e foi rejeitado como "inadequado" para publicação.[4]

Um exame da correspondência de Paschini a respeito da rejeição, especialmente aquela com seu amigo Giuseppe Vale,[5] que era padre, historiador e arquivista, revela que a principal razão para que o livro não fosse aprovado foi o fato de ele ter sido considerado "nada mais que um pedido de desculpas a Galileu". Paschini atribuiu a culpa pela condenação de Galileu inteiramente à Igreja e aos jesuítas. Ele explicou que, no *Diálogo*, Galileu apresentava de forma objetiva as opiniões a favor e contra o copernicanismo. Não era culpa dele, argumentou Paschini, que o copernicanismo parecesse muito mais consistente. Pelas cartas de Paschini, podemos inferir ainda que os revisores de seu livro basearam parte de suas críticas no antigo argumento de Bellarmino, a saber, que não havia prova conclusiva do movimento da Terra. Paschini prontamente descartou esse argumento, apontando que havia ainda menos evidências conclusivas que sustentassem o modelo geocêntrico ptolomaico.

Embora inicialmente tenha protestado e contestado a decisão, Paschini acabou desistindo e obedecendo à ordem de não discutir mais o assunto, "para o bem da Igreja". Paschini morreu em dezembro de 1962, deixando legalmente seu manuscrito não publicado aos cuidados de seu ex-assistente de ensino Michele Maccarrone. Em 1963, Maccarrone iniciou uma campanha para publicar o livro. Ele conduziu uma série de reuniões com diversas autoridades eclesiásticas, incluindo o papa Paulo VI, que, em sua posição anterior como vice-secretário de Estado, havia informado Paschini sobre as críticas negativas a sua obra.

Os esforços de Maccarrone pareciam ter dado frutos, já que a Pontifícia Academia de Ciências demonstrou interesse em publicar o livro, dessa vez no aniversário de quatrocentos anos do nascimento de Galileu. A academia encarregou o jesuíta Edmond Lamalle, especialista em estudos textuais, de atualizar o livro. Lamalle fez uma série de revisões que ele descreveu como "deliberadamente muito discretas" e "limitadas a correções que nos pareceram indispensáveis". Ele também acrescentou uma introdução na qual descreveu o que considerava deficiências do manuscrito original — fragilidades que supostamente tentou corrigir. O livro revisado foi publicado em 2 de outubro de 1964, com o mesmo título e incluindo o prefácio de Lamalle. A impressão geral que se tem dos comentários de Lamalle é que o livro publicado era essencialmente idêntico ao manuscrito de Paschini, exceto por algumas correções editoriais mínimas.[6]

Na mesma época, durante o Concílio Vaticano II, realizado em quatro sessões anuais de dois ou três meses cada, de 1962 a 1965, a Igreja estava envolvida em discussões sobre as relações entre religião e ciência, sob o tema geral "a Igreja no mundo moderno". Como parte desse discurso, o rascunho de um relatório do comitê incluía a importante afirmação: "É necessário que façamos o melhor possível, na medida em que a fragilidade humana permita, para que esses erros [quando a ciência é apresentada como contrária à fé], como, por exemplo, a condenação de Galileu, nunca se repitam." Devido à oposição de alguns bispos, no entanto, esse texto, que mencionava explicitamente o caso Galileu, foi descartado em favor de uma declaração mais geral, que dizia:

> Pode-se, portanto, lamentar legitimamente atitudes encontradas às vezes até mesmo entre cristãos, por meio de uma apreciação insuficiente da legítima autonomia da ciência, o que levou muitas pessoas a concluir, a partir das divergências e controvérsias que tais atitudes suscitaram, que há oposição entre fé e ciência.[7]

O caso de Galileu foi colocado em uma nota de rodapé: "Ver P. Paschini, *Vida e obra de Galileu Galilei*, 2 vols., Pontifícia Academia de Ciências, Cidade do Vaticano, 1964."

Tudo isso ainda poderia parecer moderadamente apropriado, não fosse o fato de, em 1978, Pietro Bertolla, participante de uma conferência em homenagem a Paschini, ter decidido comparar palavra por palavra o manuscrito original de Paschini com a obra publicada. Ele descobriu algumas centenas de alterações, que em número não pareciam excessivas, considerando as mais de setecentas páginas do livro. No entanto, ao examinar as mudanças individualmente, Bertolla percebeu que em alguns lugares as revisões resultavam no oposto do significado original de Paschini.[8] Em particular, Lamalle minimizou o significado das descobertas científicas de Galileu e colocou a maior parte da culpa nele em suas interações com a Inquisição. Por exemplo, ao discutir o decreto anticopernicano de 1616, Paschini escreveu:

> (...) ser dirigido contra a doutrina copernicana e chegar a uma condenação em um decreto pronunciado com uma falta de seriedade que era totalmente incomum por parte dos tribunais austeros. O pior é que nunca se revisitou o decreto para um exame mais ponderado. Os peripatéticos [filósofos aristotélicos] haviam vencido e não queriam abrir mão dessa vitória tão cedo. No que diz respeito a Galileu, ele foi silenciado por um embargo.[9]

No livro publicado, por outro lado, Lamalle mudou o texto para: "Esse decreto parece surpreendente hoje, considerando que veio de um tribunal tão equilibrado e austero, mas não deveria surpreender se o considerarmos no contexto da doutrina e do conhecimento científico da época." Em outras palavras, enquanto Paschini sustentava que o decreto anticopernicano de 1616 era, na melhor das hipóteses, descuidado, e que o fato de ele nunca ter sido reexaminado era indesculpável, Lamalle fez parecer que Paschini disse que, embora o decreto fosse lamentável e algo que não se esperaria de uma instituição tão sábia quanto a Inquisição, ele era inteiramente compreensível no contexto do início do século XVII. O que importa aqui não é se Lamalle estava correto em sua interpretação, mas sim a desonestidade intelectual em apresentar suas próprias opiniões como se fossem de Paschini, sem mencionar esse fato. Uma fraude semelhante ocorreu na apresentação da conclusão de Paschini sobre a condenação de Galileu em 1633. Citando um artigo de 1906, Paschini escreveu:

No que diz respeito à responsabilidade [pela condenação], pode-se dizer francamente que "os maiores responsáveis aos olhos da história são os defensores de uma escola ultrapassada que viram o cetro da ciência escorregando de suas mãos e não suportaram que os oráculos que falavam por seus lábios não devessem mais ser ouvidos religiosamente, de forma que usaram todos os meios e intrigas a fim de recuperar para seus ensinamentos o crédito que estavam perdendo. Um dos principais meios utilizados foram as Congregações e sua autoridade, e a culpa destas últimas foi terem se permitido usar".[10]

Paschini culpava os jesuítas conservadores e a Inquisição. Lamalle substituiu toda essa passagem pela citação de um artigo de 1957 que alegava que "estava-se travando uma grande batalha (...) a razão científica deu um passo ousado, embora sem apresentar provas decisivas; e um passo tão gigantesco exigia a recombinação das imagens familiares que estavam ligadas à representação do universo, tanto na mente do cientista quanto na mente do homem comum".

Em outras palavras, Lamalle descartou a visão de Paschini como ultrapassada. Mais uma vez, independentemente da validade da perspectiva de Lamalle e apesar de suas afirmações em contrário, ele, na prática, reescreveu o livro de Paschini, pelo menos no que diz respeito às conclusões sobre o tratamento dado pela Inquisição a Galileu e ao copernicanismo.

Toda a saga de Paschini, ocorrida em meados do século XX, nos deixa com um gosto amargo e uma suspeita de que as restrições da Igreja à liberdade de pensamento e a desonestidade intelectual associada a elas ainda não fazem parte de um passado muito distante.

A história sofreu uma nova reviravolta em 1978. O papa João Paulo II, eleito naquele ano, já havia experimentado a negação da liberdade pessoal e religiosa na Polônia comunista, sua terra natal. Portanto, era de esperar que, em algum momento, abordasse a interação entre ciência e religião em geral e o caso Galileu em particular. E de fato ele o fez, no ano seguinte.

A "harmonia entre a verdade científica e a verdade revelada"

Na ocasião do centenário do nascimento de Einstein, a Pontifícia Academia de Ciências realizou uma conferência na qual João Paulo II proferiu um discurso intitulado "Harmonia profunda que une as verdades da ciência às verdades da fé".[11] Nesse discurso, o pontífice fez algumas admissões historicamente importantes. Primeiro, reconheceu que Galileu "havia sofrido muito" com as ações das autoridades e instituições da igreja. Segundo, observou que o Concílio Vaticano II "deplorava" intervenções religiosas injustificadas em questões científicas. O papa também se apressou em apontar que o próprio Galileu (em sua *Carta a Benedetto Castelli* e em sua *Carta à senhora Cristina de Lorena, grã-duquesa de Toscana*) expressou a opinião de que ciência e religião são harmônicas e não se contradizem se as Escrituras forem interpretadas de maneira adequada.

Talvez o mais importante seja o fato de o papa ter encorajado a realização de um novo estudo sobre todo o caso Galileu, que seria considerado "com completa objetividade". Quando foi anunciada, em outubro de 1980, essa iniciativa ganhou manchetes em todo o mundo. O *Washington Post*, por exemplo, declarou: "O mundo dá voltas a favor de Galileu."[12] O próprio artigo do *Post* concluía que a ação do papa foi planejada "para apagar um julgamento cuja lembrança viva estava sendo usada pelos adversários da Igreja como um símbolo de sua oposição à liberdade intelectual". As verdadeiras instruções dadas à comissão designada não falavam em "julgar novamente" Galileu, mas expressavam a intenção "de repensar toda a questão envolvendo Galileu".

A comissão do Vaticano emitiu seu relatório final em 31 de outubro de 1992, e o papa reconheceu que considerava o trabalho da comissão concluído. Depois de ouvir uma apresentação do presidente da comissão, o próprio papa fez um discurso, sob os auspícios de uma reunião acerca do fenômeno da *complexidade* em matemática e ciências. Um de seus principais pontos abordou a relação entre os resultados das pesquisas científicas e as interpretações das Escrituras — o tópico ao qual Galileu dedicou grande parte de seus esforços de raciocínio, apenas para vê-los frustrados pela Igreja. O papa admitiu: "Paradoxalmente, Galileu, um fiel sincero, se mostrou mais perspicaz nessa questão do que seus adversários teólogos. A maioria dos teólogos não percebeu a distinção formal que existe entre as Sagradas Escrituras em si e sua interpretação, e isso os levou a transpor indevidamente para o campo da doutrina religiosa uma questão que na verdade pertence à pesquisa científica."[13]

O papa acrescentou, prescientemente, que as lições do caso Galileu provavelmente se tornariam relevantes no futuro, quando "um dia nos encontrarmos em uma situação semelhante". Ele então reiterou sua crença de que ciência e religião estão em perfeita harmonia.

Com essa apresentação, a Igreja basicamente declarou encerrado o caso Galileu. A mídia ao redor do mundo fez uma festa. O *New York Times* anunciou: "Depois de 350 anos, Vaticano diz que Galileu estava certo: ela se move."[14] O *Los Angeles Times* veiculou uma mensagem semelhante: "É oficial: a Terra gira em torno do Sol, até para o Vaticano."[15] Alguns estudiosos de Galileu não ficaram nada contentes. O historiador espanhol Antonio Beltrán Marí escreveu: "O fato de o papa continuar a se considerar uma autoridade capaz de dizer algo relevante sobre Galileu e sua ciência mostra que, para o papa, nada mudou. Ele está se comportando exatamente da mesma maneira que os que julgaram Galileu, cujo erro ele agora reconhece."[16]

Justiça seja feita, o papa estava, em certo sentido, em um beco sem saída. O que quer que dissesse ou deixasse de dizer sobre os erros da Igreja teria sido criticado por algum motivo. Ainda assim, a reabilitação essencialmente teológica de Galileu veio tarde demais.

Curiosamente, tanto em seu discurso de 1979 quanto no de 1992, o papa João Paulo II mencionou Albert Einstein. Em 1979, iniciou sua fala com: "A Sé Apostólica deseja prestar a Albert Einstein o tributo que lhe é devido pela eminente contribuição que deu ao progresso da ciência, isto é, ao conhecimento da verdade presente no mistério do universo."

Isso levou o papa à seguinte conclusão: "Como qualquer outra verdade, a verdade científica deve prestar contas apenas a si mesma e à Verdade suprema, Deus, o criador do homem e de todas as coisas." Em seu discurso de 1992, ele reiterou a mesma ideia. Começando com uma forma popular pela qual um dos aforismos de Einstein é citado com frequência — "O que é eternamente incompreensível no mundo é o fato de ele ser compreensível" —, o papa sugeriu que a inteligibilidade "nos leva, em última análise, àquele pensamento primordial e transcendente impresso em todas as coisas".

Considerando as frequentes referências a ele, é interessante, nesta discussão sobre a relação entre ciência e religião, examinar os pensamentos de Einstein sobre religião e Deus e compará-los aos de Galileu, mais de três séculos antes.

17

As reflexões de Galileu e Einstein sobre ciência e religião

Em sua *Carta à senhora Cristina de Lorena, grã-duquesa de Toscana*,[1] Galileu expressou de maneira clara o que considerava ser a relação adequada entre ciência e religião. Esse documento foi, ao mesmo tempo, um manifesto da luta de Galileu pela liberdade intelectual — pelo direito dos cientistas de defender o que consideravam ser evidências convincentes. Uma das razões para o embate de Galileu com a Igreja tinha a ver com as interpretações bastante diferentes dele e das autoridades eclesiásticas no que diz respeito à verdadeira natureza do desacordo. Ao passo que Galileu estava convencido de que estava tentando, em certo sentido, salvar a Igreja de cometer um erro monumental, as autoridades eclesiásticas trataram sua insistência obstinada na validade de suas opiniões como um ataque direto à santidade das Escrituras e à própria Igreja. Para fundamentar seu ponto de vista, Galileu recorreu aos escritos de Santo Agostinho, que advertiam contra fazer declarações conclusivas sobre coisas difíceis de compreender: "Em se tratando de uma questão dúbia, não devemos acreditar em nada inadvertidamente, para evitar que, a favor do nosso erro, venhamos a conceber um preconceito contra algo que a verdade a seguir possa revelar não ser de nenhuma forma contrário aos livros sagrados do Antigo ou do Novo Testamento." Basicamente, Santo Agostinho estava argumentando, no século V, que os textos bíblicos não deveriam ser entendidos de forma literal se contradizem o que sabemos de fontes confiáveis. Esse era precisamente o erro, argumentou Galileu, que seus adversários estavam cometendo: "Eles estendiam essa autoridade [da Bíblia e dos Santos Padres] a tal ponto que, mesmo em assuntos puramente físicos — nos quais a fé não está envolvida —, exigiam que abandonássemos completamente a razão e as evidências de nossos sentidos em favor de uma passagem bíblica, embora, sob o significado superficial de suas palavras, essa passagem possa ter um sentido diferente."

Galileu reiterou essa ideia repetidamente, expressando sua convicção de que "Ele [Deus] não exigiria que negássemos o bom senso e a razão em assuntos físicos que são expostos a nossos olhos e mentes pela experiência direta ou por demonstrações necessárias". Referindo-se mais especificamente a suas convicções copernicanas, Galileu enfatizou que "a mobilidade ou a estabilidade da Terra ou do Sol não é uma questão de fé nem contrária à ética". Era de esperar que, mais de três séculos depois, não tivéssemos que enfrentar alguns dos mesmos tipos de adversidade com que Galileu se deparou em se tratando de interpretações literais da Bíblia, mas infelizmente esse não é o caso. Uma pesquisa realizada pela Gallup nos Estados Unidos em 2017, por exemplo, revelou que cerca de 38% dos adultos estavam propensos a acreditar que "Deus criou os seres humanos em sua forma atual em algum momento nos últimos dez mil anos".[2]

Darwin *versus* "desenho inteligente"

Todos os argumentos de Galileu são igualmente válidos no que diz respeito à questão de ensinar a teoria da evolução de Darwin, que continua sendo um tema tão controverso hoje quanto sempre foi.[3] Surpreendentemente, mesmo que o próprio papa tenha admitido que foi errado transpor "para o campo da doutrina religiosa uma questão que na verdade pertence à pesquisa científica",[4] e apesar de mais de um século de evidências sólidas que confirmam a evolução por meio da seleção natural, muitos americanos — e um número considerável de pessoas em outras partes do mundo — ainda acreditam em ideias criacionistas. O que é ainda mais triste é que as crenças no lado criacionista têm sido tão fortes que parece não haver nenhuma solução à vista na opinião popular, e a discussão sobre como o assunto deve ser ensinado na escola continua. *Nunca é demais enfatizar o fato de que não há a menor dúvida científica.*

Primeiro, hoje sabemos a idade do universo com uma incerteza inferior a dez por cento.[5] Segundo, a Academia Nacional de Ciências dos Estados Unidos declarou claramente: "O conceito de evolução biológica é uma das ideias mais importantes que já resultaram da aplicação de métodos científicos ao mundo natural."[6] Em 27 de outubro de 2014, o papa Francisco deu uma declaração na Pontifícia Academia de Ciências na qual dizia: "O Big Bang, que hoje se pressupõe que seja a origem do mundo, não contradiz o ato divino de criar, mas sim o exige. A evolução na natureza não é incompatível com a noção de criação, pois a evolução pressupõe a criação de seres que evoluem."[7] Ele estava seguindo os passos do papa João Paulo II, que disse sobre a teoria da evolução em um discurso em 22 de outubro de 1996: "É notável que essa teoria tenha tido cada vez mais influência sobre o espírito dos pesquisadores, após uma série de descobertas de diferentes disciplinas acadêmicas. A convergência nos resultados desses estudos independentes — que não foi planejada nem buscada — constitui em si um importante argumento a favor da teoria."

Apesar desses julgamentos claros das maiores autoridades científicas e religiosas, muitas pessoas simplesmente se recusam a se convencer. E o que é ainda mais embaraçoso: os criacionistas por vezes conseguem convencer educadores, políticos e juízes de que a evolução é apenas uma "teoria" e que a variante mais moderna do criacionismo, o "desenho inteligente", deve ser ensinada lado a lado com a evolução, nas aulas de ciências.

A semelhança entre os argumentos dos criacionistas e aqueles apresentados contra Galileu é absolutamente impressionante. Primeiro, dizem os criacionistas, a evolução por meio da seleção natural não é um fato comprovado e se baseia em processos que não foram observados, e nunca poderão ser.[8] A isso, os biólogos respondem que o registro fóssil fornece diversas evidências conclusivas de que os organismos evoluíram ao longo da idade da Terra. Na verdade, a teoria da evolução poderia ter sido facilmente refutada se estivesse incorreta (o que é um dos traços distintivos de uma teoria científica aceitável). Por exemplo, encontrar um único fóssil de um mamífero avançado, como um camundongo, que datasse de 2 bilhões de anos atrás seria suficiente para refutar toda a teoria. Nenhuma evidência desse tipo jamais foi encontrada. Pelo contrário, as descobertas corroboram totalmente a evolução. Por exemplo, a evolução previu que, no período compreendido entre alguns milhões de anos e algumas centenas de milhares de anos atrás, deveríamos encontrar fósseis de homininos (ancestrais dos humanos modernos) com características progressivamente menos simiescas. Essa previsão foi confirmada de maneira inequívoca. Além disso, nunca foram descobertos fósseis de humanos anatomicamente modernos datados de milhões de anos atrás. Também devemos observar que existem numerosos exemplos nos quais a seleção natural pôde ser observada em ação, desde bactérias que se tornam resistentes a certos tipos de antibióticos até a evolução das cores da mariposa *Biston betularia* na Inglaterra do século XIX.

Uma segunda objeção levantada pelos criacionistas é a alegação de que fósseis de transição, como criaturas meio pássaro, meio réptil, nunca foram encontrados. Isso é simplesmente falso. Os paleontologistas encontraram fósseis intermediários entre grupos taxonômicos. Um fóssil chamado *Tiktaalik roseae*, por exemplo, datado de cerca de 375 milhões de anos atrás, demonstra a transição dos peixes para os primeiros animais terrestres com patas, e há toda uma série de fósseis que narram a transição de uma pequena espécie chamada *Eohippus* para o cavalo atual durante um período geológico de cerca de 50 milhões de anos.

Por fim, os criacionistas recorrem a um argumento cujas origens remontam ao orador romano Cícero, no século I a.C.: as "máquinas" complexas exibidas por várias formas de vida, afirma a alegação, só poderiam ter sido produzidas por um "desenho inteligente". No início do século XIX, o teólogo natural William Paley adotou a mesma linha de raciocínio: um relógio intrincado atesta a existência de um relojoeiro. Os criacionistas se prenderam particularmente ao exemplo do olho como um órgão anatômico que não poderia ter evoluído naturalmente. No entanto, a descoberta de órgãos mais primitivos que traçam a evolução do aparato capaz de detectar a luz também invalidou esse argumento. Fundamentalmente, qualquer característica biológica que pareça ser uma invenção foi resultado de uma longa seleção evolutiva aliada à simbiose com o meio ambiente. Em geral, processos que não são totalmente compreendidos não constituem falhas. Os criacionistas parecem esquecer ou ignorar que Galileu já havia travado esse tipo de batalha quatro séculos atrás, e acabou vencendo.

O debate contínuo sobre as mudanças climáticas é ainda pior, pois evitar consequências catastróficas requer uma resposta muito mais rápida. A negação das mudanças climáticas é alimentada principalmente por motivações políticas, financeiras e religiosas.[9] Diferentemente da evolução darwiniana, teoria cuja rejeição está fortemente correlacionada com a religiosidade, no caso das mudanças climáticas, o conservadorismo político é a causa dominante da negação. O componente religioso foi perfeitamente representado pelo que o senador James Inhofe, de Oklahoma, disse ao programa *Crosstalk with Vic Eliason*, da emissora de rádio *Voice of Christian Youth America*, em 2012: "Deus ainda está lá em cima. A arrogância das pessoas que acham que nós, seres humanos, poderíamos mudar o que Ele está fazendo com o clima é ultrajante para mim." Contrastemos isso com o fato de que hoje existe um consenso científico esmagador entre os especialistas (cerca de 97%) de que "é extremamente provável que a influência humana tenha sido a principal causa do aquecimento observado desde meados do século XX".

O Relatório sobre a Lacuna de Emissões do Programa das Nações Unidas para o Meio Ambiente de 2018 mostrou que as emissões de dióxido de carbono (CO_2) aumentaram em 2017: a primeira vez após quatro anos de estagnação.[10] Isso é particularmente alarmante tendo em vista que o último relatório do Painel Intergovernamental sobre Mudanças Climáticas (IPCC) — grupo de cientistas reunido pela ONU para orientar líderes mundiais — concluiu que, para limitar a elevação da temperatura global a 2,7° F (1,5° C) acima dos níveis pré-industriais, seria necessária uma redução de 45% nas emissões de gases do efeito estufa até 2030. Em uma ação sem precedentes, em 2 de dezembro de 2018, os presidentes de quatro conferências climáticas da ONU anteriores emitiram uma declaração conjunta pedindo ações urgentes. O fato de os Estados Unidos terem se retirado do Acordo de Paris sobre Mudanças Climáticas (embora só possam sair de fato em 2020) e a contínua promoção dos combustíveis fósseis empreendida pelo presidente Donald Trump são, nesse contexto, nada menos que chocantes.[11] Como Steven Weinberg, laureado com o Nobel de Física, afirmou: "Costuma ser uma tolice ir contra os julgamentos da ciência e nesse caso, quando o planeta está em jogo, é insano."

Qualquer lista dos principais cientistas da história (aqueles que mudaram o mundo) inclui os nomes de Galileu e Einstein. Essa é mais uma razão pela qual, ao discutir a questão da ciência e da religião, é interessante comparar as visões desses dois gênios. Sabemos que Galileu considerava as Escrituras o guia da fé, da ética e do comportamento moral (para a "salvação") e que ele discordava da interpretação literal de textos bíblicos somente quando contradiziam observações científicas e demonstrações lógicas. Mais de três séculos depois, Einstein compartilhava a perspectiva científica de Galileu, mas se opunha quase diametralmente a ele em questões de fé.

Einstein sobre religião e ciência

Não há dúvida de que, no que diz respeito à liberdade intelectual, Einstein, nascido na Alemanha, tinha exatamente as mesmas opiniões de Galileu. Em uma declaração que deu em 1954 para uma conferência do Comitê de Liberdades Civis de Emergência dos Estados Unidos, Einstein disse: "Por liberdade acadêmica, entendo o direito de buscar a verdade e publicar e ensinar o que se considera verdadeiro."[12] Ele estava repetindo aqui as mesmas ideias que havia expressado em um discurso escrito em

AS REFLEXÕES DE GALILEU E EINSTEIN...

1936, três anos depois que Adolf Hitler chegou ao poder na Alemanha (e Einstein emigrou para os Estados Unidos): "Liberdade de ensino e de opinião em livros ou na imprensa é a base para o desenvolvimento saudável e natural de qualquer povo."[13] Galileu certamente teria concordado.

No que diz respeito à relação entre ciência e religião, por outro lado, as opiniões de Einstein eram mais complexas.[14] Eis um breve resumo.

Einstein mencionava Deus com bastante frequência em seus escritos, palestras e conversas. Por exemplo, quando quis expressar seu ceticismo em relação à mecânica quântica, a teoria do mundo subatômico, ele disse uma frase que ficou famosa: "Ele [Deus] não joga dados." Da mesma forma, quando expressou a opinião de que a natureza pode ser difícil de decifrar, mas não é inclinada a usar truques, Einstein disse: "Deus é sutil, mas não é malicioso." Ele até se perguntou se o plano cósmico teria permitido alguma escolha: "O que realmente me interessa é saber se Deus poderia ter criado o mundo de maneira diferente; em outras palavras, se o requisito de simplicidade lógica comporta uma margem de liberdade." Essas citações, no entanto, estão relacionadas principalmente com a estrutura do universo e não nos dão uma visão completa da atitude de Einstein em relação à religião.

Einstein desenvolveu a maior parte de sua perspectiva sobre religião, ciência e a interação entre as duas em uma série de ensaios, cartas e discursos escritos principalmente entre 1929 e 1940. Um dos primeiros, um ensaio intitulado "No que acredito", de 1930, contém algumas de suas citações mais memoráveis:

> A experiência mais bonita que podemos ter é o mistério. É a emoção fundamental que está no berço da verdadeira arte e da verdadeira ciência. Quem não o conhece e não consegue mais se admirar, não se maravilha mais, está praticamente morto, e seus olhos estão obscurecidos. Foi a experiência do mistério — ainda que misturada ao medo — que engendrou a religião. A percepção da existência de algo que não podemos penetrar (...) são essa percepção e essa emoção que constituem a verdadeira religiosidade. Nesse sentido,

e somente nesse sentido, sou um homem profundamente religioso. Não consigo conceber um Deus que recompense e castigue suas criaturas, ou que tenha uma vontade do tipo que experimentamos em nós mesmos.[15]

Einstein repete aqui uma opinião que havia expressado em 1929, em resposta a um telegrama do rabino Herbert Goldstein, no qual o rabino lhe perguntou: "Você acredita em Deus?" Como admirador do filósofo racionalista judeu holandês do século XVII Baruch Spinoza, Einstein respondeu: "Eu acredito no Deus de Spinoza, que se revela na harmonia do mundo, não em um deus que se preocupa com o destino e as ações da humanidade."[16]

Einstein deu ainda mais detalhes sobre essa visão em dois artigos, um intitulado "Religião e ciência", que ele escreveu para a *New York Times Magazine* em novembro de 1930,[17] e outro intitulado "Ciência e religião", que foi lido em uma conferência em Nova York em 1940. No primeiro, Einstein descreveu em linhas gerais o que considerava serem os três estágios da evolução das crenças religiosas, enquanto no último tentou definir ciência e religião e expressou sua opinião sobre o que julgava ser a fonte básica do conflito percebido entre as duas.

As três fases no desenvolvimento das religiões, segundo Einstein, foram: o medo ("da fome, dos animais selvagens, das doenças e da morte"); a "concepção social ou moral de Deus" (um Deus que recompensa, castiga e conforta); e o "sentimento religioso cósmico". O próprio Einstein admitiu vivenciar apenas essa terceira experiência religiosa.

Um homem que esteja completamente convencido da operação universal da lei de causalidade não pode, nem por um momento, considerar a ideia de um ser que interfira no curso dos acontecimentos — desde que, é claro, leve a hipótese da causalidade realmente a sério. A religião do medo não tem nenhuma utilidade para ele e, igualmente, pouca utilidade tem a religião social ou moral.

Evidentemente, para Einstein, a religião teve um papel muito diferente daquele que desempenhou para Galileu. Embora ambos concordassem que a natureza opera de acordo com determinadas leis matemáticas, como vimos, Galileu considerava as Escrituras o principal guia do comportamento moral que eventualmente leva à salvação, ao passo que a sensação religiosa de Einstein era inspirada precisa e exclusivamente por essas leis da natureza.

Em sua definição de ciência e religião, Einstein tentou ir ainda mais longe. Ele definiu a ciência como "a tentativa de reconstrução posterior da existência pelo processo de conceitualização". Ou seja, a ciência, de acordo com ele, descreve a realidade como ela é, e não o que a realidade idealmente deveria ser. A religião, por outro lado, explicou Einstein, era "o esforço secular da humanidade de se tornar clara e completamente consciente desses valores e objetivos [de se libertar de desejos egoístas e autocentrados e ter uma aspiração suprapessoal de melhorar a existência] e de fortalecer e ampliar constantemente seus efeitos". Para Einstein, a religião tradicional determina um estado *desejado*, não a realidade. A partir dessas duas definições, ele concluiu que não deveria haver conflito entre ciência e religião, *a menos que* instituições religiosas interviessem no campo da ciência (por exemplo, insistindo em interpretações literais da Bíblia, como nos casos de Galileu e Darwin) ou por meio da introdução da doutrina de um "Deus pessoal", que para Einstein era cientificamente inaceitável.

Embora Einstein admitisse que a ciência não possui as ferramentas para refutar inequivocamente o conceito de um Deus pessoal, ele considerava essa noção "indigna", porque não conseguia "se sustentar sob a luz clara, mas apenas na escuridão".

A negação de Einstein da existência de um Deus pessoal provocou uma reação extremamente forte, em grande parte negativa, em muitos círculos. Em uma linguagem muito parecida com a dos aristotélicos contra Galileu, um padre de North Hudson, Nova York, escreveu no *Hudson (N.Y.) Dispatch*: "Einstein não sabe do que está falando. Ele está completamente errado. Alguns homens pensam que, por terem alcançado um alto grau de conhecimento em alguns campos, estão qualificados para expressar opiniões sobre tudo."

O monsenhor Fulton John Sheen, professor da Catholic University of America, criticou tanto o ensaio de 1930 quanto o de 1940, concluindo sarcasticamente: "Há apenas uma falha na religião cósmica [de Einstein], ele colocou uma letra a mais na palavra, a letra 's'."

Nem todas as reações foram negativas. Um veterano da Primeira Guerra com deficiência que vivia em Rochester, Nova York, escreveu: "Os grandes líderes, pensadores e patriotas do passado que lutaram e morreram pela liberdade de pensamento, de expressão, de imprensa e intelectual se levantam para cumprimentá-lo! Com o grande e poderoso Spinoza, seu nome viverá tanto quanto a humanidade."[18]

O próprio Einstein ficava especialmente irritado com o fato de ser rotulado de ateu. Em um jantar beneficente em Nova York, ele disse a um diplomata alemão antinazista em palavras que lembravam muito o elogio de Viviani a Galileu: "Considerando toda a harmonia no cosmos que eu, com minha mente humana limitada, sou capaz de reconhecer, ainda há pessoas que dizem que Deus não existe. Mas o que realmente me deixa irritado é que elas citam meu nome para corroborar essas opiniões."[19]

Em um desdobramento fascinante, uma carta que Einstein escreveu em 3 de janeiro de 1954, na qual repetiu suas opiniões sobre um "Deus pessoal" e o "Deus de Spinoza", foi vendida em um leilão na Christie's pela impressionante quantia de 2.892.500 dólares em 4 de dezembro de 2018.[20] A carta era endereçada ao filósofo judeu alemão Eric Gutkind, em resposta a um livro que Gutkind havia escrito e que consistia em um manifesto religioso e humanístico baseado nos ensinamentos bíblicos. Talvez o sentimento mais significativo expresso na carta tenha sido a concordância de Einstein com Gutkind de que os seres humanos deveriam aspirar a "um ideal que vá além do interesse próprio, com esforços para se libertar dos desejos autocentrados, esforços pela melhoria e pelo aperfeiçoamento da existência, com ênfase no elemento puramente humano".

Considerando que a relação entre ciência e religião é uma questão que provavelmente continuará sendo discutida pelas gerações futuras, um conselho de Galileu e Einstein parece ser particularmente esclarecedor e útil. *Enquanto as conclusões da ciência sobre a realidade física forem aceitas sem intervenção de crenças religiosas e sem a condenação de fatos que podem se provados, nenhum conflito entre os dois campos poderá existir.* Galileu sabia que a Bíblia não é um livro de ciências. Ela representa uma descrição alegórica da profunda reverência que os humanos da Antiguidade sentiam quando confrontados com um universo aparentemente incompreensível. Einstein também sentia a mesma reverência, apesar de ter concluído que o cosmos era compreensível, no fim das contas. Essa também era, em certo sentido, a opinião do papa João Paulo II.[21] Uma coexistência pacífica entre a ciência e a religião convencional (excluo aqui fanáticos religiosos e ateus "missionários" agressivos) é, portanto, definitivamente possível, pelo menos em princípio. O filósofo da ciência Karl Popper expressou bem suas opiniões moderadas sobre esse assunto ao escrever: "Embora não seja a favor da religião, eu realmente acho que devemos ter respeito por quem acredita sinceramente."[22] No entanto, reconhecendo que o risco de conflito permanece, a sugestão do papa de nos dedicarmos a "um diálogo no qual a integridade tanto da religião quanto da ciência seja apoiada e o avanço de ambas seja promovido" parece ser um bom passo à frente. Deveríamos permitir a coexistência de muitas ideias e ideais e da liberdade de debatê-los,[23] proibindo apenas a intolerância.[24]

18

Uma cultura

Galileu não teria entendido o conceito de C. P. Snow de "duas culturas". A ideia de que intelectuais literários ou humanísticos formariam um grupo distinto que exclui cientistas e matemáticos teria soado absurda para ele, que habitava confortavelmente ambos os mundos, o científico e o humanístico, comentando sobre arte e obras literárias e tocando música com a mesma paixão e o mesmo entusiasmo que caracterizavam seu trabalho científico. Seu treinamento artístico inspirava sua interpretação das observações e permitia que ele apresentasse suas descobertas de maneira mais eficaz. Além disso, ao publicar grande parte de seu trabalho em um italiano engenhoso, mas fácil de entender, em vez de em latim, Galileu também foi um exemplo perfeito do que o autor John Brockman chamou de "pensador da terceira cultura" — uma pessoa que dispensa mediadores e se comunica diretamente com o público inteligente.[1]

Se você parar para pensar, como é possível não considerar a ciência parte essencial da cultura e da herança intelectual humana? A ciência é, afinal, um domínio no qual se pode apontar um progresso inequívoco. Seria difícil argumentar de forma convincente que, digamos, a arte hoje é claramente superior à arte renascentista, ou que a poesia de Safo era claramente inferior à de Emily Dickinson. Por outro lado, a expectativa de vida na Inglaterra no século XVII era de cerca de 35 anos, ao passo que agora, principalmente como resultado de projetos desenvolvidos pela ciência, é (em uma média que inclui homens e mulheres) de cerca de 81.[2] Ou consideremos o fato de que Galileu foi a primeira pessoa a descrever corretamente algumas das características da superfície lunar, ao passo que hoje uma dúzia de astronautas já caminharam sobre o solo da Lua. Da mesma forma, Antonie van Leeuwenhoek, cuja vida se sobrepôs parcialmente à de Galileu, estabeleceu a microbiologia como uma disciplina científica e identificou os micróbios como uma nova espécie. Desde então, entretanto, milhões de espécies biológicas foram totalmente caracterizadas. Por fim, ao passo que Galileu foi acusado por suas investigações sobre a natureza da matéria estarem em conflito com as descrições bíblicas, os físicos de partículas de hoje conseguiram descobrir todos os constituintes básicos da matéria comum. A lista de proezas científicas é interminável, com avanços incríveis feitos tanto na exploração dos microcosmos físicos e biológicos quanto no macrocosmo cósmico. Esse progresso não é parte essencial de apenas uma cultura humana?

Imagine que tivéssemos que nos comunicar agora com uma civilização galáctica alienígena superior. Qual seria uma maneira sucinta de transmitir a eles (supondo que pudessem nos entender) o nível de desenvolvimento intelectual e tecnológico de nossa civilização? Acredite ou não, um método interessante e relativamente direto seria simplesmente informá-los de que conseguimos detectar ondas gravitacionais que resultaram da colisão de dois buracos negros.[3] Por que esse tópico aparentemente esotérico seria uma declaração poderosa e informativa? As ondas gravitacionais são ondulações no tecido do espaço-tempo produzidas por grandes acelerações, como as criadas no caso de duas estrelas de nêutrons ou dois buracos negros espiralando um em direção ao outro. A existência dessas ondas estava prevista na teoria da relatividade geral de Einstein — uma teoria que mudou a descrição da gravidade de uma força misteriosa que age à distância para uma que representa a curvatura do espaço-tempo. Ou seja, assim como um objeto pesado faz com que um trampolim ceda, massas (como o Sol ou um buraco negro) distorcem o espaço-tempo em suas imediações. Quando essas massas se aceleram, a alteração se propaga na forma de ondulações. Do ponto de vista teórico, portanto, informar uma civilização alienígena de que temos conhecimento das ondas gravitacionais comunica imediatamente o status de nossa compreensão da natureza do espaço-tempo, um elemento crucial na evolução do nosso universo. O simples fato de termos conseguido *detectar* essas ondas gravitacionais transmite um relatório imediato da situação de nossas conquistas tecnológicas, uma vez que a capacidade de identificar essas ondulações extraordinariamente fracas não é nada menos que prodigiosa. Basicamente, os pesquisadores de ondas gravitacionais detectaram uma onda que estendeu o espaço-tempo em 1 parte em 1.000.000.000.000.000.000.000. Ou seja, essa onda fez toda a Terra se expandir e se contrair o equivalente a aproximadamente o diâmetro de um núcleo atômico.

Certamente não há muitas pessoas que não reconhecem que o progresso científico foi responsável por muitas das melhorias na qualidade de nossa vida cotidiana. Infelizmente, as realizações nas ciências humanas nem sempre recebem o respeito que merecem — um fenômeno que sem dúvida incomodaria Galileu.

A contribuição das humanidades para nossa capacidade de imaginar até mesmo coisas que não existem, para a criatividade e para o desenvolvimento e a evolução da linguagem humana, com todas as suas implicações associadas na comunicação, não pode ser subestimada. A filosofia, o autoconhecimento e a religião ajudaram os humanos na construção de uma estrutura moral. Ainda assim, existem aqueles que, em vez de promover uma parceria entre as ciências e as humanidades — uma que aproveite os recursos que cada domínio tem a oferecer —, insistem que as ciências e as humanidades devem lutar por uma coexistência hermeticamente separada. Esses "separatistas" exigem fronteiras claras (ainda que ligeiramente permeáveis). Em minha humilde opinião, embora certamente haja diferenças importantes nos assuntos, estilos e práticas dos dois campos, o reconhecimento de que tanto as humanidades quanto as ciências são partes essenciais de uma única cultura humana deve vir de ambos os lados.[4]

Essa conclusão se torna particularmente óbvia quando percebemos que algumas das perguntas mais fundamentais que os seres humanos já fizeram atravessaram, ao longo de milênios, primeiro a fronteira entre religião e filosofia e, posteriormente, a fronteira entre filosofia e ciência. Refiro-me, em particular, a questões relacionadas às *origens*: Como surgiu o universo? Como a Terra foi formada? Como teve início a vida em nosso planeta? Como surgiu a consciência? Essas, bem como talvez a questão ainda maior de Por que o universo existe? — ou, como se costuma formular: Por que há algo em vez de nada? — agora são amplamente reconhecidas (embora infelizmente não por todos) como pertencentes ao domínio da ciência.[5] Mais do que isso, a ciência já forneceu pelo menos respostas parciais para algumas dessas perguntas.[6]

Por exemplo, sabemos agora que nosso universo surgiu cerca de 13,8 bilhões de anos atrás, como resultado de um estado extremamente quente e denso, comumente conhecido como Big Bang. Quase podemos determinar a idade do universo com uma precisão maior do que a idade de uma pessoa viva. Sabemos que o Sol se formou 4,6 bilhões de anos atrás, a partir do colapso gravitacional de uma nuvem de gás e poeira, e que a Terra se formou da coalescência de partículas de poeira no disco plano que se formou ao redor do Sol, e assim por diante.[7] Assim como Galileu previu, grande parte de nossa imagem do mundo se baseia não em descrições vagas e qualitativas, mas em modelos matemáticos detalhados e simulações numéricas.

Esses fatos apenas aumentam a urgência de combater a ignorância em *todas* as frentes, científicas e humanísticas. Da mesma forma que todos deveriam ter ao menos a oportunidade de travar contato, por exemplo, com algumas das peças de Shakespeare, ou os escritos de Marcel Proust, F. Scott Fitzgerald, Virginia Woolf, Chimamanda Ngozi Adichie, Lu Min e Fiódor Dostoiévski, todas as pessoas também deveriam ter consciência de que o mundo é governado por determinadas leis da natureza e de que há evidências convincentes de que essas leis se aplicam a todo o universo observável e não parecem mudar com o tempo.

Como você deve se lembrar, Galileu se opunha veementemente a qualquer tipo de compartimentalização, seja entre diferentes ramos da ciência ou mesmo entre as ciências e a matemática e as artes. Ele considerava essas separações herméticas "não menos tolas do que a de um determinado médico que, movido pelo despeito, disse que o grande médico d'Acquapendente [o cirurgião italiano do século XVI Girolamo Fabrizio], sendo um famoso anatomista e cirurgião, deveria contentar-se em permanecer entre seus bisturis e unguentos, sem tentar curar usando a medicina".[8] Galileu teria, sem dúvida, resistido a qualquer tentativa de excluir as humanidades ou as ciências de serem partes indispensáveis da cultura humana. A verdade é que a cultura humana é diversa. A essência desse fato foi capturada em uma frase pela filósofa da Universidade de Chicago Martha Nussbaum, quando disse: "A educação precisa transmitir habilidades de pensamento crítico e cultivar a imaginação."[9] Esses são, de fato, os elementos cruciais fornecidos pelas ciências e pelas humanidades. A ciência tenta *explicar* e prever o universo. A literatura e as artes fornecem *nossa resposta emocional* a ele. Conceitos como a liberdade de pensamento emergem da fusão dessas disciplinas. Galileu entendeu séculos atrás que os seres humanos precisam tanto das humanidades quanto das ciências. É justo que ele, um dos maiores cientistas da história, tenha sido imortalizado em tantas obras de arte (a imagem 12 no encarte mostra um busto de Galileu feito por Carlo Marcellini).[10] Talvez seja por isso que as últimas palavras que Bertolt Brecht colocou na boca do astrônomo cego na peça *A vida de Galileu* tenham sido as comoventes: "Como está a noite?"

Agradecimentos

Sou profundamente grato a muitas pessoas e instituições que me ajudaram a concretizar este projeto. Gostaria de agradecer ao Museo Galileo, em Florença, na Itália, e sua equipe, pela gentil hospitalidade. Sou grato ao diretor do museu, Paolo Galluzzi, e ao vice-diretor, Filippo Camerota, pelas discussões muito úteis sobre Galileu, e a Giorgio Strano, pelas conversas sobre Tycho Brahe. Agradeço a Giulia Fiorenzoli, por sua ajuda em facilitar minha estadia. Alessandra Lenzi, Elisa Di Renzo, Sabina Bernacchini e Susanna Cimmino me ajudaram muito na biblioteca do museu e me forneceram material do laboratório fotográfico. Sou especialmente grato aos estudiosos de Galileu Michele Camerota e Maurice Finocchiaro, pelas fascinantes conversas sobre Galileu e por me fornecerem algumas de suas importantes publicações. Agradeço a Federico Tognoni, por sua ajuda com a iconografia de Galileu. Tive discussões estimulantes com o filósofo da ciência Dario Antiseri sobre filosofia e sobre a relação entre ciência e religião, e entre ciência e humanidades. Stefano Gatti (que infelizmente faleceu durante a redação deste livro) e o marquês Mariano Cittadini Cesi me forneceram informações importantes sobre o amigo e patrono de Galileu, Federico Cesi.

O geólogo e cientista ambiental Daniel Schrag me explicou em detalhes a ciência das mudanças climáticas e me apresentou artigos importantes sobre o assunto. O físico atmosférico Richard Lindzen, que é um dos "negadores" mais notórios das mudanças climáticas, me explicou exatamente do que discorda na interpretação das descobertas sobre as mudanças no clima.

Sou grato a Amy Kimball, das Coleções Especiais da Sheridan Libraries na Universidade Johns Hopkins, por me fornecer materiais importantíssimos. Kate Hutchins, do Centro de Pesquisa de Coleções Especiais da Universidade de Michigan, me deu acesso a um inestimável documento original de Galileu.

A historiadora da arte Lisa Bourla me deu informações importantes sobre o pintor Cigoli, amigo de Galileu. Os curadores Joost Vander Auwera e Ingrid Goddeeris, do Museu Real de Belas Artes de Bruxelas, me ajudaram a procurar um retrato de Galileu intitulado *Galileu na prisão*. Os especialistas em arte Benito Navarrete Prieto, Pablo Hereza, Jonathan Brown e Xanthe Brooke deram opiniões abalizadas sobre a atribuição desse retrato de Galileu. Os curadores Annemie De Vos, do Vleeshuis Museum, em Antuérpia, e Els Baetens, do Stedelijk Museum, em Sint-Niklaas, forneceram informações valiosas e ajudaram bastante na pesquisa sobre o paradeiro do mesmo retrato.

Minha esposa, Sofie Livio, demonstrou uma paciência infinita e um apoio contínuo durante os anos de pesquisa e redação deste livro. Por isso, sou eternamente grato.

Por fim, minha agente, Susan Rabiner, me incentivou a escrever o livro e me guiou habilmente durante todo o processo de escrita. Agradeço a Sharon Toolan, por sua assistência profissional na preparação do manuscrito para impressão. Sou profundamente grato ao meu editor, Bob Bender, por seus comentários cuidadosos sobre o manuscrito, e a Johanna Li e toda a equipe de produção da Simon & Schuster, pelo apoio na preparação para publicação.

Notas

A principal fonte de informação sobre a vida e a obra de Galileu tem sido (desde o início do século XX) o monumental *Le Opere di Galileo Galilei: Edizione Nazionale*, de Antonio Favaro (Florença, Itália: Giunti--Barbera, 1890-1909). Foi reimpresso em 1929. A primeira edição está agora disponível online em www.galleco.fr, e o site Liber Liber (www.liberliber.it) disponibiliza grande parte do texto. O "Projeto Galileu", de Albert Van Helden e Elizabeth Burr, da Rice University (galileo.rice.edu), fornece excelentes informações hipertextuais. O recente trabalho de Stafano Gattei, *On the Life of Galileo*, apresenta uma coleção inestimável de biografias antigas e outros documentos importantes.

Ao citar textos em inglês, usei principalmente as traduções de Stillman Drake, Maurice Finocchiaro, Albert Van Helden, John L. Heilbron, Mario Biagioli, Giorgio de Santillana, Mary Allen-Olney, Stefano Gattei, Richard Blackwell, William Shea e David Wootton.

1. REBELDE COM CAUSA

1. O evento é descrito em mais detalhes no Capítulo 5.
2. Js 10:12-13.
3. Uma tradução ligeiramente revisada da carta aparece em Finocchiaro, 1989, p. 49-54. Ver o Capítulo 6.
4. Russell, 2007, p. 531.
5. Born, 1956.

6. Uma boa discussão sobre a contribuição de Galileu pode ser encontrada em Gower, 1997, p. 21.
7. Wölfflin, 1950, citado também em Machamer, 1998.
8. De particular interesse é Santillana, 1955, que tenta acompanhar a jornada mental de Galileu.
9. Leonardo da Vinci, citado em Nuland, 2000.
10. Viviani, 1717. Uma tradução para o inglês que inclui outras biografias, documentos e anotações anteriores é Gattei, 2019.
11. Vasari, 1550.
12. Sobre o interesse de Galileu pela música, ver Fabris, 2011.
13. Boas descrições do amor de Galileu pela literatura e pela arte podem ser encontradas em Panofsky, 1954, e Peterson, 2011.
14. Machamer, 1998 fornece um breve e bom resumo dos antecedentes contra os quais Galileu estava operando. Uma descrição excelente de toda a cultura científica da época está em Camerota, 2004.
15. Russell, 2007, explica bem essa tendência.
16. Bem descrita em Eisenstein, 1983. O transporte de informações é discutido em Reeves, 2014.
17. Em Michelet, 1855, vol. 7-8, *Renaissance et Réforme*.
18. Einstein, 1953.
19. Snow, 1959. A palestra foi proferida em 7 de maio de 1959, na Senate House, em Cambridge. Em 1963, Snow publicou uma versão expandida intitulada *The Two Cultures: A Second Look* [edição brasileira: *As duas culturas e uma segunda leitura*, São Paulo: Unesp, 1995], na qual ele estava mais otimista sobre fazer a ponte entre as duas culturas.
20. Wootton, 2015, p. 16.
21. Brockman, 1995. Originalmente publicado online em 1991 no *Edge* <edge.org>.
22. Wigner, 1960.

2. UM CIENTISTA HUMANISTA

1. A data de nascimento de Galileu é considerada com mais frequência 15 de fevereiro de 1564, mas dois horóscopos que ele fez para si mesmo dão a data de 16 de fevereiro e apenas um a data de 15 de fevereiro. Em Swerdlow, 2004, há uma boa discussão sobre os horóscopos.

NOTAS

2. Isso não é certo. Vincenzo de fato aceitou parte do dote de Julia na forma de roupas.
3. Os irmãos de Galileu eram Benedetto e Michelangelo. Suas irmãs conhecidas eram Virginia, Anna e Livia. Não está claro se Lena também era irmã ou uma criada. Em *Opere di Galileo Galilei*, vol. 19, Documenti.
4. O livro de Vincenzo Galilei foi publicado em Florença no final de 1581 ou início de 1582. Uma tradução é V. Galilei, 2003.
5. Essa interessante especulação foi feita por Drake, 1978.
6. Ele foi vizinho de Galileu em Roma em 1633. Em conversas com Galileu, Gherardini reuniu algum material biográfico, que mais tarde resumiu.
7. Quase todas as biografias se referem ao ano como 1581, mas Camerota e Helbing, 2000, demonstram convincentemente que foi em 1580.
8. Ricci se tornou matemático do grão-duque Ferdinando I, mas isso ocorreu posteriormente.
9. Einstein, 1954.
10. Citado em Peterson, 2011.
11. Einstein, 1934.
12. Uma tradução para o inglês do ensaio pode ser encontrada em Fermi e Bernardini, 1961.
13. Esse tratado foi publicado postumamente pelo padre Urbano d'Aviso.
14. Os "planos" matemáticos para o inferno são primorosamente discutidos em detalhes em Heilbron, 2010.
15. Galilei, 1638.
16. Csikszentmihalyi, 1996.

3. UMA TORRE INCLINADA E PLANOS INCLINADOS

1. Uma boa descrição dos estudos de Galileu em Pisa está em Wallace, 1998.
2. O professor de língua e literatura inglesa Lane Cooper reuniu algumas dessas histórias e discutiu o experimento da Torre Inclinada. Seu trabalho foi criticado no passado, mas continua sendo um esforço honesto de analisar experimentos em queda livre. Cooper, 1935. Michael Segre analisa habilmente a história em Segre, 1989. Camerota e Helbing, 2000, discutem de maneira primorosa o contexto.
3. Stillman Drake, um renomado estudioso de Galileu, achava que a demonstração tinha acontecido. Drake, 1978.

4. Em uma série de obras muito influentes, o historiador da ciência Alexandre Koyré argumentou que Galileu não poderia ter obtido os resultados experimentais que descreveu mais tarde em *Duas novas ciências* usando seu equipamento (por exemplo, Koyré, 1953, 1978). Essas alegações foram completamente refutadas por Thomas Settle (Settle, 1961), James MacLachlan (MacLachlan, 1973) e Stillman Drake (Drake, 1973). Veja também Clavelin, 1974. A distinção entre a *experientia* do Galileu (experiência em geral) e o *periculum* (experimento ou teste) é discutida em Schmitt, 1969.
5. Por exemplo, Thomas Settle repetiu o experimento diante de uma câmera. Settle, 1983.
6. Galileu, 1590; a tradução de Drabkin e Drake, 1960, e Camerota e Helbing, 2000, oferecem excelentes descrições das ideias e experimentos de Galileu e de outros professores de Pisa sobre corpos em queda. Veja também Wisan, 1974.
7. Galilei, 1638.
8. Pode ser vista na NASA online, disponível em: <https://nssdc.gsfc.nasa.gov/planetary/lunar/apollo_15_feather_drop.html>, modificado pela última vez em 11 de fevereiro de 2016.
9. Citado em Drake, 1978.
10. Wallace, 1998, Lennox, 1986, e McTighe, 1967.
11. O poema foi traduzido para o inglês pelo astrônomo Giovanni Bignami. Bignami, 2000.
12. Geymonat, 1965, e Heilbron, 2010, oferecem excelentes descrições do período que Galileu viveu em Pádua.
13. Weinberg, 2014, fornece uma excelente descrição da importância dos experimentos pioneiros de Galileu.
14. Em *Opere di Galileo Galilei*, vol. 8, p. 128, citado em Drake, 1978, p. 85.
15. Eddington, 1939.
16. Michael Mann deu uma excelente descrição dos problemas envolvidos em uma série de publicações. Mann, 2012a, é leitura indispensável. Outra exposição clara está em Romm, 2016.
17. A opinião completamente desdenhosa de Galileu sobre astrologia é mencionada em uma carta do arcebispo de Siena, Ascanio Piccolomini, a seu irmão Ottavio em 22 de setembro de 1633. Bucciantini e Camerota, 2005.

NOTAS

18. Nick Wilding escreveu um livro brilhante sobre Sagredo. Wilding, 2014.
19. In *Opere di Galileo Galilei*, vol. 12, p. 43-44.
20. David Wootton escreveu um relato cativante sobre a fascinante personalidade de Paolo Sarpi. Wootton, 1983.
21. Um livro interessante sobre o papel da visão nas descobertas de Galileu é Piccolino e Wade, 2014.
22. O instrumento de Galileu permitia realizar cálculos aritméticos e operações geométricas. A história do compasso é descrita, por exemplo, em Bedini, 1967. O site do Museu Galileu, em Florença, contém belas imagens do instrumento e o livreto sobre ele. Galileu instruiu dignitários como o príncipe John Frederick, da Alsácia, e o arquiduque Fernando, da Áustria, sobre como usar o instrumento. Veja "Instruments: The Tools of Science", disponível em: <www.museogalileo.it/it/biblioteca-e-istituto-di-ricerca/pubblicazioni-e-convegni/strumenti.html>.
23. Maurice Clavelin, em *The Natural Philosophy of Galileo*, refere-se à contribuição de Galileu como a "geometrização do movimento". Em outras palavras, não apenas esse movimento é interpretado em termos de leis quantitativas, mas também que um corpo de teoremas e proposições estabelecidos é apresentado como um todo coerente. Clavelin, 1974.
24. Galileu acrescentou que, se Mazzoni estivesse satisfeito com seu argumento, "a opinião desses grandes homens [Pitágoras e Copérnico] e minha própria crença talvez não permaneçam desoladas".
25. Porque o emissário de Kepler, Paul Hamberger, estava prestes a retornar imediatamente à Alemanha. Rosen, 1966.
26. Um deles, Antonio Lorenzini, estava expressando as dúvidas do filósofo Cesare Cremonini sobre a validade das determinações de paralaxe. As críticas de Lorenzini, no entanto, foram por motivos técnicos, uma área em que seu conhecimento era mínimo. Galileu respondeu apenas porque Kepler instou os astrônomos italianos a fazê-lo.
27. O pseudônimo era Cecco di Ronchitti e o diálogo foi escrito em um dialeto comum na área rural de Pádua. O episódio inteiro é descrito em detalhes por Heilbron, 2010, p. 123-25.
28. *Opere di Galileo Galilei*, vol. 10, p. 233.
29. Em uma carta a Belisario Vinta, secretário de Estado do grão-duque da Toscana.

4. UM COPERNICANO

1. São excelentes as traduções de *O mensageiro sideral* para o inglês de Drake, 1957, p. 27, e Van Helden, 1989.
2. O holandês Hans Lippershey solicitou a patente de um telescópio em 1608.
3. Van Helden, 1989, p. 31.
4. Mario Biagioli fornece uma descrição fascinante da atmosfera social e cultural associada ao mecenato, e a relação de Galileu com Cesi e a Accademia dei Lincei. Biagioli, 1993. Agradeço também a Stefano Gatti, pelas informações úteis sobre Cesi.
5. Considerando a qualidade limitada dos dados na época, a estimativa não foi ruim, mas veja também Adams, 1932.
6. Galluzzi, 2009, faz uma comparação detalhada dos desenhos de Galileu com observações modernas.
7. A pintura está na Alte Pinakothek, em Munique. Para um ensaio interessante sobre a pintura, veja McCouat, 2016. Uma reprodução on-line da pintura (que pode ser ampliada para que se observem os detalhes lunares) está disponível em: <https://upload.Wikimedia.org/Wikipedia/commons/l/le/Adam_Elsheimer_-Die_Flucht_nacht_Ägypten%28AltePinakothek%29.jpg>.
8. Elsheimer era um bom amigo do médico e botânico alemão Giovanni Feber, que, além de ser amigo de Cesi, tornou-se membro da Accademia dei Lincei em 1611.
9. Todo o caso foi primorosamente descrito por Nicholas Schmidle na *New Yorker*. Schmidle, 2013.
10. Em *The Sidereal Messenger*, Van Helden, 1989, p. 53.
11. Ibid., p. 55.
12. Ibid., p. 57.
13. Ap 12:1.
14. Nas palavras de Galileu no *Mensageiro sideral*: "a multidão de pequenas é verdadeiramente insondável."
15. Hilary Gatti publicou uma interessante coleção de ensaios sobre os diversos interesses de Bruno. Gatti, 2011.
16. Por exemplo, Petigura, Howard e Marcy, 2013.
17. *Sidereal Messenger*, Van Helden, 1989, p. 84. William Shea, 1998, e Noel Swerdlow, 1998, fornecem excelentes resumos das descobertas de Galileu com o telescópio e suas implicações para o copernicanismo.

18. Na década de 1640, Johannes Hevelius e Pierre Gassendi fizeram muitas observações de Saturno. Hevelius e o famoso arquiteto Christopher Wren propuseram modelos incorretos em 1656 e 1658, respectivamente. A sugestão de Huygens de um anel plano apareceu em seu livro *The Saturnian System*, publicado em 1659. Reunido em Huygens, 1888, vol. 15, p. 312. Ver também Van Helden, 1974.
19. Gingerich, 1984, e Peters, 1984, discutem as fases de Vênus.
20. Clavius, 1611-12.
21. A tradução do livro de Thomas Salusbury foi editada por Stillman Drake Galilei, 1612.
22. Uma tradução para o inglês aparece em Drake, 1957, p. 89.
23. Bernard Dame, 1966, apresenta todo o caso em torno da controvérsia sobre manchas solares. Dame, 1966. Ver também Van Helden, 1996. Trechos traduzidos das três cartas para Welser, com uma introdução, aparecem em Drake, 1957, p. 59.
24. Einstein, 1936.

5. TODA AÇÃO TEM UMA REAÇÃO

1. Há imagens espetaculares em Galluzzi, 2009.
2. Coresio, 1612, citado em Shea, 1972.
3. Em *Considerazioni* (1612), de di Grazia, que foi reimpresso na *Opere di Galileo Galilei*, de A. Favaro, vol. 4, p. 385.
4. De *Discourse on Bodies in Water*, citado em Shea, 1972.
5. Welser escreveu de Augsburgo, na Baviera, em 12 de março de 1610, um dia antes da publicação do *Sidereus Nuncius*. Em Galluzzi, 2017, p. 5.
6. Citado em Heilbron, 2010, p. 161.
7. Uma carta de Horky a Kepler em 27 de abril de 1610. Em *Opere di Galileo Galilei*, vol. 10, p. 342-43.
8. Kepler escreveu isso em sua *Dissertatio cum Nuncio Sidereo*, de 1610.
9. Citado em Bucciantini, Camerota e Giudice, 2015, p. 168.
10. Ibid., p. 190.
11. Maiores detalhes da superfície lunar nesse afresco podem ser vistos on-line em: Flickr, <www.flickr.com/photos/profzucker/ 22897677200>, acessado em 16 de julho de 2019.

12. Booth e Van Helden, 2000, fornecem uma discussão detalhada da representação da Lua nas pinturas.
13. *Opere di Galileo Galilei*, vol. 11, p. 92-93. Citado também em Van Helden, 1989, p. 111.
14. Para uma discussão sobre a falácia envolvida na jogada de Galileu, veja, por exemplo, Mann, 2016.
15. Dos 405 livros, 234 eram italianos, 56 franceses, 43 alemães, 22 ingleses e 50 de outros países. Destes, 160 eram favoráveis a Galileu, 114 desfavoráveis e 131 de modo geral neutros. Drake, 1967.
16. Rosen, 1947, p. 31.
17. Para uma explicação, veja, por exemplo, Livio, 2018.
18. Todas descritas e analisadas primorosamente por Sobel, 1999, e traduzidas e editadas em Sobel, 2001.
19. A tradução de Maurice Finocchiaro da carta levemente revisada aparece em Finocchiaro, 1989, p. 49-54, e Finocchiaro, 2008, p. 103-9. Em *Opere di Galileo Galilei*, está no vol. 5, p. 281-88. Em 2018 a versão original foi descoberta. Veja a descrição no Capítulo 6.
20. Citado, por exemplo, em Frova e Marenzana, 2006, p. 475.
21. Aparece no ensaio intitulado "Of Experience", disponível em: <www.gutenberg.org/files/3599/3599.txt>.

6. EM CAMPO MINADO

1. Para uma discussão sobre as realizações de Galileu, veja também Shea, 1972; Brophy e Paolucci, 1962.
2. Muitos autores discutiram a interação de Galileu com a Igreja. Além das fontes já mencionadas, eis algumas que achei muito úteis: Blackwell, 1991, Finocchiaro, 2010, e McMullen, 1998.
3. Ver o Capítulo 16 para mais detalhes sobre esse episódio.
4. A história é primorosamente descrita em Camerota, Giudice e Ricciardo, 2018.
5. Castelli escreveu essa carta em 31 de dezembro. Para um texto mais completo, veja, por exemplo, Drake, 1978, p. 239.
6. É importante esclarecer que o físico atmosférico Richard Lindzen, que é frequentemente descrito como um negador das mudanças climáticas, não nega a realidade das mudanças climáticas. Ele só não está convencido sobre

NOTAS

o papel dos seres humanos em produzi-las e sobre as ações propostas para resolver o problema. Uma esmagadora maioria da comunidade científica discorda de Lindzen. Para um breve resumo do pensamento atual sobre as mudanças climáticas, veja, por exemplo: "Climate Change: Where We Are in Seven Charts and What You Can Do to Help", BBC News online, disponível em: <www.bbc.com/news/science-environment-46384067>, modificado pela última vez em 18 de abril de 2019. Veja também Schrag, 2007. Para a opinião minoritária de Lindzen, veja, por exemplo, Lindzen, "Thoughts on the Public Discourse over Climate Change", *Merion West*, <https://merionwest.com /2017/04/25/richard-lindzen-thoughts-on-the-public-discourse-over-climate-change>, modificado pela última vez em 25 de abril de 2017.

7. A carta de Ciampoli a Galileu foi datada de 28 de fevereiro de 1615. In *Opere di Galileo Galilei*, vol. 12, p. 146. Uma boa descrição dos acontecimentos é apresentada em Shea e Artigas, 2003, e em Fantoli, 2012.

8. Descrito em detalhes em Blackwell, 1991, p. 73.

9. A publicação de Foscarini aparece como Apêndice 6 em Blackwell, 1991. A citação é da p. 232.

10. *Opere di Galileo Galilei*, vol. 12, p. 150. Cesi acrescentou: "O escritor conta todos os linceanos como copernicanos, embora isso não seja verdade; a única coisa que reivindicamos em comum é a liberdade de filosofar sobre assuntos físicos."

11. A tradução aparece em Finocchiaro, 1989, p. 67.

12. A íntegra da carta de Bellarmino é reproduzida em Fantoli, 1996, p. 183-85, onde também é discutida, e também em Finocchiaro, 1989, p. 67-69.

13. Além dos trabalhos já mencionados, há discussões interessantes sobre as opiniões de Bellarmino em Feldhay, 1995, Coyne e Baldini, 1985, Geymonat, 1965, e Peia, 1998.

14. As notas não publicadas de Galileu de 1615, na "Carta a Foscarini", de Bellarmino, aparecem como Apêndice 9, seção A, em Blackwell, 1991.

7. ESSA PROPOSIÇÃO É TOLA E ABSURDA

1. A teoria das marés de Galileu é discutida, por exemplo, em Wallace, 1992, e Shea, 1998.

2. No relatório do consultor sobre o copernicanismo de 24 de fevereiro de 1616. O relatório está on-line em "Galileo Trial: 1616 Documents", DouglasAllchin.net, disponível em: <douglasallchin.net/galileo/biblioteca/1616docs.htm>, acessado em 16 de julho de 2019. A frase é citada em várias biografias de Galileu, incluindo Reston, 1994, p. 164.
3. Descritos em detalhes em Fantoli, 1996, e Fantoli, 2012.
4. Uma tradução da descrição desse evento de Embargo (de 26 de fevereiro de 1616) pode ser encontrada on-line em "Galileo Trial: 1616 Documents", DouglasAllchin.net, disponível em <douglasallchin.net/galileo/library/1616docs.htm>, acessado em 16 de julho de 2019. O original está em *Opere di Galileo Galilei*, vol. 19, p. 321-22. A tradução para o inglês está em Finocchiaro, 1989, p. 147-48, e Finocchiaro, 2008, p. 175-76.
5. A tradução para o inglês do texto completo, de *Opere di Galileo Galilei*, vol. 19, p. 322-23, aparece em Finocchiaro, 1989, p. 149, e Fantoli, 2012, p. 106.
6. *Opere di Galileo Galilei*, vol. 12, p. 242. Traduzido para o inglês em Santillana, 1955, p. 116.
7. Esse documento foi anexado aos do julgamento de Galileu em 1633, pois foi nessa ocasião que ele o apresentou. Aparece em Pagano, 1984, e a tradução para o inglês está em Finocchiaro, 1989, p. 153.
8. George Coyne, 2010, também discute essa questão.

8. UMA BATALHA DE PSEUDÔNIMOS

1. O argumento de Galileu (como aparece no *Discurso*, de Guiducci) é discutido em Drake e O'Malley, 1960, p. 36-37. Uma excelente discussão sobre a controvérsia do cometa está no Capítulo 4 de Shea, 1972.
2. David Eicher fornece a visão moderna dos cometas. Eicher, 2013.
3. Discutido em Galluzzi, 2014, p. 251, e também em Drake e O'Malley, 1960, p. 57.
4. *Opere di Galileo Galilei*, vol. 6, p. 145. As traduções para o inglês estão, por exemplo, em Langford, 1971, p. 108, e em Fantoli, 2012, p. 128.
5. Russell, 1912.
6. *Opere di Galileo Galilei*, vol. 6, p. 200. Tradução para o inglês em Fantoli, 2012, p. 129.
7. Incluída, com sua tradução para o inglês, em Gattei, 2019.

NOTAS 265

8. Carta enviada em 24 de junho de 1623. Em *Opere di Galileo Galilei*, vol. 13, p. 119.
9. Geymonat, 1965, p. 101.

9. O ENSAIADOR

1. Em muitos aspectos, esse texto marcou o início da física moderna. O físico teórico do Instituto de Estudos Avançados de Princeton Nima Arkani-Hamed disse recentemente em uma entrevista: "A ascensão ao décimo nível do céu intelectual seria se encontrássemos a pergunta para a qual o universo é a resposta." Galileu iniciou essa busca; veja Wolchover, 2019. Longos trechos de *O ensaiador* estão em Drake, 1957, e também Drake e O'Malley, 1960.
2. *Opere di Galileo Galilei*, vol. 6, p. 340. Tradução para o inglês em Drake e O'Malley, 1960.
3. Para uma discussão sobre esse tópico de uma perspectiva epistemológica, consulte Potter, 1993.
4. A especulação de que o atomismo foi a principal razão para Galileu ter sido declarado herege foi desenvolvida em Redondi, 1987. A maioria dos estudiosos não concorda com essa teoria.
5. *Opere di Galileo Galilei*, vol. 6, p. 116. Tradução para o inglês em Drake e O'Malley, 1960, p. 71. O fato de Marte cruzar o caminho do Sol era conhecido por ser um problema para o modelo ptolomaico.
6. Todo o evento está descrito em *Opere di Galileo Galilei*, vol. 13, p. 145, 147--48. Ver também Redondi, 1987, p. 180.
7. A carta que ele encontrou é reproduzida no final de *Galileo Heretic* (Redondi, 1987). O livro de Redondi descreve todo o conflito Galileu-Grassi como parte de um drama social muito maior.

10. O DIÁLOGO

1. Segundo o teólogo pessoal do papa, cardeal Agostino Oreggi, o cardeal Barberini disse isso a Galileu. Oreggi, 1629; citado em Fantoli, 2012, p. 137.
2. A tradução para o inglês da resposta de Galileu a Ingoli (de 1624) está em Finocchiaro, 1989, p. 154-97, e é discutida em Fantoli, 1996, p. 323-28.
3. *Opere di Galileo Galilei*, vol. 14, p. 103. Traduzido em Fantoli, 1996, p. 336.

4. Os altos e baixos do processo são descritos em detalhes em Fantoli, 1996, Heilbron, 2010, e Wootton, 2010.
5. Da carta de Galileu em 3 de maio de 1631 ao secretário de Estado da Toscana. Traduzida para o inglês em Finocchiaro, 1989, p. 210-11.
6. Existem várias traduções e comentários sobre o *Diálogo*, como Gould, 2001, Finocchiaro, 2014, e Finocchiaro, 1997.
7. *Opere di Galileo Galilei*, vol. 7, p. 29.
8. *Opere di Galileo Galilei*, vol. 7, p. 30; traduzido para o inglês por Stillman Drake em Gould, 2001, p. 6.
9. Finocchiaro, 1997, fornece uma seleção do *Diálogo*, com comentários úteis.
10. Koestler chegou a escrever: "imposturas como as de Galileu são raras nos anais da ciência." Koestler, 1989, p. 486.
11. Em particular, A. Mark Smith, em 1985, e Paul Mueller, em 2000, mostraram que, embora a maneira como Galileu apresentou seus argumentos estivesse longe de ser perfeita (tanto em termos lógicos quanto em termos de finalização), uma vez analisada de maneira adequada, as manchas solares valiam muito mais como prova do movimento da Terra do que as marés.
12. *Opere di Galileo Galilei*, vol. 7, p. 488, traduzido para o inglês por Stillman Drake em Gould, 2001, p. 538.
13. *Opere di Galileo Galilei*, vol. 7, p. 383. Ver também Gingerich, 1986, para um resumo conciso das contribuições de Galileu à astronomia.

11. TEMPESTADE NO HORIZONTE

1. Fantoli, 1996, cap. 6, descreve em detalhes a sequência de eventos.
2. *Opere di Galileo Galilei*, vol. 14, p. 383-84. Meses depois, quando Niccolini voltou a abordar o assunto, o papa explodiu novamente Veja também Biagioli, 1993, p. 336-37.
3. Citado, por exemplo, em Koestler, 1990.
4. Diodati nasceu em Genebra, mas se estabeleceu na França. Conheceu Galileu durante uma de suas viagens à Itália, por volta de 1620. Galileu escreveu em 1636 que Diodati era seu amigo mais querido e verdadeiro. Após a morte de Galileu, Diodati manteve contato com Vincenzo Viviani.
5. De uma carta do embaixador da Toscana, Francesco Niccolini, ao secretário de Estado da Toscana, Andrea Cioli. A carta foi escrita em 13 de março de 1633. A tradução para o inglês aparece em Finocchiaro, 1989, p. 247.

12. O JULGAMENTO

1. Entre as muitas descrições do julgamento e suas consequências, considerei as de Blackwell, 2006, Finocchiaro, 2005, Fantoli, 2012, e Santillana, 1955, particularmente esclarecedoras.
2. Uma das razões para as suspeitas foi o fato de o documento que descreve a intervenção de Seghizzi não ter as assinaturas de Galileu, de Seghizzi nem de nenhuma testemunha. Outra foi o fato de esse documento ter sido convenientemente encontrado pouco antes do julgamento. A análise caligráfica foi realizada por Isabella Truci, da Biblioteca Central Nacional de Florença. Uma vez que o documento apresentava apenas um resumo, não foram necessárias outras assinaturas além da do notário.
3. *Opere di Galileo Galilei*, vol. 19, p. 340. Traduzido para o inglês em Finocchiaro, 1989, p. 260, como parte da sessão de 12 de abril de 1633.
4. Ele também publicou um tratado intitulado *Um tratado sumário sobre o movimento ou o repouso da Terra e do Sol, no qual é mostrado brevemente o que deve e o que não deve ser considerado certo de acordo com os ensinamentos das Sagradas Escrituras e dos Santos Padres*. Inchofer, 1633.
5. A versão italiana da carta está em Beretta, 2001. A tradução para o inglês que usei é de Blackwell, 2006, p. 14.
6. Em particular, essa tese foi apresentada em Blackwell, 2006. Outros, como Heilbron, 2010, não estavam convencidos. Em uma conversa privada, Michele Camerota me disse que acreditava ter havido um acordo entre Maculano e Galileu. Em uma conversa particular, Paolo Galluzzi sugeriu que esse acordo pode ser o que levou Galileu a cumprir sua sentença de prisão apenas em prisão domiciliar.
7. Blackwell, 2006, p. 224, argumentou que, sem o acordo, é difícil entender por que Galileu confessou na segunda sessão do julgamento, considerando que sua posição depois da primeira sessão era bastante sólida. Fantoli, 1996, p. 426, concordou.
8. Como observou o filósofo Albert Camus, mesmo Galileu, "que sustentava uma verdade científica de grande importância, abjurou (...) no momento em que ela passou a ameaçar sua vida". Camus, 1955, p. 3.
9. Além dessa confissão, e depois de pedir a seus juízes que considerassem sua saúde precária e sua idade avançada, Galileu também pediu que consideras-

sem sua honra e sua reputação contra as calúnias daqueles que o odiavam. Finocchiaro, 1989, p. 280-81.

13. EU ABJURO, AMALDIÇOO E ABOMINO

1. Em grande parte das alegações de Lorini e Caccini. A acusação em Blackwell, 2006, de que a *Carta a Benedetto Castelli* também foi falsificada não é verdadeira, como mostra o texto da *Carta a Benedetto Castelli* original, descoberta em 2018 (conforme descrito no Capítulo 6).
2. Essa era pelo menos a opinião de Giorgio de Santillana. Santillana, 1955, p. 284.
3. Todas as cópias, exceto uma, foram destruídas pelo incêndio de Londres em 1666. Mesmo esse exemplar foi perdido em meados do século XIX, ressurgindo temporariamente apenas em um leilão entre 2004 e 2007. Wilding, 2008, oferece uma excelente descrição da história do manuscrito.
4. Finocchiaro argumenta de forma convincente que esse não foi o principal motivo do julgamento. Finocchiaro, 2005, p. 79.
5. Citado em Wilding, 2008, p. 259.
6. Citado em Langford, 1966, p. 150, e também em Blackwell, 2006, p. 22.
7. Após heresia formal, esse era o próximo crime em termos de gravidade.
8. Traduzido para o inglês em Finocchiaro, 1989, p. 291.
9. Vários estudiosos de Galileu acreditam que a ausência de Francesco Barberini (ele também estava ausente em 16 de junho) sinalizava a desaprovação (por exemplo, Santillana, 1955, p. 310-11). Os outros ausentes foram o cardeal Gaspar Borgia e o cardeal Laudivio Zacchia.
10. *Opere di Galileo Galilei*, vol. 19, p. 402-6; traduzido para o inglês em Finocchiaro, 1989, p. 292.
11. Essa "história de detetive" será descrita em outro momento.
12. Baretti, 1757.

14. UM VELHO, DUAS NOVAS CIÊNCIAS

1. Carta de Maria Celeste em 2 de julho de 1633. Traduções para o inglês ligeiramente diferentes podem ser encontradas no site The Galileo Project, bem como em Heilbron, 2010, p. 327, e Sobel, 1999, p. 279. Todas as cartas estão em Sobel, 2001.

2. Carta de Pieroni a Galileu em 18 de agosto de 1636, citada em Heilbron, 2010, p. 331.
3. Para quem sabe ler italiano, um dos melhores livros sobre Galileu e a cultura científica de sua época é Camerota, 2004.
4. Galilei, 1914, p. 215.
5. Einstein disse isso ao matemático Oswald Veblen, de Princeton, em maio de 1921. Hoje a frase está inscrita na sala dos professores, 202 Jones Hall.
6. Em Galilei, 1914, "Third Day".

15. OS ANOS FINAIS

1. Discutido em Zanatta et al., 2015, e em Thiene e Basso, 2011.
2. Carta a Diodati em 2 de janeiro de 1638, citada em Fermi e Bernardini, 1961, p. 109 e (com uma tradução ligeiramente diferente) em Reston, 1994, p. 277.
3. Milton, 1644; o texto aparece, por exemplo, em Cochrane, 1887, p. 74.
4. Carta de Descartes a Mersenne em novembro de 1633, citada em Gingras, 2017.
5. Zanatta et al., 2015, Thiene e Basso, 2011.
6. *Opere di Galileo Galilei*, vol. 19, p. 623. Reproduzido em Fantoli, 2012, p. 218.
7. Galluzzi, 1998, fornece uma excelente descrição do destino dos restos mortais de Galileu. Quando foram transferidos de sua sepultura original para a tumba na Basílica de Santa Croce, o polegar, o indicador, o dedo médio e um dente foram retirados do corpo de Galileu. Essas partes do corpo dele estão agora em exibição em uma redoma de vidro no Museo Galileo, em Florença (imagem 10 do encarte). A quinta vértebra lombar também foi removida e agora está na Universidade de Pádua. John Fahie, 1929, compilou uma lista de vários memoriais para Galileu.

16. A SAGA DE PIO PASCHINI

1. A história é contada em Fantoli, 2012, p. 228-32; em Blackwell, 1998, p. 361-65, e em detalhes em Finocchiaro, 2005, p. 275-77, 280-284, 318-37 e Simoncelli, 1992.
2. Paschini, 1964.
3. Em Simoncelli, 1992, p. 59.

4. Paschini nunca recebeu um relatório escrito sobre as objeções. Em uma carta enviada em 12 de maio de 1946 a Giovanbattista Montini, vice-secretário de Estado do Vaticano, ele reclamou: "Fiquei extremamente surpreso e desgostoso por ter sido acusado de produzir nada além de um pedido de desculpas a Galileu. Na verdade, essa acusação é um ataque profundo a minha integridade científica como estudioso e professor."
5. Em 15 de maio de 1946, Paschini escreveu a Vale sobre a decisão do Santo Ofício: "Disse que meu trabalho era um pedido de desculpas a Galileu; teceu comentários sobre algumas das minhas frases; objetou que Galileu não havia dado as provas de seu sistema (o sofisma usual); e concluiu que a publicação não era apropriada." Finocchiaro, 2005, p. 323.
6. Lamalle, 1964.
7. O Concílio Vaticano II aprovou esse texto em 7 de dezembro de 1965, no *Gaudium et Spes* (alegria e esperança, em latim), uma das quatro constituições resultantes do Concílio Vaticano II.
8. Bertolla, 1980, p. 172-208.
9. Citado em Finocchiaro, 2005, p. 334.
10. Delannoy, 1906, p. 358.
11. João Paulo II, 1979.
12. Koven, 1980.
13. João Paulo II, 1992.
14. Cowell, 1992.
15. Montalbano, 1992.
16. Beltrán Marí, 1994, p. 73.

17. AS REFLEXÕES DE GALILEU E EINSTEIN SOBRE CIÊNCIA E RELIGIÃO

1. O texto e os comentários podem ser encontrados em Drake, 1957, p. 145-216.
2. O apoio ao criacionismo foi o mais baixo em 35 anos. Swift, 2017. "Desenhistas inteligentes" querem ensinar a evolução darwiniana e as visões criacionistas simplesmente como hipóteses rivais. Gopnik, 2013, apresenta uma instigante discussão no contexto da biografia de Galileu.
3. Veja Larson, 2006, p. 1985.
4. João Paulo II, 1992.

NOTAS

5. Principalmente a partir de observações da radiação cósmica de fundo em micro-ondas. Planck Collaboration, 2016.
6. Bruce Alberts, presidente da Academia Nacional de Ciências dos Estados Unidos, no prefácio de *Science and Creationism: a View from the National Academy of Sciences*, 2ª ed., 1999.
7. Papa Francisco na Sessão Plenária da Pontifícia Academia de Ciências, Casina Pio IV.
8. Para uma exposição muito clara das evidências da evolução darwiniana, ver Coyne, 2009.
9. O pesquisador de Yale Dan Kahan estudou o que explica a opinião pública. Veja, por exemplo: "What accounts for Public Service", disponível em: <www.culturalcognition.net/blog/2014/11/10/what-accounts-for-public--conflict-over-science-religiosity-o.html>.
10. Emissions Gap Report (Nairóbi: Programa das Nações Unidas para o Meio Ambiente), disponível em: <www.unenvironment.org/resources/emissions--gap-report-2018>. A opinião da grande maioria da comunidade científica sobre as mudanças climáticas é apresentada, por exemplo, por Schrag e Alley, 2004, e Schrag, 2007.
11. Por exemplo, David Wallace-Wells, 2019, mostra uma imagem assustadora dos possíveis impactos das mudanças climáticas. Otto, 2016, discute os ataques à ciência. Crease, 2019, analisa como abordar a retórica anticiência.
12. Feito em 13 de março de 1954, Einstein Archives 28-1025.
13. O discurso foi preparado para uma reunião de professores universitários que nunca aconteceu. Publicado em Einstein, 1950, p. 183-84.
14. Max Jammer fornece uma excelente descrição em Jammer, 1999.
15. O texto está disponível on-line em: <https://history.air.org/exposições/einstein/ensaio.htm>. Publicado em Einstein, 1930.
16. O rabino Goldstein comentou que a resposta de Einstein "desmente claramente a acusação de ateísmo contra ele". "Einstein Believes in 'Spinoza's God': Scientist Defines His Faith in Reply to Cablegram from Rabbi Here", *The New York Times*, 25 de abril de 1929, p. 60.
17. Einstein, 1930.
18. Carta a Einstein em 11 de setembro de 1940, Einstein Archive, rolo 40-247.
19. Diplomata e autor Hubertus zu Löwenstein. Em Löwenstein, 1968, p. 156.

20. A história associada à carta é descrita em Livio, 2018, e "The Word God Is for Me Nothing but the Expression and Product of Human Weakness", Christie's online, disponível em: <www.christies.com/features/Albert-Einstein-God-LETTER-9457-3.ASPx>, modificado pela última vez em 12 de dezembro de 2018.
21. Ver também João Paulo II, 1987.
22. Citado, por exemplo, em Miller, 1997.
23. Ideias semelhantes foram apresentadas pelo filósofo italiano Dario Antiseri. Veja Antiseri, 2005. Uma discussão muito interessante sobre o ateísmo pode ser encontrada em Gray, 2018. Jerry Coyne, 2015, argumentou de forma convincente que as tentativas de *conciliar* os argumentos científicos e religiosos (em vez de permitir que coexistissem em seus domínios paralelos) estão fadadas ao fracasso, porque a fé não representa fatos. Por outro lado, Hardin, Numbers e Binzley, 2018, tentam refutar o conceito de que há uma guerra entre ciência e religião.
24. A nova versão da Lei da Liberdade Religiosa Internacional diz: "A liberdade de pensamento, consciência e religião compreende proteger crenças teístas e não teístas e o direito de não professar ou praticar nenhuma religião."

18. UMA CULTURA

1. Brockman, 1995. O próprio C. P. Snow introduziu o termo "Terceira Cultura" na década de 1960, mas se referia aos cientistas sociais.
2. Dados do Escritório Nacional de Estatísticas para 2015-17.
3. A detecção direta foi realizada em 14 de setembro de 2015, pelas colaborações LIGO e Virgo. Abbott et al., 2016.
4. Esse tópico é extensivamente analisado e discutido em Pinker, 2018. Uma ótima leitura. Em uma série de livros (por exemplo, Brockman 2015, 2018, 2019), Brockman compilou ideias de pensadores em uma ampla gama de disciplinas sobre conceitos particulares, demonstrando efetivamente o conceito de uma cultura.
5. Primorosamente discutido em Holt, 2013, em conversa com pensadores.
6. Uma descrição popular detalhada da história da ciência nesse tópico está em Krauss, 2017.
7. Rees, 1997, 2000, fornece explicações claras e acessíveis sobre os parâmetros cosmológicos que determinam a história e o destino de nosso universo.

Carroll, 2016, apresenta uma descrição vívida da posição ocupada pela humanidade no cosmos. Randall, 2015, ilustra as conexões intrigantes que podem existir entre a composição do universo e a vida na Terra.
8. Galileu escreveu isso como parte de sua resposta a delle Colombe e di Grazia em 1611. *Opere di Galileo Galilei*, vol. 4, p. 30-51.
9. No excelente livro de Nussbaum *Not for Profit*. Nussbaum, 2010.
10. Tognoni, 2013, descreve muitas delas em detalhes.

Bibliografia

ABBOTT, B. P. *et al.* (LIGO Scientific Collaboration and Virgo Collaboration). "Observation of Gravitational Waves from a Binary Black Hole Merger". *Physical Review Letters*, v. 116, n. 6, fevereiro de 2016.

ADAMS, C. W. "A Note on Galileo's Determination of the Height of Lunar Mountains". *Isis*, v. 17, p. 427-29, 1932.

ANTISERI, D. "A Spy in the Service of the Most High". www.chiesa. 2005. Disponível em: <http://chiesa.espresso.repubblica.it/articolo/41533%26eng%3Dy.html>. Acessado em: 16 de julho de 2019.

BARETTI, G. *The Italian Library. Containing an Account of the Lives and Works of the Most Valuable Authors of Italy*. Londres: A. Millar, 1757.

BEDINI, S. A. "The Instruments of Galileo Galilei". In: McMullin, E. (ed.) *Galileo: Man of Science*. Nova York: Basic Books, 1967.

BELTRÁN MARÍ, A. Introdución. In: *Diálogo Sobre los Dos Máximos Sistemas del Mundo*. Madri: Alianza Editorial, 1994.

BERETTA, F. "Un nuove documento sul processo di Galileo Galilei: La Lettere di Vincenzo Maculano del 22 Aprile 1633 al Cardinale Francesco Barberini". *Nuncius*, v. 16, p. 629, 2001.

BERTOLLA, P. "Le Vicende del 'Galileo' di Paschini". In: *Atti del Convegno di Studio su Pio Paschini nel Centenario della Nascita: 1878-1978*. Udine, IT: Poliglotta Vaticana, 1980.

BIAGIOLI, M. *Galileo Courtier: The Practice of Science in the Culture of Absolutism*. Chicago: University of Chicago Press, 1993.

BIGNAMI, G. F. *Against the Donning of the Gown: Enigma*. Londres: Moon Books, 2000.

BLACKWELL, R. J. *Galileo, Bellarmine, and the Bible*. Notre Dame, IN: University of Notre Dame Press, 1991.

———. "Could There Be Another Galileo Case?". In: MACHAMER, P. (ed.). *The Cambridge Companion to Galileo*. Cambridge: Cambridge University Press, 1998.

———. *Behind the Scenes at Galileo's Trial*. Notre Dame, In: University of Notre Dame Press, 2006.

BOOTH, S. E. e VAN HELDEN, A. "The Virgin and the Telescope: The Moons of Cigoli and Galileo". *Science in Context*, v. 13, p. 463-86, 2000.

BORN, M. *Physics in My Generation*. Oxford: Pergamon Press, 1956.

BROCKMAN, J. *The Third Culture*. Nova York: Simon & Schuster, 1995.

——— (ed.). *What to Think About Machines That Think*. Nova York: Harper Perennial, 2015.

——— (ed.). *This Idea Is Brilliant*. Nova York: Harper Perennial, 2018.

——— (ed.). *The Last Unknown: Deep, Elegant, Profound Unanswered Questions About the Universe, the Mind, the Future of Civilization, and the Meaning of Life*. Nova York: William Morrow, 2019.

BROPHY, J. e PAOLUCCI, H. *The Achievement of Galileo*. Nova York: Twayne, 1962.

BUCCIANTINI, M. e CAMEROTA, M. "One More About Galileo and Astrology: A Neglected Testimony". *Glilaeana*, v. 2, p. 229, 2005.

BUCCIANTINI, M., CAMEROTA, M. e GIUDICE, F. *Il telescopio di Galileo. Una storia europea*. Torino, IT: Giulio Einaudi, 2012. (Edição americana: *Galileo's Telescope: A European Story*. Tradução de C. Holton. Cambridge, Mass.: Harvard University Press, 2015.)

CAMEROTA, M. *Galileo Galilei: E La Cultura Scientifica Nell'Età Della Controriforma*. Roma: Salerno, 2004.

CAMEROTA, M., GIUDICE, F. e RICCIARDO, S. "The Reappearance of Galileo's Original Letter to Benedetto Castelli". *Royal Society Journal of the History of Science*. 2018. Disponível em: <https://royalsocietypublishing.org/doi/10.1098/rsnr.2018.0053>.

CAMEROTA, M. e HELBING, M. "Galileo and Pisan Aristotelianism: Galileo's 'De Motu Antiquiora' and the Quaestiones de Motu Elementorum of the Pisan Professors". *Early Science and Medicine*, v. 5, p. 319, 2000.

CAMUS, A. *The Myth of Sisyphus*. Nova York: Alfred A. Knopf, 1955. [Edição brasileira: *O mito de Sísifo*. Rio de Janeiro: Record, 2018.]

BIBLIOGRAFIA 277

CARROLL, S. *The Big Picture: On the Origins of Life, Meaning, and the Universe Itself.* Nova York: Dalton, 2016.

CLAVELIN, M. *The Natural Philosophy of Galileo: Essay on the Origins and Formation of Classical Mechanics.* Tradução de A. J. Pomerans. Cambridge, MA: MIT Press, 1974.

CLAVIUS, C. [CRISTÓVÃO CLÁVIO]. *Opera Mathematica* (1611-12). Vol. 3, p. 75. In *Between Copernicus and Galileo, Christoph Clavius and the Collapse of Ptolemaic Cosmology.* Tradução de J. M. Lattis. Chicago: University of Chicago Press, 1994, p. 198.

COCHRANE, R. *A Comprehensive Selection from the Works of the Great Essayists, from Lord Bacon to John Ruskin.* Edimburgo: W. P. Nimmo, Hay and Mitchell, 1887.

COOPER, L. *Aristotle, Galileo and the Tower of Pisa.* Ithaca, NY: Cornell University Press, 1935.

CORESIO, G. *Operetta Intorno al Galleggiare de' Corpi Solidi.* 1612. Reimpresso em: FAVARO, A. *Le Opere di Galileo Galilei,* Edizione Nazionale. Florença, IT: Barbera, 1968.

COWELL, A. "After 350 Years, Vatican Says Galileo Was Right: It Moves". *The New York Times,* 31 de outubro de 1992.

COYNE, G. "Jesuits and Galileo: Tradition and Adventure of Discovery". *Scienzainrete.* Disponível em: <www.scienceonthenet.eu/content/article/george-v-coyne-sj/jesuits-and-galileo-tradition-and-adventure-discovery/february>, modificado pela última vez em 15 de fevereiro de 2010.

COYNE, G. V. e BALDINI, V. "The Young Bellarmine's Thoughts on World Systems". In: COYNE, G. V., HELLER, M. e ŻYCIŃSKI, J. (ed.) *The Galileo Affair: A Meeting of Faith and Science.* Vaticano: Specola Vaticana, 1985, p. 103.

COYNE, J. A. *Why Evolution Is True.* Nova York: Viking, 2009. [Edição brasileira· *Por que a evolução é uma verdade.* São Paulo: JSN, 2014.]

——— · *Faith Vs. Fact: Why Science and Religion Are Incompatible.* Nova York: Penguin, 2015.

CREASE, R. P. *The Workshop and the World: What Ten Thinkers Can Teach Us About Science and Authority.* Nova York: W. W. Norton, 2019.

CSIKSZENTMIHALYI, M. *Creativity: Flow and the Psychology of Discovery and Invention.* Nova York: HarperCollins, 1996.

DAME, B. "Galilée et les Taches Solaires (1610-1613)". *Revue d'Histoire des Sciences*, v. 19, n. 4, p. 307, 1966.

DELANNOY, P. Review of Vacandard. *Études, Revue d'Histoire Ecclésiastique*, v. 7, p. 354-61, 1906.

DRAKE, S. "Excerpts from *The Assayer*". In: *Discoveries and Opinions of Galileo*. Tradução, introdução e notas de Stillman Drake. Nova York: Anchor Books, 1957.

——— · "Galileo in English Literature of the Seventeenth Century". In: MCMULLIN, E. (ed.) *Galileo Man of Science*. Nova York: Basic Books, 1967, p. 415.

——— · "Galileo's Experimental Confirmation of Horizontal Inertia: Unpublished Manuscripts (Galileo Gleanings XXII)". *Isis*, v. 64, p. 290, 1973.

——— · *Galileo at Work: His Scientific Biography*. Chicago: University of Chicago Press, 1978.

DRAKE, S. e O'MALLEY, C. D. (eds. e trad.). *The Controversy on the Comets of 1618: Galileo Galilei, Horatio Grassi, Mario Guiducci, Johann Kepler*. Filadélfia: University of Pennsylvania Press, 1960.

EDDINGTON, A. S. *The Philosophy of Physical Science*. Nova York: Macmillan, 1939.

EICHER, D. *Comets! Visitors from Deep Space*. Cambridge: Cambridge University Press, 2013.

EINSTEIN, A. "What I Believe: Living Philosophies XIII". *Forum*, v. 84, p. 193, 1930 (a).

——— "Religion and Science". *The New York Times*, 9 de novembro de 1930 (b).

——— · "Geometrie und Erfahrung". In: *Mein Weltbild*. Frankfurt: Ullstein Materialien, 1934.

——— · "Physics and Reality". *Journal of the Franklin Institute*, v. 221, n. 3, p. 349-82, março de 1936.

——— *Out of My Later Years*. Nova York: Wisdom Library of the Philosophical Library, 1950. [Edição brasileira: *Meus últimos anos*. Rio de Janeiro: Nova Fronteira, 2017.]

——— Prefácio em *Dialogue Concerning the Two Chief World Systems, Ptolemaic and Copernican*. Edição de S. J. Gould. Tradução de S. Drake. Berkeley: University of California Press, 1953.

———· In: *On the Method of Theoretical Physics, Ideas and Opinions*. Edição e transcrição de S. Bargmann. Londres: Alvin Redman, 1954.

EISENSTEIN, E. L. *The Printing Revolution in Early Modern Europe*. Cambridge: Cambridge University Press, 1983.

ERICSSON, A. e POOL, R. *Peak: Secrets from the New Science of Expertise*. Nova York: Houghton Mifflin Harcourt, 2016. [Edição brasileira: *Direto ao ponto. Os segredos da nova ciência da expertise*. Belo Horizonte: Gutenberg, 2017.]

FABRIS, D. "Galileo and Music: A Family Affair". In: CORSINI, E. M. (ed.). The Inspiration of Astronomical Phenomena VI. *Astronomical Society of the Pacific Conference Series*, v. 441, p. 57, 2011.

FAHIE, J. J. *Memorials of Galileo Galilei, 1564-1642: Portraits and Paintings Medals and Medallions Busts and Statues Monuments and Mural Inscriptions*. Londres: Courier Press, 1929.

FANTOLI, A. Galileo: *For Copernicanism and for the Church*. 2. ed. Vaticano: Vatican Observatory Publications, 1996.

———· *The Case of Galileo: A Closed Case?* Tradução de G. V. Coyne. Notre Dame, In: University of Notre Dame Press, 2012.

FAVARO, A. *Le Opere di Galileo Galilei*. Ristampa Della Edizione Nazionale. Florença, IT: G. Barbera, 1929.

FELDHAY, R. *Galileo and the Church: Political Inquisition or Critical Dialogue?* Cambridge: Cambridge University Press, 1995.

FERMI, L. e BERNARDINI, G. *Galileo and the Scientific Revolution*. Nova York: Basic Books, 1961.

FINOCCHIARO, M. A. *The Galileo Affair: A Documentary History*. Berkeley: University of California Press, 1989.

———· *Galileo on the World Systems: A New Abridged Translation and Guide*. Berkeley: University of California Press, 1997.

———· *Retrying Galileo: 1633-1992*. Berkeley: University of California Press, 2005.

———· *The Essential Galileo*. Indianapolis: Hackett, 2008.

———· *Defending Copernicus and Galileo: Critical Reasoning in the Two Affairs*. Dordrecht, NL: Springer, 2010.

———· *The Routledge Guidebook to Galileo's Dialogue*. Londres: Routledge, 2014.

FROVA, A. e MARENZANA, M. *Thus Spoke Galileo: The Great Scientist's Ideas and Their Relevance to the Present Day.* Oxford: Oxford University Press, 2000

GALILEI, G. *De Motu Antiquiora.* 1590. *Le Opere di Galileo Galilei.* v. 1. (Edição americana: *On Motion and On Mechanics.* Tradução de I. Drabkin e S. Drake. Madison: University of Wisconsin Press, 1960.)

———· *Discourse on Bodies in Water.* 1612. Tradução de T. Salusbury. Edição de S. Drake. Urbana: University of Illinois Press, 1960.

———· *Discorsi e Dimonstrazioni Matematiche intorno a Due Nuove Scienze Attenenti alla Mecanica & i Movimenti Locali.* 1638. In: *Opere di Galileo.* Vol. 8. (Edição americana: *Two New Sciences.* Tradução de S. Drake. Madison: University of Wisconsin Press, 1974.)

———· *Dialogues Concerning Two New Sciences.* Publicado pela primeira vez em 1638. Tradução de 1914 de H. Crew e A. de Salvio. Nova York: Macmillan, (1638) 1914.

———· *Sidereus Nuncius, or The Sidereal Messenger.* Tradução e comentários de A. Van Helden. Chicago: University of Chicago Press, (1610) 1989.

GALILEI, V. *Dialogue on Ancient and Modern Music.* Tradução de C. V. Palisca. New Haven, CT: Yale University Press, (1581) 2003.

GALLUZZI, P. "The Sepulchers of Galileo: The 'Living' Remains of a Hero of Science". In: MACHAMER, P. (ed.). *The Cambridge Companion to Galileo.* Cambridge: Cambridge University Press, 1998, p. 417.

——— (ed.). *Galileo: Images of the Universe from Antiquity to the Telescope.* Florença, IT: Giunti, 2009.

———· *The Lynx and the Telescope: The Parallel Worlds of Cesi and Galileo.* Tradução de P. Mason. Leiden, NL: Brill, 2017.

GATTEI, S. *On the Life of Galileo: Viviani's Historical Account and Other Early Biographies.* Princeton, NJ: Princeton University Press, 2019.

GATTI, H. *Essays on Giordano Bruno.* Princeton, NJ: Princeton University Press, 2011.

GEYMONAT, L. *Galileo Galilei: A Biography and Inquiry into His Philosophy of Science.* Norwalk, CT: Easton Press, 1965.

GINGERICH, O. "Phases of Venus in 1610". *Journal for the History of Astronomy,* v. 15, p. 209, 1984.

———· "Galileo's Astronomy". In: WALLACE, W. A. (ed.). *Reinterpreting Galileo.* Washington, DC: Catholic University of America Press, 1986, p. 111-26.

GINGRAS, Y. *Science and Religion: An Impossible Dialogue*. Tradução de P. Keating. Cambridge: Polity Press, 2017.

GLADWELL, M. *Outliers: The Story of Success*. Londres: Penguin, 2009. [Edição brasileira: *Fora de série — Outliers*. Rio de Janeiro: Sextante, 2013.]

GOPNIK, A. "Moon Man: What Galileo Saw". *The New Yorker*, 3 de fevereiro de 2013.

GOULD, S. J. (ed.). *Galileo Galilei: Dialogue Concerning the Two Chief World Systems*. Tradução de S. Drake. Nova York: Modern Library, 2001. Publicado pela primeira vez em 1953 pela University of California Press (Berkeley, CA).

GOWER, B. *Scientific Method: An Historical and Philosophical Introduction*. Londres: Routledge, 1997.

GRAY, J. *Seven Types of Atheism*. Nova York: Farrar, Straus and Giroux, 2018.

HEILBRON, J. L. *Galileo*. Oxford: Oxford University Press, 2010.

HOLT, J. *Why Does the World Exist?: An Existential Detective Story*. Nova York: Liveright, 2013. [Edição brasileira: *Por que o mundo existe? Um mistério existencial*. Rio de Janeiro: Intrínseca, 2013.]

HUYGENS, C. *Oeuvres Complètes de Christiaan Huygens*. Le Haye, NL: Martinus Nijhoff, 1888.

INCHOFER, M. *A Summary Treatise Concerning the Motion or Rest of the Earth and the Sun* [Roma: Ludovicus Grignanus, 1633]. Traduzido para o inglês em BLACKWELL, R. J. *Behind the Scenes at Galileo's Trial*. Notre Dame, In: University of Notre Dame Press, 2006, p. 105-206.

JAMMER, M. *Einstein and Religion: Physics and Theology*. Princeton, NJ: Princeton University Press, 1999.

JOHN PAUL II [JOÃO PAULO II]. "Deep Harmony Which Unites the Truths of Science with the Truths of Faith". *L'Osservatore Romano*, p. 9-10, 26 de novembro de 1979.

———. "The Greatness of Galileo Is Known to All". In: POUPARD, cardeal P. (ed.) *Galileo Galilei: Toward a Resolution of 350 Years of Debate — 1633-1983*. Pittsburgh: Duquesne University Press, 1987, p. 195.

———. "Faith Can Never Conflict with Reason". *L'Osservatore Romano*, p. 1-2, 4 de novembro de 1992.

KOESTLER, A. *The Sleepwalkers: A History of Man's Changing Vision of the Universe*. Londres: Arkana, 1959. [Publicado pela primeira vez em 1959 por Hutchinson (Londres).]

KOVEN, R. "World Takes Turn in Favor of Galileo". *Washington Post* on--line, 24 de outubro de 1980. Disponível em: <https://www.washingtonpost.com/archive/politics/1980/10/24/world-takes-turn-in-favor-of--galileo/81b41321-9868-47f2-adfc-09f0a6477907/>.

KOYRÉ, A. "An Experiment in Measurement". *Proceedings of the American Philosophical Society*, v. 97, p. 222, 1953.

——— · *Galileo Studies*. Tradução de J. Mepham. Atlantic Highlands, NJ: Humanities Press, 1978.

KRAUSS, L. M. *The Greatest Story Ever Told So Far: Why Are We Here?* Nova York: Atria, 2017.

LAMALLE, E. "Nota Introduttiva All' Opera". In: PASCHINI, P. *Vita e Opere di Galileo Galilei*. Edição de E. Lamalle. In: *Miscellanea Galileiana*. Vaticano: Pontificia Academia Scientiarum, 1964, v. 1, p. vii-xv.

LANGFORD, J. J. *Galileo, Science and the Church*. Ann Arbor: University of Michigan Press, 1966.

LARSON, E. J. *Trial and Error: The American Controversy over Creation and Evolution*. Nova York: Oxford University Press, 1985.

——— · *Summer for the Gods: The Scopes Trial and America's Continuing Debate over Science and Religion*. Nova York: Basic Books, 2006.

LENNOX, J. G. "Aristotle, Galileo, and 'Mixed Sciences'". In: WALLACE, W. A. (ed.) *Reinterpreting Galileo*. Washington, DC: Catholic University of America Press, 1986.

LIVIO, M. "Einstein's Famous 'God Letter' Is Up for Auction". *Observations* (blog). *Scientific American* online. Disponível em: <https://blogs.scientificamerican.com/observations/einsteins-famous-god-letter-is-up-for-auction>, modificado pela última vez em 11 de outubro de 2018.

——— · "The Copernican Principle". In: BROCKMAN, J. (ed.) *This Idea Is Brilliant*. Nova York: Harper Perennial, 2018, p. 185.

LÖWENSTEIN, P. H. Z. *Towards the Further Shore*. Londres: Victor Gollancz, 1968.

MACHAMER, P. Introduction. In: MACHAMER, P. (ed.) *The Cambridge Companion to Galileo*. Cambridge: Cambridge University Press, 1998.

MACLACHLAN, J. "A Test of an 'Imaginary' Experiment of Galileo's". *Isis*, v. 64, p. 374, 1973.

MACNAMARA, B. N., HAMBRICK, D. Z. e OSWALD, F. L. "Deliberate Practice and Performance in Music, Games, Sports, Education, and Professions: A MetaAnalysis". *Association for Psychological Science*, v. 25, p. 1608, 2014.

MANN, M. E. "The Wall Street Journal, Climate Change Denial, and the Galileo Gambit". *EcoWatch*, 28 de março de 2012 (a). Disponível em: <www.ecowatch.com/the-wall-street-journal-climate-change-denial-and-the--galileo-gambit-1882199616.html>.

———. *The Hockey Stick and the Climate Wars: Dispatches from the Front Lines*. Nova York: Columbia University Press, 2012 (b).

MCCOUAT, P. "Elsheimer's Flight into Egypt: How It Changed the Boundaries Between Art, Religion, and Science". *Journal of Art in Society*, 2016. Disponível em: <www.artinsociety.com/elsheimerrsquos-flight-into-egypt--how-it-changed-the-boundaries-between-art-religion-and-science.html>. Acessado em: 17 de julho de 2019.

MCMULLIN, E. "Galileo on Science and Scripture". In: MACHAMER, P. (ed.) *The Cambridge Companion to Galileo*. Cambridge: Cambridge University Press, 1998, p. 271.

MCTIGHE, T. P. "Galileo's 'Platonism': A Reconstruction". In: MCMULLIN. E. (ed.) *Galileo Man of Science*. Nova York: Basic Books, 1967.

MICHELET, J. *Histoire de France: Renaissance et Réforme*. Paris: Chamerot, 1855.

MILLER, D. "Sir Karl Raimund Popper". *Biographical Memoirs of Fellows of the Royal Society*, v. 43, p. 369, 1997.

MILTON, J. "Areopagitica; A Speech of Mr. John Milton For the Liberty of Unlicenc'd Printing, To the Parliament of England". Londres, 1644.

MONTALBANO, W. D. "Earth Moves for Vatican in Galileo Case". *Los Angeles Times*, 1º de novembro de 1992.

MUELLER, P. R. "An Unblemished Success: Galileo's Sunspot Argument in the Dialogue". *Journal for the History of Astronomy*, v. 31, p. 279, 2000.

NATIONAL ACADEMY OF SCIENCES. *Science and Creationism: A View from the National Academy of Sciences*. Washington, DC: National Academics Press, 1999.

NULAND, S. B. *Leonardo da Vinci: A Life*. Nova York: Viking, 2000.

NUSSBAUM, M. *Not for Profit: Why Democracy Needs the Humanities*. Princeton, NJ: Princeton University Press, 2010. [Edição brasileira: *Sem fins lucrativos. Por que a democracia precisa das humanidades*. São Paulo: WMF Martins Fontes, 2015.]

OREGGI, A. *De Deo Uno Tractatus Primus*. Roma: Typographia, Rev. Camerae Apostolicae, 1629, p. 194-95.

OTTO, S. *The War on Science: Who's Waging It, Why It Matters, What Can We Do About It*. Mineápolis: Milkweed Editions, 2016.

PAGANO, S. M. (ed.) *I Documenti del Processo di Galileo Galilei*. Vaticano: Pontificia Academia Scientiarum, 1984.

PANOFSKY, E. *Galileo as a Critic of the Arts*. Haia: Martinus Nijhoff, 1954.

PASCHINI, P. *Vita e Opere di Galileo Galilei*. Edição de E. Lamaelle. In: *Miscellanea Galileiana*. Vaticano: Pontificia Academia Scientiarum, 1964.

PERA, M. "The God of Theologians and the God of Astronomers: An Apology of Bellarmine". In: MACHAMER, P. (ed.) *The Cambridge Companion to Galileo*. Cambridge: Cambridge University Press, 1998, p. 367.

PETERS, W. T. "The Appearances of Venus and Mars in 1610". *Journal for the History of Astronomy*, v. 15, p. 211, 1984.

PETERSON, M. A. *Galileo's Muse: Renaissance, Mathematics and the Arts*. Cambridge, MA: Harvard University Press, 2011.

PETIGURA, E. A., HOWARD, A. W. e MARCY, G. W. "Prevalance of Earth-size Planets Orbiting Sun-like Stars". *Proceedings of the National Academy of Sciences*, v. 110, 2013.

PICCOLINO, M. e WADE, N. J. *Galileo's Visions: Piercing the Spheres of the Heavens by Eye and Mind*. Oxford: Oxford University Press, 2014.

PINKER, S. *Enlightenment Now: The Case for Reason, Science, Humanism, and Progress*. New York: Viking, 2018. [Edição brasileira: *O novo Iluminismo: Em defesa da razão, da ciência e do humanismo*. São Paulo: Companhia das Letras, 2018.]

PLANCK COLLABORATION. "Planck 2015 Results: XIII. Cosmological Parameters". *Astronomy & Astrophysics*, v. 594, p. A13, 2016.

POTTER, V. G. *Readings in Epistemology: From Aquinas, Bacon, Galileo, Descartes, Locke, Berkeley, Hume, Kant*. Nova York: Fordham University Press, 1993.

RANDALL, L. *Dark Matter and the Dinosaurs: The Astounding Interconnectedness of the Universe*. Nova York: Ecco, 2015.

REDONDI, P. *Galileo Heretic*. Tradução de R. Rosenthal. Princeton, NJ: Princeton University Press, 1987.

REES, M. *Before the Beginning: Our Universe and Others*. Nova York: Basic Books, 1997.

―――― *Just Six Numbers: The Deep Forces That Shape the Universe*. Nova York: Basic Books, 2000.

REEVES, E. *Evening News: Optics, Astronomy, and Journalism in Early Modern Europe*. Filadélfia: University of Pennsylvania Press, 2014.

RESTON, J., Jr. *Galileo: A Life*. Nova York: HarperCollins, 1994.

ROMM, J. *Climate Change: What Everyone Needs to Know*. Oxford: Oxford University Press, 2016.

ROSEN, E. *The Naming of the Telescope*. Nova York: Henry Schuman, 1947.

―――― "Galileo and Kepler: Their First Two Contacts". *Isis*, v. 57, p. 262, 1966.

RUSSELL, B. *The Problems of Philosophy*. Londres: Home University Library, 1912 (Reimpressão: Oxford: Oxford University Press, 1997).

―――― *A History of Western Philosophy*. Nova York: Simon & Schuster, 2007. [Edição brasileira: *História da filosofia ocidental*. Rio de Janeiro: Nova Fronteira, 2015.]

SANTILLANA, G. de. *The Crime of Galileo*. Chicago: University of Chicago Press, 1955. (Reimpressão: Chicago, IL: Midway, 1976.)

SCHMIDLE, N. "A Very Rare Book". *The New Yorker Online*, 16 de dezembro de 2013. Disponível em: <www.newyorker.com/magazine/2013/12/16/a--very-rare-book>.

SCHMITT, C. B. "Experience and Experiment: A Comparison of Zabarella's View with Galileo's in De Motu". *Studies in the Renaissance*, v. 16, p. 80, 1969.

SCHRAG, D. P. "Confronting the Climate-Energy Challenge". *Elements*, v. 3, p. 171, 2007.

SCHRAG, D. P. e ALLEY, R. B. "Ancient Lessons for Our Future Climate". *Science*, v. 306, p. 821, 2004.

SEGRE, M. "Galileo, Viviani and the Tower of Pisa". *Studies in History and Philosophy of Science*, v. 20, n. 4, p. 435, dezembro de 1989.

SETTLE, T. B. "An Experiment in the History of Science". *Science*, v. 133, p. 19, 1961.

―――― "Galileo and Early Experimentation". In: ARIS, R., DAVID, H. T. e STUWER, R. H. (eds.) *Springs of Scientific Creativity: Essays on Founders of Modern Science*. Mineápolis: University of Minnesota Press, 1983, p. 3.

SHEA, W. "Galileo's Copernicanism: The Science and the Rhetoric". In: MACHAMER, P. (ed.) *The Cambridge Companion to Galileo*. Cambridge: Cambridge University Press, 1998, p. 211.

———. *Galileo's Intellectual Revolution: Middle Period, 1610-1632*. New York: Science History Publications, 1972.

SHEA, W. R. e ARTIGAS, M. *Galileo in Rome: The Rise and Fall of a Troublesome Genius*. Oxford: Oxford University Press, 2003.

SIMONCELLI, P. *Storia di Una Censura: "Vita di Galileo" e Concilio Vaticano II*. Milão, IT: Frando Angeli, 1992.

SMITH, A. M. "Galileo's Proof for the Earth's Motion from the Movement of Sunspot". *Isis*, v. 76, p. 543, 1985.

SNOW, C. P. *The Two Cultures*. Cambridge: Cambridge University Press, 1959. (Reprint: Cambridge: Cambridge University Press, 1993). [Edição brasileira: *As duas culturas e Uma segunda leitura*. São Paulo: Unesp, 1995.]

SOBEL, D. *Galileo's Daughter: A Historical Memoir of Science, Faith, and Love*. New York: Walker, 1999. [Edição brasileira: *A filha de Galileu*. São Paulo: Companhia das Letras, 2000.]

———. (trad. e ed.). *Letters to Father*. Nova York: Walker, 2001.

SWERDLOW, N. M. "Galileo's Discoveries with the Telescope and Their Evidence for the Copernican Theory". In: MACHAMER, P. (ed.) *The Cambridge Companion to Galileo*. Cambridge: Cambridge University Press, 1998, p. 244.

———. "Galileo's Horoscopes". *Journal for the History of Astronomy*, v. 35, p. 135, 2004.

SWIFT, A. "In U.S., Belief in Creationist View of Humans at New Low". *Gallup* online. Disponível em: <https://news.lgallup.com/poll/210956/belief-creationist-view-humans-new-low.aspx>, modificado pela última vez em 22 de maio de 2017.

THIENE, G. e BASSO, C. "Galileo as a Patient". In: CORSINI, E. M. (ed.) The Inspiration of Astronomical Phenomena VI. *Astronomical Society of the Pacific Conference Series*, v. 441, p. 73, 2011.

TOGNONI, F. (ed.). *Le Opere di Galileo Galilei*, Edizione Nazionale, Appendice Vol. 1, "Iconografia Galileiana". Florença, IT: Giunti, 2013.

VAN HELDEN, A. "'Annulo Cingitur': The Solution of the Problem of Saturn". *Journal for the History of Astronomy*, v. 5, p. 155, 1974.

———. "Galileo and Scheiner on Sunspots: A Case Study in the Visual Language of Astronomy". *Proceedings of the American Philosophical Society*, v. 140, p. 358, 1996.

BIBLIOGRAFIA

VAN HELDEN, A. e BURR, E. "The Galileo Project". 1995. Disponível em: <galileo.rice.edu>.

VASARI, G. *Le vite de' più eccellenti pittori, scultori e architettori.* 1550. Uma segunda edição ampliada foi publicada em 1568. Uma edição moderna e muito elegante de algumas das biografias é: SORINO, M. (ed.) *The Great Masters.* Tradução de G. D. C. de Vere. Hong Kong: Hugh Lauter Levin, 1986.

VIVIANI, V. *Racconto Istorico della vita di Galileo Galilei.* Publicado pela primeira vez em Fasti Consolari dell' Accademia Fiorentina. Edição de Salvino Salvini. Florença, IT: 1717. (Incluído em: FAVARO, *Opere di Galileo Galilei,* v. 19, p. 597.) Traduzido para o inglês em GATTEI, S., *On the Life of Galileo: Viviani's Historical Account and Other Early Biographies.* Princeton, NJ: Princeton University Press, 2019.

WALLACE, W. A. *Galileo's Logic of Discovery and Proof: The Background, Content, and Use of His Appropriated Treatises on Aristotle's Posterior Analytics.* Dordrecht, NL: Springer, 1992.

———. "Galileo's Pisan Studies in Science and Philosophy". In: MACHAMER, P. (ed.) *The Cambridge Companion to Galileo.* Cambridge: Cambridge University Press, 1998.

WALLACE-WELLS, D. *The Uninhabitable Earth: Life After Warming.* Nova York: Tim Duggan Books, 2019. [Edição brasileira: *A terra inabitável: Uma história do futuro.* São Paulo: Companhia das Letras, 2019.]

WEINBERG, S. *To Explain the World: The Discovery of Modern Science.* Nova York: Harper, 2015. [Edição brasileira: *Para explicar o mundo: A descoberta da ciência moderna.* São Paulo: Companhia das Letras, 2015.]

WIGNER, E. P. "The Unreasonable Effectiveness of Mathematics in the Natural Science: Richard Courant Lecture in Mathematical Sciences Delivered at New York University, May 11, 1950". In: *Communications in Pure and Applied Mathematics,* v. 13, n. 1, 1960. (Reeditado em: SAATZ, T. L. e WEYL, F. J. (eds.). *The Spirit and the Uses of the Mathematical Sciences.* Nova York: McGraw Hill, 1969.)

WILDING, N. "The Return of Thomas Salusbury's Life of Galileo". *British Society for the History of Science,* v. 41, p. 241, 2008.

———. *Galileo's Idol: Gianfrancesco Sagredo and the Politics of Knowledge.* Chicago: University of Chicago Press, 2014.

WISAN, W. L. "The New Science of Motion: A Study of Galileo's De Motu Locali". *Archive for History of Exact Sciences*, v. 13, p. 103, 1974.

WOLCHOVER, N. "A Different Kind of Theory of Everything". *The New Yorker* online, 19 de fevereiro de 2019. Disponível em: <www.newyorker.com/science/elements/a-different-kind-of-theory-of-every-thing?fbclid+IWAR0Kc47OS_NuxPaj40PKN9ZT3N_VO_hBlijrN114E-DqTJT7ipyaHSMteCiyk>.

WÖLFFLIN, H. *Principles of Art History: The Problem of the Development of Style in Later Art*. Tradução de M. D. Hottinger. Nova York: Dover, 1950. [Edição brasileira: *Conceitos fundamentais da história da arte*. São Paulo: Martins Fontes, 2019.]

WOOTTON, D. *Paolo Sarpi: Between Renaissance and Enlightenment*. Cambridge: Cambridge University Press, 1983.

——— . *Galileo: Watcher of the Skies*. New Haven, CT: Yale University Press, 2010.

——— . *The Invention of Science: A New History of the Scientific Revolution*. Nova York: Harper, 2015.

ZANATTA, A., ZAMPIERI, F., BONATI, M. R., LIESSI, G., BARBIERI, C., BOLTON, S., BASSO, C. e THIENE, G. "New Interpretation of Galileo's Arthritis and Blindness". *Advances in Anthropology*, v. 5, p. 39, 2015.

Índice

A

A estrutura do corpo humano (Vesalius), 19
A vida de Galileu (Brecht), 14, 251
Abraão, 134, 138
Academia Florentina, 37, 38, 153
Academia Linceana, *ver* Accademia dei Lincei
Academia Nacional de Ciências (Estados Unidos), 237
Accademia dei Lincei, 71, 111, 125, 132, 161, 163, 179
Accademia delle Arti del Disegno (Academia das Artes de Desenho), 27
Acordo de Paris sobre Mudanças Climáticas, 240
"Adulatio Perniciosa" (Barberini), 164
Agência Espacial Europeia, observatório espacial Gaia, 78
Agostinho, Santo, 14, 235-236
alavanca, lei da, 22, 59
Alberti, Leon Battista, 36
Alemanha, 83, 108, 126, 240
alma, 17, 224
alquimia, 48
Altobelli, Ilario, 63
Amsterdã, 223
anatomia, 19, 21, 55
Anders, Bill, 74
Ann Arbor, Mich., 80
Apollo 15, 47
Apollo 8, 74
apóstolos, 134
aquecimento global, 110
Arcangela, irmã, 57, 115
Arcetri, 25, 215, 216, 221
Areopagítica (Milton), 222-223
Ariosto, Ludovico, 19, 49
Aristarco de Samos, 131
Aristóteles, 49-50, 74-75, 77, 182, 243
    críticas de Galileu a, 23, 35-36, 43-45, 46, 48-49, 62, 99, 121
    teorias científicas de, 58, 60-61, 63-64, 78, 90, 92, 97, 98, 99, 113, 219
Armagh, 143

Arquimedes, 33-34, 39, 59
lei da alavanca de, 22, 59
artes, 247
  resposta emocional às, 251
  financiamento das, 25
  interesse de Galileu por, 18-19, 27
  ciência e, 26-27
Assunção da Virgem, A (Cigoli), 107, 261n
astrofísica, 9, 11, 53
astrologia, 48, 98

envolvimento de Galileu com, 54
astronautas, 47, 74, 248
  coragem e desafios tecnológicos dos, 10
Astronomia Nova (Kepler), 114
astronomia, 9, 11, 21, 39, 55, 97, 108, 135, 223, 266n
ateísmo, 244-245
Atlas, 82, 107
atomismo, 172-173
atrito, 219

B

babilônios, 160, 169
Bach, Johann Sebastian, 30
Bacon, Francis, 17
Badovere, Jacques, 67
Bandinelli, Anna Chiara, 54
Bandini, cardeal Ottavio, 115
Barberini, cardeal Francesco, 164, 179, 190, 193, 194, 204, 210, 212, 268n
Barberini, cardeal Maffeo, 70, 128, 130, 163-164, 175
Barentsz, Willem, 106
Baretti, Giuseppe, 2139
barômetro, invenção do, 224
Baronio, cardeal Cesare, 139
Bartoli, Giovanni, 100
Basílica de Santa Croce, 224-225
Baviera, 54
Bellarmino, cardeal Roberto, 70-71, 108-109, 119, 124, 128, 130, 133-139, 144-145, 148-149, 162, 181, 198-200, 202, 206, 208, 213, 228, 263n
Beltrán Marí, Antonio, 233
Bento XIV, papa, 223
Bergamo, Universidade de, 124
Berlim, 73

Berni, Francesco, 49
Bertolla, Pietro, 229-230
Bessel, Friedrich Wilhelm, 78
Bíblia, 92, 116-120, 128-138, 144, 172, 244
  copernicanismo versus, 198-199
  história de Davi e Golias, 219
  Eclesiastes, 135, 136
  Galileu sobre, 13-14, 23, 125, 129, 240, 243
  Gênesis, 129
  Evangelhos na, 212
  interpretação da, 122-125, 127-135, 138-140, 150, 233, 236, 243
  Jó, 146
  Josué, 13, 117, 126
  Salmos, 128, 129, 217
  traduções da, 21-22
Bienal de Arte de Veneza, 55
Big Bang, Teoria do, 237, 271n
Bolonha, 100-101
Bolonha, Universidade de, 36-37, 100-101
Borghese, cardeal Scipione, 103
Born, Max, 15
Boscaglia, Cosimo, 116-117
bóson de Higgs, 173

Botti, Matteo, 106
Botticelli, Sandro, 39
Brahe, Tycho, 63, 77, 113-114, 136, 149, 152-153, 156-158, 167, 170-171, 180
Brecht, Bertolt, 14, 251
Bredekamp, Horst, 73
Brenggher, Johann Georg, 72

Breve peregrinação contra o Mensageiro Sideral, *recentemente enviado a todos os filósofos e matemáticos por Galileu Galilei*, Uma (Horky), 102
Brockman, John, 26, 93, 247, 272n
Brunelleschi, Filippo, 27, 38
Bruno, Giordano, 19, 78, 105, 109, 214
Brunowski, Jan, 63
buracos negros, 248
Burghley, William Cecil, lorde, 22

C

Cabot, John, 23
Caccini, Tommaso, 125-126, 139, 207-208
Caetani, cardeal Luigi, 148
Calábria, 131
Calandrelli, Giuseppe, 78
cálculo, 36
calendário gregoriano, 36
calendários, 98, 124
Calisto (satélite de Júpiter), 82
calor, origem do, 169
camaldulenses, monges, 32
Camerata Fiorentina, 31
Cano, Melchior, 123
"*Capitolo Contro Il Portar la Toga*" ("Contra o uso da toga") (Galileu), 49
Capra, Baldessar, 56, 64, 82-83
Cardano, Gerolamo, 159
Carlos de Lorena, 4º duque de Guise, 18
carmelitas, ordem das, 131, 146-147
Carta a Benedetto Castelli (Galileu), 14, 94, 117-119, 123-124, 126-128, 150, 207, 232, 268n
Carta à senhora Cristina de Lorena, grã--duquesa de Toscana (Galileu), 23, 117, 137, 140, 150, 207, 232, 235, 270
Cartas sobre as manchas solares (Galileu), 91, 94, 125, 208
casa de leilões Christie's, 244
Castelli, Benedetto, 89, 116-119, 127-128, 177, 189, 193, 210, 262n
  correspondência de Galileu com, 13-14, 86, 117-119, 124
Catani, Luigi, 44
Catedral de Pádua, 93
Catholic University of America, 244
Cáucaso, monte, 60
Cesarini, Virginio, 161, 162-165, 176
Cesi, Federico, príncipe de Acquasparta, 71, 73, 111, 125, 127, 131-132, 161, 164, 176, 179, 260n, 263n
chiaroscuro, 27
China, 88
Ciampoli, Giovanni, 128, 132, 150, 158-159, 161, 177, 189, 191, 193, 263n
Cícero, 238
Cidade do Vaticano, 229
ciência, 15

artes e, 26-27
conflito entre religião e, 7, 13-14, 25, 28, 116-119, 122-124, 197, 241-244
Galileu sobre o conhecimento da, 93
atitudes governamentais em relação à, 9
história da, 26, 33, 44, 58, 69
humanidades e, 9, 25, 26, 249
como parte integrante da cultura, 37-38
interação entre religião e, 231-234, 235, 244
interpretações da, 119-120
filosofia e, 249-250
revolução na, 217
ciências naturais, 97-98
Cigoli, Lodovico, 18, 27, 100, 107, 108
Cinturão de Kuiper, 157
clarissas, ordem das, 114
Clávio, Cristóvão, 36, 41, 64, 70, 87-88, 99-100, 108, 109-110, 149
Colégio Romano, 36, 70, 99, 100, 108, 110, 124, 149, 151, 152, 158, 160, 161
Colombo, Cristóvão, 23, 105, 105
cometas, 61, 121, 151-161, 167
natureza dos, 152, 155
como possíveis maus presságios, 151
cauda dos, 151, 156, 157
Comitê de Liberdades Civis de Emergência, Estados Unidos, 240
Comparação do peso do Equilíbrio e do Ensaiador (Grassi), 172
Comparando Aristóteles e Platão (Mazzoni), 60
compasso geométrico e militar, 56, 63
conceito de "terceira cultura", 26, 93
Concílio de Latrão, 124
Concílio de Trento, 123, 137, 138
Concílio Vaticano II, 229, 232

Congregação do Índice, 146, 148, 176, 203
Congregação do Santo Ofício, *ver* Inquisição
Congregação para a Doutrina da Fé, 203
conhecimento, 21
aquisição de, 20
Conhecimentos de aritmética, geometria, proporção e proporcionalidade (Pacioli), 22
Conselho de Atenas, 222
Conti, cardeal Carlo, 92, 125
Contrarreforma, 62
Contro il Moto della Terra (*Contra o movimento da Terra*) (dele Colombe), 116, 126
Convento de Santa Maria Sopra Minerva, 202
convento de São Mateus, 114
Copérnico, Nicolau, 70, 104, 122, 126, 171, 185
Galileu ordenado a abandonar a doutrina de, 192-201, 212, 224
visões científicas de, 10, 15, 19, 22, 24, 36, 51, 60-62, 80-81, 92, 112, 116, 119, 131-132, 136, 146, 151, 153, 158, 173, 175-176, 177, 184, 190-191, 223, 228, 230
Coresio, Giorgio, 45, 98
corpos em queda, 67, 93, 98, 217-218
leis dos, 16, 23, 35-36, 57-59
movimento e, 35-36
ver também pesos
Corpos na água (Galileu), 89, 93
correção política, 130
cosmologia, 75-76, 112-113, 119, 122, 131
cosmos, 16, 78, 94, 98, 110, 131, 175, 223
expansão acelerada do, 9

Galileu, sobre a natureza do, 167-168
Cremonini, Cesare, 112-113, 182, 259n
criacionismo, 25, 237-239
  "desenho inteligente" e, 237, 238
cristianismo, 20, 75, 123, 137, 209, 212, 225

Cristina de Lorena, grã-duquesa, 13, 116-117, 119, 162
Crosstalk with Vic Eliason (programa de rádio), 239
Csikszentmihalyi, Mihaly, 40

D

Da Vinci, Leonardo, 18, 27, 55
Dante Alighieri, 18-19, 37, 38, 39
Darwin, Charles, 41, 110, 122, 171, 236, 239, 243, 270n
Das revoluções das esferas celestes (Copérnico), 19, 128, 146
De Caro, Marino Massimo, 73
De Motu Antiquiora (*Escritos mais antigos sobre o movimento*) (Galileu), 45, 47, 48, 52-53
Defesa (Foscarini), 133
"Defesa contra as calúnias e os engodos de Baldessar Capra" (Galileu), 56
Deimos (lua de Marte), 85
Del Monte, cardeal, 103
della Francesca, Piero, 27
della Porta, Giambattista, 55
delle Colombe, Lodovico, 64, 116, 125-126, 139, 273n
delle Colombe, Raffaello, 126
Demisiani, Giovanni, 111
Demócrito, 170, 172
Descartes, René, 21, 170, 223, 269n
descobertas de Galileu em 14, 27, 53, 97-98
  pensamento de Galileu revisado em 60-64
Deus, 14, 101, 118, 135, 212, 220, 234, 236
  crença em, 241-242
  conceitos de, 242, 243, 244
  poder de, 181, 185, 195
  palavra de, 21

di Grazia, Vincenzo, 98-99
Diálogo de Galileu colocado no, 210-212
Diálogo sobre a música antiga e moderna (Vincenzo Galilei), 30
Diálogo sobre os dois principais sistemas do mundo (Galileu), 23-24, 30, 54, 74-75, 79, 113, 176-177, 178-181, 182-186, 217, 223-224, 228, 266n
  análise do copernicanismo em, 202, 208
  Galileu questionado sobre sua permissão para escrever e publicar, 200-201
  reação a, 189-192
  comissão especial designada para analisar o, 191-192, 202-203, 208-209
  tradução de, 223
dinastia Han, 88
Dini, cardeal Piero, 124, 128-130, 150
Diodati, Elia, 194, 216, 221, 266n
Discurso sobre a obra de Messer Gioseffo Zarlino de Chioggia (Vincenzo Galilei), 30
Discurso sobre as marés (Galileu), 141
Discurso sobre os cometas de Guiducci (Guiducci), 153-154, 155-158, 159, 161
Discursos e demonstrações matemáticas acerca de duas novas ciências (*Discorsi*) (Galileu), 47, 55, 58, 215, 216-220
discussão astronômica sobre os três cometas de 1618, Uma (Grassi), 151-152, 154-155

Dissertatio cum Nuncio Sidereo (Conversas com o Mensageiro Sideral) (Kepler), 105
Divina Comédia, A (Dante), 37
doenças, 19

doge de Veneza, 80
dominicanos, ordem dos, 123-126, 143, 149, 163, 179, 199, 202, 207, 223
"duas culturas", 25
Dürer, Albrecht, 27

E

Eddington, Arthur, 53
educação, 26
   disseminação da, 21
educação, democrática, 21
efemérides, 90
Egidi, Clemente, 180, 189, 201, 202
Einstein, Albert, 15, 16, 24, 32, 34, 94, 99, 168, 233, 234
   nascimento de, 232
   teoria da relatividade geral de, 53, 99, 121, 137, 248
   sobre a natureza, 220
   pensamentos sobre ciência e religião de, 234, 240-245
Elementos, Os (Euclides), 33
eletromagnetismo, 93, 121
Elizabeth I, rainha da Inglaterra, 22
Elsevier, Louis, 217
Elsheimer, Adam, 73
Emily Dickinson, 247
Eneida (Virgílio), 108
energia nuclear, 93, 121
ensaiador, O (Galileu), 71, 95, 98, 163-165, 167-173, 175, 176, 177, 265n
Ensaio sobre o entendimento humano (Locke), 170
Ensaios (Montaigne), 119-120
Eohippus (cavalo), 238
Epicuro, 172
equilíbrio astronômico e filosófico, O (Grassi), 158-163, 167, 170-171

Ernesto da Baviera, eleitor de Colônia, 103, 108
Esfera, A (Sacrobosco), 87
esferas, encurtamento de círculos em, 91
espaço-tempo, 248-249
Espírito Santo, 123, 134, 138-139
Estados Unidos, 236, 237, 240
Estrasburgo, 223
Estrelas Mediceias, 69
estrelas, 56, 61, 100-101, 106, 184-185
   ausência de paralaxes e, 78
   nascimento de, 77
   morte de, 63, 77
   dimensões das, 78
   observações de Galileu das, 77-78
   luminosidade das, 77-78, 105
   de nêutrons, 248
   novas, 62-63
   reações nucleares em, 77
   Órion, constelação de, 76
   trajetória da luz das, 53
   Plêiades, 76
   ver também Via Láctea
Euclides, 22, 32, 33
Europa (satélite de Júpiter), 82
evolução, teoria da, 122, 171, 236-238, 239, 270n
   gradualismo e, 41
   seleção natural e, 28, 237-238

F

Fabricius, Johannes, 88
Fabrizio, Girolamo, 251
Fahie, John Joseph, 44
fake news ("notícias falsas"), 48
"falácia de Galileu", 111
Fantoni, Filippo, 41
Farnese, cardeal Odoardo, 103
Favaro, Antonio, 153, 255
Febei, Pietro Paolo, 207, 208
Filolau, 131
filosofia, 17-18, 48-49, 93, 162
   grega antiga, 20, 170
   estudo de Galileu da, 70
   natural, 112, 122
   religião e, 249
   ciência e, 249
física, 15, 59, 98
   conceito de dinâmica na, 16
   Einstein sobre a definição de, 168
   experimental, 44, 59
   leis da, 168
   de partículas, 173, 248
   teoria unificada da, 93, 121
Florença, 11, 25, 27, 29, 31, 38, 65, 83, 101, 105, 106, 114, 116, 153, 176, 179-180, 180, 193, 222
Fobo (lua de Marte), 85
Foscarini, Paolo Antonio, 135-140, 150
   carta publicada de 131-134, 146-147
França, 106, 178, 217, 223
   Vale do Loire, 106
franciscanos, ordem dos, 223
Francisco I, rei da França, 55
Francisco, papa, 237, 271n
Fuga para o Egito, A (Elsheimer), 73, 260n

G

Galeno, 19, 32
Galilei, Cosimo Maria, 115
Galilei, Galileu, *ver* Galileu
Galilei, Giulia Ammannati, 29, 31, 69
Galilei, Livia (filha), 53, 57, 115
Galilei, Livia (irmã), 29, 53, 257n
Galilei, Michelangelo, 18, 29, 31, 54, 57, 103, 221, 257n
Galilei, Vincenzo (filho), 35, 57, 115, 194, 222, 224
Galilei, Vincenzo (pai), 18, 29-31, 32, 33, 212, 224
   obras de, 30, 257n
Galilei, Virginia (filha), *ver* Maria Celeste, irmã
Galilei, Virginia (irmã), 29, 53, 69, 257n
Galileu:
   habilidades analíticas de, 39
   arte, poesia, e música como interesses de, 18-19, 27
   formação artística de, 91, 247
   biografias e outros trabalhos sobre, 10-11, 14, 17-18, 31, 33, 215, 227-231, 251
   nascimento de, 17, 54, 228, 256n
   cegueira de, 221-222, 251
   censura e prisão domiciliar de, 24, 54, 95, 115, 150, 215-216, 221
   caráter e personalidade de, 11, 15-16, 29, 31, 49, 56, 91, 102, 104, 154, 158, 181, 186

filhos de, 24-25, 54, 57, 114-115, 206, 215-216, 221
compartimentalização rejeitada por, 250-251
correspondência de, 13-14, 23, 49, 57-58, 62, 64-65, 80, 86-87, 93, 137-138, 206, 215, 221-222
coragem, imaginação e engenhosidade de, 10
morte e enterro de, 17, 25, 45, 49, 213, 224-225, 227, 266n
educação de, 31-34
inimigos e críticos de, 101-102, 110-111, 116, 125-126, 158-162, 178, 230
experimentos e pesquisas teóricas de, 10-11, 15, 16-17, 17, 27, 43-45, 48, 51-52, 218
fama de, 14, 16, 24, 70, 97
como pai da ciência moderna, 9, 15
anos finais de, 221-225
preocupações financeiras de, 50, 53-54, 56, 64-65, 68, 115
resultados divulgados por, 10, 16, 21-22, 114, 116
amigos e alianças de, 29, 54-55, 56-57, 65, 67, 71, 125-126, 141, 161-164, 172, 177, 182, 216-217
preocupações e deficiências de saúde de, 25, 51, 101, 114, 115, 151, 162, 175, 176, 193, 194, 203, 205, 221, 224
acusação de heresia contra, 14, 24, 126, 172, 210, 265n, 268n
honras e tributos concedidos a, 69-71, 104-107, 111, 164, 225, 244
humor de, 49
testamento de, 194

palestras de, 27, 37-39, 41, 63, 103
como alaudista, 18
oficina de, 54
estudos médicos de, 32, 33-34, 115
relevância moderna de, 27
patronos de, 102-105
aparência física de, 101
pseudônimos usados por, 153-159
companheira de, 57, 69
erros científicos de, 171
raciocínio científico e métodos de, 15, 16-17, 28, 30-31, 97, 110, 171-172
visões científicas defendidas por, 10, 24, 55, 116-119, 139-140, 148-150, 152
como símbolo da liberdade intelectual, 9, 11, 14, 15, 20, 65
ensino de, 13-14, 35, 36, 51, 43, 54, 65, 68
pensamentos sobre ciência e religião de, 234, 235-237, 240
julgamento de, *ver* julgamento de Galileu
estilo de escrita de, 14
Galileu, escritos de:
Ensaiador, O, 71, 95, 98, 163-165, 167-173, 175, 176, 177, 265n
Corpos na água, 89, 93
"Capitolo Contro Il Portar la Toga" ("Contra o uso da toga"), 49
"Defesa contra as calúnias e os engodos de Baldessar Capra", 56
De Motu Antiquiora (Escritos mais antigos sobre o movimento), 45, 46, 48, 52-53
Discurso sobre as marés, 141
Discursos e demonstrações matemáticas acerca de duas novas ciências, 47, 55, 58, 215, 216-220

Cartas sobre as manchas solares, 91, 94, 125, 208
Carta a Benedetto Castelli, 14, 94, 117-119, 123, 124, 127-129, 207-208, 232, 262n, 268n
Carta à senhora Cristina de Lorena, grã- -duquesa de Toscana, 23, 117, 137, 150, 207-208, 235, 270n
"Sobre a forma, o local e o tamanho do *Inferno* de Dante", 27
Mensageiro Sideral (*Sidereus Nuncius*), 27, 67-68, 69-70, 73-76, 81-82, 97, 102, 104, 105, 260n
Tratado da esfera, ou Cosmografia, 36, 60
ver também *Diálogo sobre os dois principais sistemas do mundo* (Galileu)
Galluzzi, Tarquinio, 161
Gama, Vasco da, 23
Gamba, Marina di Andrea, 57, 69, 114
Ganimedes (satélite de Júpiter), 82
gases do efeito estufa, 240
Gaultier de La Valette, Joseph, 108
Gemelli, Agostino, 227-228
Gênova, 160
Gentileschi, Artemisia, 18
geocentrismo, 10, 36, 60-61, 85, 136, 149, 211, 228
geologia, 41

geometria, 17, 99, 113, 168
euclidiana, 22, 32
de sólidos, 39
Georgia State University, 73
Gherardini, Niccolò, 19, 31, 33
Gibeão, 13
Gilbert, William, 19, 112
Gladwell, Malcolm, 41
glaucoma de ângulo fechado, 221
Goldstein, Herbert, 242, 271n
Google, 14
Grassi, Orazio, 151-152, 158-162, 165, 167-173
  lei citada por, 152-153
  pseudônimo de, 158-159
gravidade, 47, 52, 53, 93, 113, 121, 122, 129
Grécia, antiga, 51, 219, 222
  mitologia da, 71, 76
  filosofia da, 20, 170
Gregório XV, papa, 163
Gregory, Richard Arman, 44
Grienberger, Christoph, 100, 109, 124, 128, 130, 151
Gualdo, Paolo, 93
Gualterotti, Raffael, 88
Guerra dos Trinta Anos, 151, 177
Guicciardini, Piero, 140, 147
Guiducci, Mario, 153, 155-161, 176, 190, 264
Gutkind, Eric, 244

H

Hall, Asafe, 85
Halley, cometa, 157-158
Harriot, Thomas, 83, 88, 106, 108
Harvey, William, 19
heliocentrismo, 10, 13, 19, 60-61, 77, 81, 136, 149

Henrique IV, rei da França, 106
Heráclides do Ponto, 131
hidrostática, leis da, 59
História e demonstrações sobre as manchas solares e seus fenômenos (Galileu), ver *Cartas sobre as manchas solares*

história natural, 15
Hitler, Adolf, 241
Holanda, ver Países Baixos
Horky, Martin, 101, 102, 104, 111, 114, 261n
Hubble, Edwin, 112
Hubble, telescópio espacial, 9
   programa de difusão e divulgação associado ao, 9-10
   defeito no espelho do, 10
   status icônico do, 9
   imagens produzidas pelo, 9
   longevidade do, 10
   reparos e atualizações do, 10
   descobertas científicas reveladas pelo, 9, 10
Hudson (N.Y.) Dispatch, 243
humanidades, 251
   relação entre ciência e, 11, 25, 27, 249
humanismo, 17, 19, 23, 247
Hume, David, 17
Huygens, Christiaan, 35, 84, 261n

I

Idade das Trevas, 20
Idade Média, 20
idioma italiano, 11, 22, 33, 56, 90, 186, 247
Igreja Católica, 15-16, 62, 70-71, 108-109, 119, 131-132, 136, 140, 152, 163-164, 175, 185, 223-224, 229
   conflito entre Galileu e, 14, 23-24, 26, 54, 65, 92, 94-95, 122-124, 170, 190, 225, 235
   doutrina da Eucaristia na, 172
   Santo Ofício da, 132, 172, 176, 191-193, 195, 197-198, 202, 207, 208, 210, 228
   concílios religiosos da, 20, 123, 134, 137, 139
   conceitos de fé infalível da, 132, 150
Igreja de Santa Maria Maggiore, 107
Igreja de Santo Inácio, 160
ímãs, 19, 112
impressão, 21-22
Inchofer, Melchior, 192, 203, 208, 267n
Índia, 23
Índice de Livros Proibidos, 24, 139, 148, 224
individualismo, surgimento do, 20
inércia, lei da, 219
Inferno (Dante), 37, 38, 40, 41
Inglaterra, 108, 223, 238, 247
Ingoli, cardeal Francesco, 148, 152-153, 176
Ingolstadt, Universidade de, 89
Inhofe, James, 239
Inquisição, 65, 128, 179, 191, 216, 223, 230, 231
   Galileu julgado pela, 24, 115, 144, 148-149, 195, 197-214
   dez cardeais da, 197
intelectualismo, ataques ao, 25
internet, 21
Investigação mais cuidadosa sobre as manchas solares e os astros vagando em torno de Júpiter, Uma (Scheiner), 91
Io (satélite de Júpiter), 82
Itália, 25, 50, 55, 62, 71, 117, 178, 216, 223
   guerras civis na, 210
   Estados Papais na, 194
   Toscana, 194, 195
Italian Library, The (Baretti), 213

J

Jaime I, rei da Inglaterra, 91
Jerusalém, 27
jesuítas, ordem dos, 24, 51, 74-75, 76, 82, 86, 92-95, 135-39, 143-46, 148, 164, 175, 176, 178, 189, 214-15
Jesus Cristo, nascimento de, 120
João Paulo II, papa, 102, 104, 136, 217-20, 223, 230-31

Judite decapitando Holofernes (Gentileschi), 6
Júlio César (Shakespeare), 146
Júpiter, 71, 91
 diagramas de Galileu de, 68
 órbita em torno do Sol, 67
 satélites de, 4, 55-56, 66-69, 70, 72, 74-75, 86, 87, 90-94, 95, 102, 107

K

Kepler, Johannes, 19, 61-63, 79, 82-85, 87, 101-102, 104-105, 108, 113-114, 143, 154, 157, 184, 261n

Khashoggi, Jamal, 205
Koestler, Arthur, 183, 266n

L

Lamalle, Edmond, 228-231
Lan, Richard, 73
latim, 11, 21, 22, 31, 33, 38, 56, 82, 186, 223, 247
Leão X, papa, 124
Leeuwenhoek, Antonie van, 248
Leibniz, Gottfried, 36
Leiden, 25, 217, 223
Lembo, Giovanni Paolo, 109
liberdade acadêmica, 240
liberdade de expressão, 222-223
liberdade de pensamento, 227, 231
liberdade intelectual, 232, 235, 240
liberdade religiosa, 231, 272n
Libri, Giulio, 113
Linceu, 71
língua alemã, 21, 101
linguística, 26
Litvinenko, Alexander, 205
Locke, John, 170

lógica, 32, 93, 119, 150
 falsa, 111
Londres, 124
 Grande Incêndio de, 209, 268n
Lorini, Niccolò, 124, 139, 207
Los Angeles Times, 233
Lower, William, 106
Lua, 13, 27, 36, 63, 81-85, 104, 107, 109, 113, 140, 182
 cratera de Albategnius na, 73
 desenhos de Galileu da, 72-73
 observações de Galileu da superfície da, 10, 16, 69, 71-76, 100, 102, 248
 atração gravitacional da, 143, 184
 homem andando na superfície da, 248
 Mons Huygens na, 72
 montanhas na, 72-73, 75, 100, 106, 121
 nome *Cynthia* como personificação da, 87
 fases da, 16, 74, 91

luz secundária da, 73-74
rotação síncrona e movimento orbital de, 74, 80
Lucca, 38

Luís XIII, rei da França, 106

luteranismo, 62, 127

M

Maccarrone, Michele, 228
Maculano, cardeal Vincenzo, 197-199, 201-204, 205-208, 267n
Maelcote, Odo van, 109
Magagnati, Girolamo, 107
Magalhães, Fernão de, 106
Magalotti, Filippo, 190-191
Magini, Giovanni Antonio, 37, 101, 102
Manetti, Antonio, 38-39
Mann, Michael, 258n
mar Adriático, 142
Marcellini, Carlo, 251
Marco Antônio, 161
Maria Celeste, irmã (Virginia Galilei), 24, 57, 115, 206, 215-216, 268
Maria de Médici, rainha da França, 106
Maria Madalena da Áustria, 162
Marius, Simon, 63, 82, 108
Marte, 265n
    luas de, 83-85
Martinho Lutero, 21
Mästlin, Michael, 61
matemática, 22, 27, 31, 32, 48, 55, 59
    estudos de Galileu, 23, 33-34, 37, 48, 70, 168
    como elemento fundamental para avanços práticos e teóricos, 22
    leis da, 16, 59
    ciências naturais e, 98-99
    natureza e, 15, 168
    realidade física e, 27, 34, 98, 168

matéria, natureza da, 217, 248
Mauri, Alimberto (pseudônimo de Galileu), 71-72
Maximiliano I, duque da Baviera, 103
Mazzoleni, Marcantonio, 56
Mazzoni, Jacopo, 45, 50, 60, 62, 259n
mecânica, 10, 27, 55, 119
    descobertas de Galileu em, 51-52, 59, 97-98, 215, 217-220
    quântica, 241
Médici, Antonio de, 117
Médici, Cosimo II de, 65, 68-69, 102, 128, 162, 202
    Galileu nomeado filósofo e matemático de, 70
Médici, família, 102, 104, 116, 117, 144, 210
Médici, Ferdinando I de, 68
Médici, Ferdinando II de, 190, 225
Meditação poética sobre os astros dos Médici, Uma (Magagnati), 107
Mensageiro Sideral, O (Sidereus Nuncius) (Galileu), 27, 67, 69, 70, 75, 81-82, 102, 104, 105, 260n
Mercúrio, 81-82
    órbita em torno do Sol, 53
Mersenne, Marin, 223
Micanzio, Fulgenzio, 216
Michelangelo Buonarroti, 17, 225
Michelet, Jules, 23
Michigan, Universidade de, 80
microbiologia, 248

mídias sociais, 21
Milton, John, 25, 222-223
Módena, 102
Moletti, Giuseppe, 50
Montaigne, Michel de, 119
Mosteiro de Vallombrosa, 32
movimento:
   teoria aristotélica do, 58, 217
   estudos de Galileu sobre, 43-46, 48, 50-51, 56-59
   leis do, 23, 27, 57-61
   primeira lei de Newton do, 219
   princípios do, 217
   ver também Terra, movimento da
mudanças climáticas, 25
   negação das, 25, 127, 239, 262-263n, 271n
   extremos climáticos e, 48, 110-111
multiverso, 112
Munique, 221
música:
   consonância na, 29-30
   polifonia contrapontística na, 31
Mysterium Cosmographicum (*Mistério cósmico*) (Kepler), 61-62

N

Nações Unidas, 239-240
National Edition of Galileo's Works, 153
natureza, 18
   decifrando os segredos da, 94, 168
   leis da, 220, 243
   matemática e, 15, 168
navalha de Occam, na prova de Galileu para o sistema copernicano, 183
Newton, Isaac, 16, 17, 36, 113, 215
   primeira lei do movimento de, 219
   teoria da gravidade de, 47, 53, 59, 93, 122, 184
Niccolini, Francesco, 177, 190, 191, 193-195, 206, 209
"No que acredito" (Einstein), 241
Nova York, NY, 242
Nova Zembla, 106
Nussbaum, Martha, 251, 273n
nuvem de Oort, 157
nuvens, 79-80, 91, 92-93

O

Condas gravitacionais, 248-249
óptica, 55, 68, 99, 154, 159
Órion (constelação), 76
Orlando Furioso (Ariosto), 19
Orsini, cardeal Alessandro, 141, 144, 176
Orsini, príncipe Paolo, 177

P

Pacioli, Luca, 22
Pádua, 37, 50, 54, 60, 64, 65, 82-83, 101, 141, 215
Pádua, Universidade de, 99
   nomeação de Galileu para, 50, 53, 105, 112

Painel Intergovernamental sobre Mudanças Climáticas (IPCC), 239-240
País de Gales, 106
Países Baixos, 25, 67, 217
Palácio Apostólico Sagrado, 177
Palazzo Barberini, 177
Paley, William, 238
Paracelso, 19
Paraíso perdido (Milton), 25, 222
Paris, 67, 172, 194, 216
Parma, duque de, 103
partículas de gelo, 85
Paschini, Pio, 227-231, 269-270
pássaros, 93
Paulo V, papa, 70, 103, 107,144, 147, 162, 164, 198
Paulo VI, papa, 228
Peiresc, Nicolas-Claude Fabri, de, 108
pêndulos, 23, 31
  pulsação relacionada ao balanço dos, 34-35
Pérgamo, 32
peripatéticos (filósofos aristotélicos), 230
Pescia, 29
pesos:
  centro de massa de, 37
  experiências de Galileu com queda livre de, 43-47
  sistema de, 33
  ver também corpos em queda
pesquisa Gallup de 2017, 236, 270n
peste, 221
Pettini, Andrea, 198
Piccolomini, Ascanio, arcebispo de Siena, 54, 215, 258n
Pieroni, Giovanni, 217
Piersanti, Alessandro, 69

Pinelli, Giovanni Vincenzo, 50
pinturas:
  perspectiva nas, 32
  ponto de fuga e escorço nas, 22, 103
Pio VII, papa, 224
Pisa, 25, 29, 31, 32, 34, 35, 60
  catedral em, 34
  Palácio Médici em, 13
  ver também Torre Inclinada de Pisa
Pisa, Universidade de, 32, 34, 35, 98, 115
  Galileu como catedrático de matemática na, 41, 43, 49-50, 68
Pitágoras, 29, 30, 131
planetas, 14, 15, 36, 53, 61, 68-70, 76, 77, 122, 131
  exoplanetas, 9
  observações de Galileu dos, 78-88, 100, 101, 105
  água em estado líquido nos, 79
  luminosidade das estrelas *versus*, 105
  especulação sobre seres vivos em, 104
planos inclinados, 23
  objetos móveis sobre, 52, 218-220
Platão, 20, 59, 114, 116
  diálogos de, 182, 283n
Polônia, 54
  comunista, 231
Pontifícia Academia de Ciências, 123, 227-229, 237, 271n
Pontifícia Universidade Lateranense, 227
Popper, Karl, 245
Praga, 21, 83, 108, 217
prensa, 21
Primeira Emenda da Constituição dos Estados Unidos, 222
Primeira Guerra Mundial, 244
"princípio copernicano", 112

ÍNDICE

profetas, 134
projéteis, trajetória traçada por, 18, 218
protestantismo, 217, 223
    contraste entre o catolicismo e o, 20
    ascensão do, 20

Ptolomeu, teoria geocêntrica de, 10, 36, 60-61, 81, 85, 90, 112, 125, 128, 131, 133, 136, 146, 161, 175, 180, 183, 184, 211, 228
pulsilogium, 35

Q

quarks, 173

R

rádio pública, 25
Redondi, Pietro, 173
Reforma Protestante, 20, 24, 122-123
Relatório sobre a Lacuna de Emissões do Programa das Nações Unidas para o Meio Ambiente, 239, 271n
"Religião e ciência" (Einstein), 240-245
religião:
    conflito entre ciência e, 7, 13-14, 25, 28, 116-119, 122-124, 197, 241-244
    interação entre ciência e, 231-234, 235, 244
    filosofia e, 249
    salvação pela, 14, 118, 132
Renascença, 11, 17, 19, 23, 27, 30, 31, 40-41, 55, 73, 247
República Veneziana, 51, 65, 126
República, A (Platão), 20

retórica, 32
Riccardi, Niccolò, 163, 173, 177-180, 185, 189-193, 201, 202, 206, 214
Ricci, Ostilio, 32-34
Ricciardo, Salvatore, 124
Richelieu, cardeal Armand Jean du Plessis, 178
rio Serchio, 38
riqueza, acumulação de, 20
Roma (cidade), 21, 23, 36, 37, 70-71, 73, 87, 91, 100, 124, 140, 141, 147, 148, 153, 175-179, 181, 189, 223, 227
Roma, Universidade de, 177
Rosa Ursina (Scheiner), 177
Rowbotham, Francis Jameson, 44
Royal Society, 124
Russell, Bertrand, 15, 162

S

Sabatelli, Luigi, 34
Sacrobosco, Johannes de, 87
Safo, 247
Sagredo, Gianfrancesco, 54, 181-182
Salomão, rei, 135-136
Salusbury, Thomas, 209-210, 261n

Salviati, Filippo, 181-182
sangue, circulação do, 19
Santa Maria Novella Igreja, 126
Santillana, Giorgio de, 17
Santini, Antonio, 108
Santíssima Trindade, 61

Santorio, Santorio, 35
Sarpi, Paolo, 55, 57, 58, 67, 68, 126, 141, 216, 259n
Sasso, Camillo, 63
Saturno, 70, 78, 83, 108, 109, 121, 261n
  anéis em torno de, 85, 109
Scheiner, Christoph, 89-91, 94-95, 151, 158, 161, 176-177, 203
Scott, David, 47
Segeth, Thomas, 105
Seghizzi, Michelangelo, 126, 144, 145, 198, 199, 202, 203, 208, 267n
sentidos, papel dos, 169-170, 172
Sfondrati, cardeal Paolo Camillo, 124
Shakespeare, William, 17, 50, 161, 250
Sheen, Fulton John, 244
Siena, 215
Simplício da Cilícia, 182
Simplicio, 113, 181, 182, 185, 186, 190, 202, 209, 217
Sinceri, Carlo, 197, 208
Sirtori, Girolamo, 11
sistema solar, 19, 88, 143, 157-158, 171
  descobertas de Galileu sobre, 112, 214
Snow, C.P., 25-26, 247
"Sobre a forma, o local e o tamanho do *Inferno* de Dante" (Galileu), 27
Sobre Jó (Zúñiga), 146
sociologia, 26
Sol Ellipticus (*O Sol elíptico*), 94
Sol, 36, 41, 83, 87, 92, 98, 129, 133, 141-144, 180, 192
  movimento do, 117-118, 126, 132-134
  eclipse total do, em 1919, 53
  órbita da Terra em torno do, 13, 15, 24, 33, 36, 59-60, 75, 77, 81, 141-142, 152, 182-183, 185, 203, 223, 224, 233
  órbita de Júpiter em torno do, 80
  órbita de Mercúrio em torno do, 53, 81
  órbita de Vênus em torno do, 81, 90-91
  manchas no, 70, 71, 84, 88-95, 121, 125, 158, 177, 183-184, 208
  temperatura na superfície do, 94
sólidos platônicos, 61
Spinoza, Baruch, 242, 244
Stefani, Jacinto, 179
Stelluti, Francesco, 161
Stevin, Simon, 46
Suídas, 169
supernovas, 63
Suprema Corte, Estados Unidos, 120
Swift, Jonathan, 85

T

Tartaglia, Niccolò, 33
Tasso, Torquato, 19, 162
Tedaldi, Muzio, 31
telescópio, 78
  espacial Gaia, 78
  descobertas de Galileu com o, 72, 89, 97-107, 113, 221
  fabricação de, por Galileu, 103, 106
  divulgação de, por Galileu, 102-107, 108
  história do, 110
  invenção e desenvolvimento do, 55, 67-71
  Kepler, 79
  óptica do, 154
Telescopium (Sirtori), 111
Telesio, Bernardino, 159
teologia, 26, 32, 61
teoria da relatividade geral, 53, 99, 121, 137, 248

ÍNDICE

Teoria de Tudo, 93, 121
Terni, 160
Terra, 19, 39, 41, 85, 93
  atmosfera da, 76, 160
  expansão e contração da, 249
  exploração da, 22-23
  formação da, 250
  seres humanos na, 112
  movimento da, 116-118, 119, 129, 135-137, 141-146, 149, 153, 157, 161, 176, 179, 180, 182-183, 192, 203, 210, 213, 228
  órbita em torno do Sol, 13, 15, 24, 36, 60-61, 75, 77, 80, 131, 152-153
  rotação da, 92, 119
  marés na, 78, 141-143, 176, 180, 184, 263n
  vista como centro do universo, 10, 36, 60-61, 81, 85, 90, 113, 125, 128, 131, 133, 136, 146, 161, 175-176, 180, 183, 184, 211, 228
  luz solar refletida por, 74, 121
The Invention of Science: A New History of the Scientific Revolution [A invenção da ciência: uma nova história da revolução científica] (Wootton), 26
The New York Times, 233
Tiktaalik roseae, fóssil, 238
tipo móvel, invenção do, 21
Torre Inclinada de Pisa, 98, 257n
  experimentos de Galileu deixando cair pesos da, 43-46
Torricelli, Evangelista, 224
Tratado da esfera, ou Cosmografia (Galileu), 36, 60
trigonometria, 60
Trump, Donald, 240
Tübingen, Universidade de, 61

U

Universidade de Chicago, 40, 251
universo, 78, 97, 167, 177, 189, 195, 201, 221, 227
  idade do, 250
  início e evolução do, 249, 250, 272-273n
  teoria geocêntrica do, 10, 36, 60-61, 81, 85, 90, 112, 125, 128, 131, 133, 136, 146, 161, 175, 180, 183, 184, 211, 228
Urbano VIII, papa, 23, 70, 128, 132, 164, 172, 175, 177-178, 185, 202, 206, 215
  Galileu caindo em desgraça com, 189-195, 209-210, 225
uveíte bilateral, 221

V

vale de Aijalom, 13
Vale, Giuseppe, 228, 270n
Valori, Baccio, 37
Varchi, Benedetto, 45
Vasari, Giorgio, 18
Vaticano, 24, 123
Vellutello, Alessandro, 38-39

Veneza, 21, 56, 64, 65, 68, 100, 105, 141, 216, 217
  arsenal em, 55
  Grande Canal de, 54
Vênus, 16, 85-88
  crescente, 85-86
  órbita em torno do Sol, 81, 85, 88, 90-91

fases de, 70, 85-86, 88, 90, 108, 109, 121
verdade, 20, 30, 47, 55, 65, 103, 125, 130, 134, 146, 214
   harmonia entre científica e revelada, 232-234
   busca da, 240
   suprema, 234
Vesalius, Andreas, 19
Via Láctea, 10, 16, 69, 77, 78, 79, 100, 106, 108, 109, 112
Viagens de Gulliver, As (Swift), 85
Vida e obra de Galileu Galilei (Paschini), 227-229
Vinta, Belisario, 80
Virgem Maria, 134
Virgílio, 108
Visconti, Raffaele, 179
Viviani, Vincenzo, 17-18, 31-32, 34-35, 39, 43-45, 224, 225, 244
Voice of Christian Youth America, programa de rádio, 239

W

Washington Post, 232
Weinberg, Steven, 240
Welser, Markus, 84, 89-91, 93, 99, 125, 261n
Whetham, William Cecil Dampier, 44
Wigner, Eugene, 27, 168
Wilding, Nick, 73
Wittenberg, 89
Wölfflin, Heinrich, 17
Wootton, David, 26, 259n
Wotton, Henry, 105

Z

Zarlino, Gioseffo, 29-30
Zeus, 82
Zúñiga, Diego de, 146

Este livro foi composto na tipografia Minion Pro,
em corpo 11,5/15,5, e impresso em
papel off-white no Sistema Cameron da
Divisão Gráfica da Distribuidora Record.